編寫 Rust 指令列程式

透過小巧完整的程式學習 Rust CLI

Command-Line Rust

A Project-Based Primer for Writing Rust CLIs

Ken Youens-Clark 著

陳仁和 譯

O'REILLY

目錄

前言

我已經知道結局

這是讓你們臉垮下來的部分

——明日巨星合唱團〈Experimental Film〉(2004)

我記得 1995 年是新語言「JavaScript」的問世之時。過了幾年後，我決定學習這個語言，所以買了一本厚重的參考書，從頭到尾把它讀完。這本書寫得很好，非常詳細地說明該語言，從字串、串列到物件皆有論述。但是讀完那本書之後，我依然不知如何編寫 JavaScript 程式幫助我的生活。若沒有藉由編寫程式以套用書中知識，則學到的東西不多。從那之後，我對於學習程式語言的方式有所變革，這也許是身為程式設計師的你能夠發展的最有價值技能。對我來說，如此表示可重構已經知悉的程式，譬如：井字遊戲。

Rust 是當今這個領域的新成員，也許你已經拿起本書看看與其相關的一切。本書不是該語言的參考書。因為已有這方面的書籍，而且寫得不錯。我轉而寫了本書，要求你挑戰編寫可能已知悉的多個小程式。Rust 被普遍認為其學習曲線相當陡峭，但相信本書這種做法能協助你快速提高這個語言的運用生產力。

具體來說，你要編寫 Rust 版的 Unix 核心指令列工具，如 `head`、`cal`。這將為你帶來這些工具的詳加論述，以及它們相當實用的原因，同時還提供 Rust 概念（如字串、向量、filehandle）應用情況。若你不熟悉 Unix 或指令列程式設計，則將學到某些概念，如程式結束碼、指令列引數，輸出重導向，用管線將某程式的輸出（`STDOUT` 或標準輸出）連接到另一個程式的輸入（`STDIN` 或標準輸入），以及使用 `STDERR`（標準錯誤）將錯誤訊息與其他輸出分開顯示。你編寫這些程式所顯現的模式（如驗證參數、讀寫檔案、剖析文字、使用正規表達式），可在建立自己的 Rust 程式時使用。

這些工具與概念有不少的部分是 Windows 沒有支援的，因此該平台的使用者對於數個 Unix 核心程式，僅會建立出功能受限的版本。

何謂 Rust（為何人人皆在談論 Rust）？

Rust（*https://www.rust-lang.org*）是「讓人人都能建置高效可靠軟體的程式語言」。Rust 是 Graydon Hoare 約莫於 2006 年創造的（還有其他人參與此專案計畫），當時 Hoare 任職於 Mozilla Research。該語言在 2010 年因累積足夠的關注與使用者，而讓 Mozilla 贊助相關的開發工作。 2021 年的 Stack Overflow 開發者大調查（*https://oreil.ly/3rumR*）中，有近 80,000 名開發人員將 Rust 列為「最愛的」程式語言（也已蟬聯六年的最愛語言）。

圖 P-1　這是我參考舊的 Rush 樂團標誌製作的 Rust 標誌。1980 年代，當我還是個打鼓小子時，接觸到 Rush 不少作品。無論如何，Rust 很酷，我以此標誌表示之。

該語言的語法與 C 語言類似，因此你會發現諸如 `for` 迴圈、以分號結尾的陳述句、表示區塊結構的大括號之類的內容。重點是，Rust 能以借用檢查器（*borrow checker*）確保記憶體的安全，該檢查器可追蹤程式的某部分是否安全存取記憶體的個別位置。然而，這種安全性並不會以犧牲效能為代價。Rust 程式會被編譯為本機的二進位可執行檔，而且編譯的速度往往等同或超越 C 或 C++ 的效能。基於這個原因，Rust 通常被視為一種專為效能與安全而設計的系統程式語言。

Rust 是一種如 C/C++、Java 這類的**靜態型別**（*statically typed*）語言。如此表示變數始終不能更改其型別，譬如把數值改成字串。因為編譯器往往可以從程式碼的上下文中找出變數所屬的型別，所以你不必在 Rust 中刻意宣告變數的型別。上述的特性與像 Perl、Perl、JavaScript、Python 這類的**動態型別**（*dynamically typed*）語言形成強烈對比，動態型別語言的變數可以在程式的任何位置更改其型別，例如把字串改成 filhandle。

Rust **並非**物件導向（OO）語言（如 C++、Java 這樣的物件導向語言），即 Rust 沒有類別或繼承。Rust 主要採用 `struct`（結構）表示複雜的資料型別以及使用 *trait* 描述型別的行為模式。這些結構可能含有方法（函式），可以改變資料的內部狀態，甚至會在說明文件中被稱為**物件**（*object*），不過這些並非正式文義所指的物件。

Rust 從其他程式語言與程式設計法中（包括像 Haskell 這樣的純函式語言）借用許多振奮人心的概念。例如，Rust 的變數預設是**不可變的**（*immutable*），即不能變更其初始值；你必須特別告知編譯器讓變數是可變的。函式也是**一級**（*first-class*）值，即可以將其作為引數傳給其他**較高級函式**。最振奮我心的是 Rust 具備**列舉**（*enum*）型別與 *sum* 型別，又被稱為**代數資料型別**（ADT），例如用於表示函式回傳一個 `Result`，該 `Result` 可以是內含某值的 `Ok` 或含其他種值的 `Err`。處理這些值的程式碼都必須處理所有的可能情況，因此你永遠不會有忘記處理錯誤的風險（這些錯誤可能讓程式意外的停擺）。

適合閱讀本書的讀者

若你想藉由編寫實用的指令列程式（處理常見的程式設計作業）學習 Rust 語言的基礎知識，則應該閱讀本書。我想大多數讀者至少已有另一個程式語言的一些編程基礎知識。例如，你可能知道如何建立變數、使用迴圈重複進行一個作業、建立函式等等。我覺得 Rust 可能是不易入門的程式語言，理由是 Rust 廣泛使用型別並且需要了解電腦記憶體的某些細節。我還認為你至少要對如何使用指令列有所了解，並知道一些基本的 Unix 指令，譬如建立、刪除、更改目錄。本書將聚焦於實用面的內容，說明完成工作所需了解的知識。至於 Rust 的細節則讓更全面的書籍來表述，例如由 Jim Blandy、Jason Orendorff、Leonora F. S. Tindall 所著的《Programming Rust》第二版（O'Reilly）和 Steve Klabnik、Carol Nichols 所寫的《The Rust Programming Language》（No Starch Press）。強烈建議你搭配本書一起閱讀其中一本或兩本，進而更深入了解 Rust 語言本身。

若你想知道如何編寫與執行測試，用於檢查 Rust 程式，則也應該閱讀本書。我主張測試不僅要用於驗證程式是否能正常運作，還要協助將一個問題分成小而可理解可測試的部分。我將說明如何使用我提供的測試，以及如何使用**測試驅動開發**（TDD），就這種開發方式而言，首先編寫測試，然後編寫能通過這些測試的程式碼。我希望本書呈現的是，Rust 編譯器的嚴格特性與測試互相結合，可以造就更好的程式（更易於維護和修改的程式）。

應該學習 Rust 的理由

學習 Rust 的理由不少。第一，我發現 Rust 的型別檢查避免我犯了許多基本錯誤。我的程式語言經驗主要是動態型別語言，如 Perl、Python、JavaScript，這些語言幾乎沒有型別檢查。使用像 Rust 這樣的靜態型別語言越頻繁，我就越意識到動態型別語言強行為我做不少的工作，而如此也要求我驗證程式以及編寫更多的測試。漸漸覺得 Rust 編譯器雖然很嚴格，但卻是我的舞伴（而非我的反對者）。當然，身為一個舞伴，每次你與其碰撞或錯過提示時，它都會告訴你，而最終會讓你成為一個更好的舞者，這畢竟是我們追求的目標。一般來說，當我編譯一個 Rust 程式時，它通常會按照我的意圖運作。

第二，與不懂 Rust 或根本不是開發者的人共用 Rust 程式很容易。若我為同事編寫 Python 程式，必須為他們提供 Python 原始碼方能執行，並要確保他們有正確版本的 Python 和執行我的程式碼所需的所有模組。相較之下，Rust 程式直接編譯成機器可執行檔。我可以在我的機器上編寫與測試一個程式，針對要執行的架構建立一個對應的可執行檔，並向我的同事提供該程式的副本。假設他們有一樣的執行架構，他們不需要安裝 Rust，即可直接執行該程式。

第三，我經常使用 Docker 或 Singularity 建置容器封裝工作流程。我發現 Rust 程式的容器往往比 Python 程式的容器小幾個數量級。例如，內有 Python 執行環境的 Docker 容器可能需要幾百 MB。相較之下，我可以建置一個陽春的 Linux 虛擬機，內有一個 Rust 二進位檔，可能只有數十 MB 大小。除非我真的需要 Python 的一些特定功能，譬如機器學習或自然語言處理模組，否則我更喜歡用 Rust 編寫程式，造就更小更精簡的容器。

最後，我發現使用 Rust 相當有生產力，原因是有豐富可用的模組生態系統。我在 *crates.io* 上發現許多有用的 Rust crate（此為 Rust 函式庫的稱呼），以及 *Docs.rs* 的說明內容非常全面而易於瀏覽。

編程挑戰

本書將藉由建立完整程式說明如何編寫與測試 Rust 程式碼。每一章都將示範如何從頭開始撰寫一個程式，增加功能，處理錯誤訊息以及測試程式的邏輯。我不希望你在通勤的公車上被動地閱讀本書，再隨手把它闔上。藉由編寫自己的解決方案，你會得到最多的收穫，但我相信，即使只是輸入我提供的原始碼，對於學習結果也會有所助益。

我為本書選擇的問題源自 Unix 指令列工具 `coreutils`（*https://oreil.ly/fYV82*），原因是我認為這些問題對許多讀者來說應該相當熟捻。例如，我假設你已用過 `head`、`tail` 查看檔案的前幾行或後幾行，但是你是否曾經自行編寫過這些程式呢？其他的 Rustacean（Rustacean 泛指 Rust 使用者）也有同樣的想法（*https://www.rustaceans.org*），所以你可以在網際網路上找到這些程式的諸多 Rust 實作版本（*https://oreil.ly/RmiBN*）。此外，這些都是相當小的程式，每個程式皆可傳達某些特定技能。我已經對這些專案排序，讓它們得以循序建置，因此最好能夠依序閱讀各個章節。

我選擇這些程式的一個原因是它們提供了某種基準真相（ground truth）。雖然 Unix 有許多版本以及這些程式有多種實作，不過它們的運作通常都雷同，也會產生相同的結果。我使用 macOS 進行開發，如此表示我主要執行這些程式的 BSD（Berkeley Standard Distribution）或 GNU（GNU's Not Unix）版本（*https://www.gnu.org*），兩者為 Unix 的變體。一般來說，BSD 版早於 GNU 版，而且選項較少。對於每個挑戰程式，我使用 shell script 將原版程式的輸出重導向輸出檔中。目標是讓 Rust 程式可為相同的輸入建立相同的輸出。我有特別引入 Windows 編碼的檔案以及與 Unicode 字元混合的簡單 ASCII 文字，刻意讓我的程式如同原版程式的做法，處理行尾和字元的各種概念。

對於大多數的挑戰程式，我僅試圖實作原版程式的功能子集，不然挑戰程式可能會變得非常複雜。為了方便說明，我也決定對某些程式的輸出做些微變更。將此比擬成播放錄音一同演練的樂器演奏學習。你不必跟著奏出原版的每個音符。重點是要學習常用的模式，如處理引數與讀取輸入，這樣你就可以繼續編寫你的素材。就附加的挑戰來說，嘗試用其他語言編寫這些程式，如此你可以看到這些解決方案與 Rust 版有何不同。

取得 Rust 及本書的程式碼

首先，你需要安裝 Rust。關於 Rust，其中我最喜歡的一個部分，是利用 `rustup` 工具賦予安裝、升級、管理 Rust 的便利性。該工具在 Windows、Unix 類型的作業系統（如 Linux、macOS）上皆可運作。你需要按照你的作業系統所對應的安裝指引（*https://oreil.ly/camNw*）安裝該工具。若你已安裝 `rustup`，則可以執行 **`rustup update`** 取得最新版的工具以及將 Rust 語言更新到最新版，Rust 大約每六週更新一次。執行 **`rustup doc`** 可閱讀大量的說明文件。你可以使用以下指令檢查你的 `rustc` 編譯器版本：

```
$ rustc --version
rustc 1.56.1 (59eed8a2a 2021-11-01)
```

這些程式的所有測試、資料和解決方案都可以在本書的 GitHub 儲存庫（*https://oreil.ly/pfhMC*）找到。你可以使用 Git 原始碼管理工具（*https://git-scm.com*）把這些內容複製到你的機器上（你可能需要先安裝該工具）。下列指令會在你的電腦建立一個新目錄，該目錄名稱為 *command-line-rust*，其中包含書籍儲存庫的內容：

```
$ git clone https://github.com/kyclark/command-line-rust.git
```

不要在上一步複製的目錄中編寫你的程式碼。你應該在其他位置為專案建立個別的目錄。建議你建立自己的 Git 儲存庫，用於保存之後要編寫的程式。例如，若你使用 GitHub 並將其稱為 *rust-solutions*，則可以使用以下指令複製該儲存庫。務必將 *YOUR_GITHUB_ID* 改成你實際使用的 GitHub ID：

```
$ git clone https://github.com/YOUR_GITHUB_ID_/rust-solutions.git
```

在 Rust 中你首先會接觸到的一個工具是 Cargo（*https://oreil.ly/OhYek*），此為 Rust 的專案建置、套件管理以及測試執行工具。每一章都會引導你使用 Cargo 建立一個新專案，建議你在解決方案目錄中執行此作業。你要將每章的 *tests* 目錄從本書的儲存庫複製到你的專案目錄中，用於測試你的程式碼。若你對使用 Cargo 和 Rust 測試程式碼難以理解，則可以執行第一章的測試。切換到本書的 *01_hello* 目錄，使用 **`cargo test`** 執行測試：

```
$ cd command-line-rust/01_hello
$ cargo test
```

若一切順利，你應該會看到一些過關的測試（無特定順序）：

```
running 3 tests
test false_not_ok ... ok
test true_ok ... ok
test runs ... ok
```

我在 macOS、Linux、Windows 10/PowerShell、Ubuntu Linux/Windows Subsystem for Linux（WSL）上測試過所有程式。雖然我讚賞 Rust 在 Windows 和 Unix 作業系統上皆能妥善運作，但由於 Windows 與 Unix 的某些根本差異，書中有兩個程式（`findr`、`lsr`）在 Windows 上的運作方式略有不同。建議 Windows/PowerShell 使用者也同時考慮安裝 WSL 並在該環境中完成程式。

本書的所有程式碼都使用 `rustfmt` 格式化，這是一個便利的工具，可以讓程式碼美觀又可讀。你可以在專案中對所有原始碼執行 **`cargo fmt`**，也可以把它整合到程式碼編輯器中（視需求執行）。例如，我喜歡使用文字編輯器 `vim`，已設定為每次的程式碼儲存作業時自動執行 `rustfmt`。我覺得這讓我的程式碼更加容易閱讀以及發現錯誤。

建議你使用 Clippy（*https://oreil.ly/XyzTS*），這是一個針對 Rust 程式碼的 linter（程式碼風格與錯誤檢查工具）。*linting* 會自動檢查程式碼的常見錯誤，大多數的語言似乎都有提供一個或多個 linter。`rustfmt`、`clippy` 兩者應該會被預設安裝，不過若你需要安裝 `clippy`，可以使用 **`rustup component add clippy`**。然後執行 **`cargo clippy`**，讓它檢查原始碼，提供建議。Clippy 若無結果輸出表示它無意見。

此刻，你可以開始編寫一些 Rust 程式了！

本書編排慣例

本書使用下列編排慣例：

斜體字（*italic*）

表示新術語、網址、電郵位址、檔名以及副檔名。（中文則以楷體字表示）

定寬字（`constant width`）

用於程式示例，以及內文段落中提及的程式元素，譬如變數名稱或函式名稱、資料庫、資料型別、環境變數、陳述句、關鍵字。

定寬粗體字（**`constant width bold`**）

在程式碼區塊中，除非另有說明，否則此格式表示相關論述時要特別注意的元素。在論述文字中，以此格式突顯讀者在跟隨操作過程中可以使用的指令。

定寬斜體字（*`constant width bold`*）

表示應由讀者提供或依現況決定的內容所替換的文字。

此圖示內容為提示或建議。

此圖示內容為一般註釋。

此圖示內容為警告或提醒。

使用範例程式

補充教材（範例程式、習題等）可於 *https://oreil.ly/commandlinerust_code* 下載取用。

若你有技術問題或使用範例程式的疑問，請利用電子郵件詢問（寄至 *bookquestions@oreilly.com*）。

本書目的是為了幫助你完成相關的工作。一般來說，你可以把書中提供的範例程式，應用於自己工作相關的程式或文件中。除非你要將書中程式的重大內容重製，否則不需要與我們聯繫取得許可。例如：你編寫的程式有使用到書中的數個程式區塊，這樣不用要求我們授權。至於散佈或販賣 O'Reilly 出版書籍中的範例程式，則需要取得授權許可。你可以自由引用本書內容或藉由本書範例程式解決問題。若要將書中大量的範例程式放到自己的產品文件裡，請事先取得授權同意。

當然你在引用書中內容時，若可以註明來源出處（但並不一定要這樣做），我們深表感激。例如，註明的格式可以是：「*Command-Line Rust* by Ken Youens-Clark (O'Reilly). Copyright 2022 Charles Kenneth Youens-Clark, 978-1-098-10943-1.」，其中包含書名、作者、出版商與 ISBN 等資訊。

若你覺得自己在示例程式的運用上不屬於合理使用或是超出許可範圍，請隨時透過 *permissions@oreilly.com* 與我們聯絡。

致謝

我首先要感謝 Rust 社群建立如此出色的語言與學習資源主軸。當我開始編寫 Rust 程式時，很快學會嘗試編寫一個單純程式，並讓編譯器告知要修正的地方。我會盲目地加減 &、*，以及複製與借用，直到我的程式編譯成功，然後我會弄清楚如何讓程式變得更好。當我遇到困難時，總是在 *https://users.rust-lang.org* 尋求協助。我在 Rust 領域中遇到的每個人（從 Twitter 到 Reddit）都很友善而樂於助人。

針對本書每一章的專案所依據的程式與說明文件，我要感謝 BSD 與 GNU 社群。尤其是寬容的授權，讓我得以引用他們的程式輔助說明中的部分內容：

- *https://www.freebsd.org/copyright/freebsd-license*
- *https://creativecommons.org/licenses/by-nd/4.0*

我還要感謝我的策畫編輯 Corbin Collins 和 Rita Fernando，以及我的出版編輯 Caitlin Ghegan 與 Greg Hyman。我非常感激技術評論家 Carol Nichols、Brad Fulton、Erik Nordin、Jeremy Gailor，他們讓我走在正直坦蕩的道路上，以及其他人花時間所做的評論，其中包括 Joshua Lynch、Andrew Olson、Jasper Zanjani、William Evans。我還要感謝過去幾年的老闆們，亞利桑那大學的 Bonnie Hurwitz 博士和臨床要徑研究所的 Amanda Borens，他們容許我在職業工作中得以學習 Rust 等新語言。

在我的人生中，若沒有我的妻子 Lori Kindler 和三個相當寶貝的孩子給予的愛與支持，我就不可能寫出本書。最後，我也要感謝我的朋友 Brian Castle，他在高中時非常努力地將我的音樂品味從硬搖滾以及前衛搖滾轉向另類搖滾，如：Depche Mode（流行尖端）、The Smiths（史密斯樂團）、They Might Be Giants（明日巨星合唱團），而我特別喜愛明日巨星合唱團。

第一章

真心話大挑戰

事實上

我們什麼都不知道

——明日巨星合唱團〈Ana Ng〉(1988)

本章將說明如何組成、執行、測試 Rust 程式。我會使用 Unix 平台(macOS)解釋有關指令列程式的一些基本概念。其中只有某些概念能套用到 Windows 作業系統,但無論你用哪個平台皆能正常執行這些 Rust 程式。

你將學習如何:

- 把 Rust 程式碼編譯成可執行檔
- 利用 Cargo 建新專案
- 使用 `$PATH` 環境變數
- 引入源自 *crates.io* 的外部 Rust crate
- 解讀程式執行結束狀態
- 執行常見的系統指令與選項
- 編寫 Rust 版的 `true`、`false` 程式
- 組成、編寫、執行測試碼(測試程式碼)

以「Hello, world!」入門

在螢幕上顯示「Hello, world!」，似乎是初學程式語言時普遍被認同的做法。執行 **`cd /tmp`** 進入暫存目錄，編寫第一個程式。至此僅為牛刀小試，所以我們尚不需要實際存放的目錄。

開啟文字編輯器，輸入下列程式碼，並儲存於 *hello.rs* 檔案中：

```
fn main() { ❶
    println!("Hello, world!"); ❷
} ❸
```

❶ 用 `fn` 定義函式（function）。該函式的名稱是 `main`。

❷ `println!`（*print line*）是顯示行文字的巨集（macro），能在 `STDOUT`（讀作 *standard out*，即標準輸出）顯示文字。分號表明該陳述句（statement）的結尾。

❸ 此函式的本體以大括號括起來。

Rust 會自動從 `main` 函式開始執行。函式引數（argument）列於函式名稱之後的括號內。因為 `main()` 沒有列出任何引數，所以此函式不帶任何引數。我在此要指出的最後一點是 `println!`（*https://oreil.ly/GGmNx*）看似函式，實際上卻是巨集（*https://oreil.ly/RFXMp*）——基本上是用於編寫程式碼的程式碼。本書用到的其他巨集—— `assert!`（*https://oreil.ly/SQHyp*）、`vec!`（*https://oreil.ly/KACU4*）——結尾也是驚嘆號。

若要執行此一程式，首先你必須使用 Rust 編譯器（compiler）—— `rustc`，將該程式碼編譯（*compile*）成電腦能夠執行的格式：

```
$ rustc hello.rs
```

Windows 中改用下列指令：

```
> rustc.exe .\hello.rs
```

若一切順利的話，上述的指令不會顯示任何輸出內容，不過此時在 macOS、Linux 上應該有個 *hello* 新檔案（Windows 上則為 *hello.exe*）。這是二進位編碼檔案，可在作業系統上直接執行，因此通常稱之為**可執行檔**（*executable*）或**二進位檔**（*binary*）。以下是在 macOS 上用 `file` 指令查看此檔的檔案類型：

```
$ file hello
hello: Mach-O 64-bit executable x86_64
```

你應該可以成功執行該程式，而看到既歡心又真切的訊息：

```
$ ./hello ❶
Hello, world!
```

❶ 點（.）表示目前目錄。

本章稍後討論的 $PATH 環境變數（environment variable），內容是搜尋待執行程式可能所在的目錄。為了避免惡意程式碼偷偷被執行，千萬不要把目前工作目錄（current working directory 或現行工作目錄）列在此變數中。例如，某駭客建立名為 `ls` 的程式，內容卻是執行 `rm -rf /`，試圖刪除整個檔案系統。若你恰巧以 root 使用者身分執行該程式，那麼就會毀了你的一整天。

Windows 上則要以下列的方式執行：

```
> .\hello.exe
Hello, world!
```

如果這是你實作的第一個 Rust 程式，那麼就此恭喜你。接著我要說明如何讓該程式碼的組成更好。

Rust 專案目錄的組成

你可能會在自己的 Rust 專案中撰寫許多原始碼檔，也會用到他人的程式碼（源自 *crates.io* 等處）。最好針對每個專案建置一個目錄，為所有 Rust 原始碼檔建一個 *src* 子目錄。在 Unix 系統上，首先你要用 `rm hello` 指令移除 *hello* 二進位檔（執行檔），原因是待會要以此名稱建立目錄。接著可以使用下列指令建置目錄結構：

```
$ mkdir -p hello/src ❶
```

❶ `mkdir` 指令用於建置目錄，`-p` 選項表示建立子目錄之前先建置父目錄，微軟平台的 PowerShell 則不需要此選項。

用 `mv` 指令將 *hello.rs* 原始碼檔移到 *hello/src* 目錄中：

```
$ mv hello.rs hello/src
```

使用 cd 指令更換到該目錄，再度編譯此一程式：

```
$ cd hello
$ rustc src/hello.rs
```

此時這個目錄應該會有個可執行檔 hello。以下是我使用 tree 指令呈現該目錄的內容（你可能需要手動安裝此指令才能執行）：

```
$ tree
```

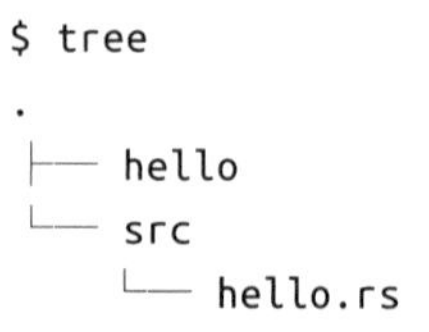

這是簡單 Rust 專案的基本結構。

以 Cargo 建立與執行專案

建 Rust 新專案有更簡單的方式——利用 Cargo 工具。你可以刪除 *hello* 暫存目錄：

```
$ cd .. ❶
$ rm -rf hello ❷
```

❶ 換到父目錄，其中用兩點（..）表示父目錄。

❷ **遞迴**（*recursive*）選項 -r 可移除目錄裡的所有內容，而**強制**（*force*）選項 -f 會忽略指令執行過程中的任何錯誤。

若你要保存隨後的程式，請換到專案的解決方案目錄。 接著使用 Cargo 重新建立專案：

```
$ cargo new hello
     Created binary (application) `hello` package
```

如此應該會有新建的 *hello* 目錄，這是你可以存取的目錄。以下我再度使用 tree 呈現該目錄的內容：

```
$ cd hello
$ tree
.
├── Cargo.toml ❶
└── src ❷
    └── main.rs ❸
```

❶ *Cargo.toml* 為專案設定檔（configuration file）。副檔名 *toml* 為 Tom's Obvious, Minimal Language（湯姆的淺顯極簡語言）的縮寫。

❷ *src* 目錄用來放置 Rust 原始碼檔。

❸ *main.rs* 為 Rust 程式的預設起始點。

你可以使用 `cat`（*concatenate*）指令查看 Cargo 所建的原始碼檔（第三章會編寫 Rust 版的 `cat` 指令程式）：

```
$ cat src/main.rs
fn main() {
    println!("Hello, world!");
}
```

這次使用 **`cargo run`** 編譯原始碼（而非以 `rustc` 編譯該程式）以及執行程式（用一個指令完成所有動作）：

```
$ cargo run
   Compiling hello v0.1.0 (/private/tmp/hello) ❶
    Finished dev [unoptimized + debuginfo] target(s) in 1.26s
     Running `target/debug/hello`
Hello, world! ❷
```

❶ 前三行是 Cargo 運作的相關資訊。

❷ 此為程式的輸出內容。

若你不想要 Cargo 顯示程式碼編譯與執行的狀態訊息，可以加上 `-q` 或 `--quiet` 選項：

```
$ cargo run --quiet
Hello, world!
```

Cargo 指令

我怎麼會知道要用 `-q|--quiet` 選項呢？執行 **cargo** 時若不加任何引數，會列出一段不短的說明。友善的指令列工具會描述其用法，就像《愛麗絲夢遊仙境》的餅乾寫著「吃掉我」一樣。注意，*USAGE*（用法）是這種說明文件開頭會出現的字詞。通常將這樣的輔助訊息稱為**用法**說明。本書的程式也會顯示其用法。你可以用 **`cargo help`** ***`command`*** 取得任何 Cargo 指令的說明（在此 ***`command`*** 表示待查指令的名稱）。

以 Cargo 執行程式後，用 `ls` 指令列出目前工作目錄內容（第十四章將編寫 Rust 版的 `ls` 程式）。此時應該有個 *target* 新目錄。Cargo 會預設 *debug* 目標（*https://oreil.ly/1Fs8Q*），因而可以看到內含建置成品的 *target/debug* 目錄：

```
$ ls
Cargo.lock  Cargo.toml  src/        target/
```

你可以用前述的 `tree` 指令或 find 指令（第七章將編寫 Rust 版的 find 程式）查看 Cargo 與 Rust 建立的所有檔案。Cargo 執行的可執行檔應為 *target/debug/hello*。你可以直接執行它：

```
$ ./target/debug/hello
Hello, world!
```

總之，Cargo 把原始碼放在 *src/main.rs* 中，使用其中的 `main` 函式建置 *target/debug/hello* 二進位檔（執行檔），接著執行該檔。不過，為何二進位檔被稱為 *hello* 而不是 *main* 呢？我們可以檢視 *Cargo.toml* 之後，得到答案：

```
$ cat Cargo.toml
[package]
name = "hello" ❶
version = "0.1.0" ❷
edition = "2021" ❸

# 在 https://doc.rust-lang.org/cargo/reference/manifest.html
# 可得知這類檔案的諸多重點及其定義 ❹

[dependencies] ❺
```

❶ 此為 Cargo 所建的專案名稱，而它也會被作為可執行檔的名稱。

❷ 此為程式的版本。

❸ 此為編譯程式所用的 Rust 版號（*https://oreil.ly/4fgvX*）。版號的運作方式讓 Rust 社群能納入無法向下相容（backward compatible 或回溯相容）的變更，本書所有程式採用 2021 版號的 Rust 撰寫。

❹ 這一行是註解，本書只有此例有如此敘述。若你想要將此行註解從該檔案中移除也無妨。

❺ 此處放置專案會用到的外部 crate。該專案目前沒有用到其他 crate，所以這個段落（section）內容空白。

Rust 的函式庫（library）被稱為 *crate*，並以語意化版本號碼（*semantic version number*）——主版本（*major*）.次版本（*minor*）.修訂版（*patch*）形式表示，例如 `1.2.4` 表示主版本號碼是 1、次版本號碼是 2、修訂版號碼是 4。crate 的主版本更新代表該 crate 的公開應用程式介面（application programming interface 或 API）有重大的變更。

編寫與執行整合測試

> 相較於「測試」這件事，「設計測試」還是目前防止 bug 的最佳方式之一。建立有效測試而必須完成的思維能夠在寫程式之前發現 bug、排除 bug——實際上，測試設計的思維在軟體建置的每個階段（概念、規格、設計、編程等階段）都能對錯誤有所發覺與消除。
>
> —— Boris Beizer《*Software Testing Techniques*》(Van Nostrand Reinhold)

雖然「Hello, world!」很簡單，但仍須經過測試。本書將呈現兩大類的測試。為應用程式裡的函式撰寫測試碼屬於 *inside-out*（由內而外）的單元測試（*unit testing*），第四章將介紹單元測試。針對使用者執行應用程式的可能情況撰寫測試碼則是 *outside-in*（由外向內）的整合測試（*integration testing*），這是我們將為此範例程式執行的測試。按 Rust 專案的慣例，會於 *src* 目錄所在之處（即同一父目錄）建立 *tests* 目錄，用於存放對應的測試碼，你可以執行 **`mkdir tests`** 指令即可達成所求。

目的是在指令列上測試 `hello` 程式的執行（如同一般使用者所做的執行動作）。針對指令列介面（*command-line interface* 或 CLI）建立 *tests/cli.rs*，並將下列程式碼輸入該檔案中。注意，此函式的用意是呈現出最簡單合理的 Rust 測試碼，不過它尚無任何有用的功能：

```
#[test] ❶
fn works() {
    assert!(true); ❷
}
```

❶ `#[test]` 屬性（attribute）表示 Rust 測試時會執行此函式。

❷ `assert!` 巨集（*https://oreil.ly/SQHyp*）可判斷某布林表達式（Boolean expression）是否為 `true`。

目前的專案內容應該如下所示：

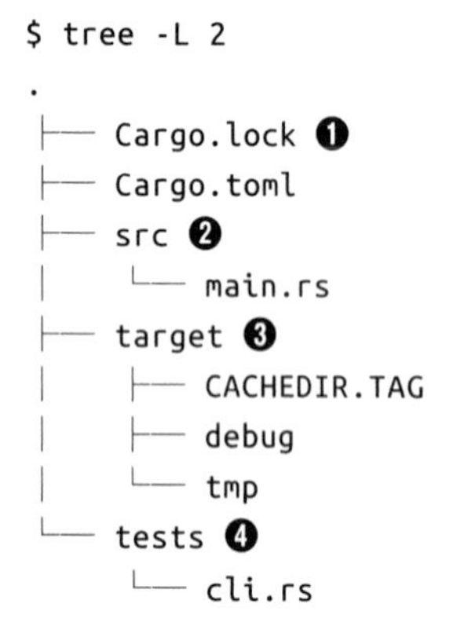

```
$ tree -L 2
.
├── Cargo.lock ❶
├── Cargo.toml
├── src ❷
│   └── main.rs
├── target ❸
│   ├── CACHEDIR.TAG
│   ├── debug
│   └── tmp
└── tests ❹
    └── cli.rs
```

❶ *Cargo.lock* 檔案（*https://oreil.ly/81q3a*）記錄應用程式建置所需的依賴套件（dependency），其中包含實際依賴的套件版本資訊。你應該不用變更該檔案的內容。

❷ *src* 目錄擺放應用程式建置所需的 Rust 原始碼檔。

❸ *target* 目錄存放建置成品。

❹ *tests* 目錄放置針對應用程式測試之用的程式碼（以 Rust 原始碼檔存放）。

本書的測試碼會使用 `assert!` 驗證某預期是否為 `true`，以及 `assert_eq!`（*https://oreil.ly/P6Bfw*）驗證某項是否為預期值。因為上述測試碼估算字面常數（literal value）`true`，所以始終都會通過測試。執行 **`cargo test`** 就能了解此測試碼的實際運作。你應該會在測試的輸出文字中看到下列的結果：

```
running 1 test
test works ... ok
```

將 *tests/cli.rs* 中的 `true` 改成 `false` 則會產生測試失敗的測試碼：

```
#[test]
fn works() {
    assert!(false);
}
```

在輸出內容中，你應該會看到下列測試失敗的結果：

```
running 1 test
test works ... FAILED
```

測試用的函式中可依你的需求加入許多 `assert!`、`asser_eq!` 的呼叫。而只要其中先有個呼叫發生問題，則整個測試即宣告失敗。

此刻我們要建立比較有用處的測試碼，執行指令以及檢查執行結果。Unix、Windows PowerShell 皆有 `ls` 指令可用，因此我們就以此指令著手應用。將 *tests/cli.rs* 的內容換成下列的程式碼：

```
use std::process::Command; ❶

#[test]
fn runs() {
    let mut cmd = Command::new("ls"); ❷
    let res = cmd.output(); ❸
    assert!(res.is_ok()); ❹
}
```

❶ 匯入 `std::process::Command`（*https://oreil.ly/ErqAX*）。`std` 表示此為標準（*standard*）函式庫的內容，是相當普及實用的 Rust 程式碼，而被包含在 Rust 語言中。

❷ 建立新 `Command`（執行 `ls`）。`let` 關鍵字（*https://oreil.ly/cYjVT*）將某變數以某值綁定（bind）`mut` 關鍵字（*https://oreil.ly/SH6Qr*）令變數為**可變的**（*mutable*），即其內容可以變更。

❸ 執行此指令並獲取輸出結果，其為 `Result`（*https://oreil.ly/EYxds*）。

❹ 驗證結果是否為 `Ok` 變體（variant）

Rust 變數預設為不可變的，即其值不能變更。

執行 **cargo test**，確認是否可在輸出內容中看到通過測試的結果：

```
running 1 test
test runs ... ok
```

用下列的程式碼替換 *tests/cli.rs* 的內容，即 `run` 函式執行的指令從 `ls` 改為 `hello`：

```
use std::process::Command;

#[test]
fn runs() {
    let mut cmd = Command::new("hello");
    let res = cmd.output();
    assert!(res.is_ok());
}
```

重新執行該測試碼，要注意的是測試沒有通過，失敗的原因是找不到 `hello` 指令：

```
running 1 test
test runs ... FAILED
```

回想一下，此二進位檔（執行檔）的存放路徑是 *target/debug/hello*。若你試圖在指令列上執行該指令，則會遇到找不到該指令的情況：

```
$ hello
-bash: hello: command not found
```

當你執行某指令時，作業系統會在預定的一組目錄中尋找對應名稱的檔案。[1] 在 Unix 類型的作業系統上，你可以檢視 shell 的 `PATH` 環境變數，得知該組目錄串列，目錄彼此以冒號分隔。（在 Windows 上，該環境變數則為 `$env:Path`。我可以使用轉換字元（*translate character*）指令 `tr` 將 `PATH` 的冒號（`:`）改成換行（newline）符號（`\n`）妥善呈現這些目錄：

1 shell 的指令別名（alias）與函式的執行方式如同指令，在此我僅論述待執行程式的搜尋。

```
$ echo $PATH | tr : '\n' ❶
/opt/homebrew/bin
/Users/kyclark/.cargo/bin
/Users/kyclark/.local/bin
/usr/local/bin
/usr/bin
/bin
/usr/sbin
/sbin
```

❶ 告知 `bash` 插入 `$PATH` 變數，使用 `|` 管線（pipe）將此變數內容送入 `tr`。

就算切換到 *target/debug* 目錄，還是找不到 *hello* 指令，原因是之前提到的安全限制——`PATH` 會將目前工作目錄排除在外：

```
$ cd target/debug/
$ hello
-bash: hello: command not found
```

必須直接表示要執行目前工作目錄的程式：

```
$ ./hello
Hello, world!
```

接著我需要用某種方式執行僅存於目前 crate 裡的二進位檔。

新增專案依賴套件

目前 `hello` 程式僅存於 *target/debug* 目錄中。若我將它複製到 `PATH` 所列的任何目錄中（注意，其中包含存放使用者私有程式的 *$HOME/.local/bin* 目錄），就可以執行它並成功通過測試。不過在此要直接測試儲存於目前 crate 的程式，而非複製過來測試。我可以使用 `assert_cmd`（*https://oreil.ly/hyuZZ*）找尋位於目前 crate 目錄中的程式。首先需要將 `assert_cmd` 視為開發依賴套件（*https://oreil.ly/pezix*）加入 *Cargo.toml* 中。向 Cargo 表明，針對一般測試與效能測試（benchmarking）僅需此 crate：

```
[package]
name = "hello"
version = "0.1.0"
edition = "2021"

[dependencies]
```

```
[dev-dependencies]
assert_cmd = "1"
```

然後，我可以利用此 crate 建立 Command（在 Cargo 存放二進位檔的目錄中可見的 Command）。下列測試並無驗證程式能否產生正確輸出，僅判斷程式的執行是否成功。用以下程式碼更新 *tests/cli.rs* 的內容，讓 run 函式改用 assert_cmd::Command（原為 std::process::Command）：

```
use assert_cmd::Command; ❶

#[test]
fn runs() {
    let mut cmd = Command::cargo_bin("hello").unwrap(); ❷
    cmd.assert().success(); ❸
}
```

❶ 匯入 assert_cmd::Command。

❷ 為執行目前 crate 的 hello 而建立 Command。其回傳 Result，由於應該能夠找到此二進位檔（執行檔），所以隨後的程式碼會呼叫 Result::unwrap（*https://oreil.ly/SV6w1*）。倘若不是如此（找不到這個二進位檔），則 unwrap 會導致 panic（錯誤），使得測試失敗，如此並不是件壞事。

❸ 使用 Assert::success（*https://oreil.ly/4VWet*）確保該指令能成功執行。

後續章節對於 Result 型別會有更多的論述。目前只要知道這是一種建模方式，為作業成敗建立的物件，其中有兩種可能的變體：Ok、Err。

執行 **cargo test**，以確認是否能看到下列的測試通過訊息：

```
running 1 test
test runs ... ok
```

理解程式結束碼

程式執行成功的意義為何？指令列程式應向作業系回報最後的結束狀態（exit status），表示成功或有問題。可移植作業系統介面（Portable Operating System Interface 或 POSIX）標準規定：標準結束碼（exit code）0 表示成功（即零錯誤之意），其他情況則以 1 到 255 之間的任意數表示。我可以使用 `bashshell` 執行 `true` 指令呈現上述的情形。以下內容源自 macOS 作業系統上 **`man true`** 的使用手冊（manual page）：

```
TRUE(1)                   BSD 一般指令使用手冊                    TRUE(1)

名稱
     true -- 回傳 true 值。

概述
     true

描述
     該 true 工具程式始終以結束碼零回傳。

另參閱
     csh(1), sh(1), false(1)

標準
     該 true 工具程式符合 IEEE Std 1003.2-1992 (''POSIX.2'')。

BSD                            June 27, 1991                            BSD
```

如此說明文件所示，該程式的功能僅有回傳結束碼零。執行 **`true`**，並不會顯示任何輸出內容，但可以檢視 `bash` 的 `$?` 變數，得知最近一個指令執行的結束狀態：

```
$ true
$ echo $?
0
```

依此類推，`false` 指令執行結束時必然會回傳非零的結束碼：

```
$ false
$ echo $?
1
```

你在試寫本書的程式時，於正常結束處都應回傳零，在錯誤之處則回傳非零值。針對上述的 `true`、`false` 程式，你可以試著編寫自己的版本。首先使用 **`mkdir src/bin`** 建置 *src/bin* 目錄，接著使用下列內容編寫 *src/bin/true.rs* 檔案：

```
fn main() {
    std::process::exit(0); ❶
}
```

❶ 使用 `std::process::exit` 函式（*https://oreil.ly/hrM3X*），以零值結束程式。

此時 *src* 目錄的結構應該如下所示：

```
$ tree src/
src/
├── bin
│   └── true.rs
└── main.rs
```

執行此程式，然後自行確認程式執行結束時回傳的結束碼：

```
$ cargo run --quiet --bin true ❶
$ echo $?
0
```

❶ `--bin` 選項指明待執行的二進位目標檔（填寫檔名）。

將下列的測試函式加入 *tests/cli.rs* 檔案中，確保 `true` 程式可正確執行。這段程式碼擺在現有的 `runs` 函式之前或之後都無妨：

```
#[test]
fn true_ok() {
    let mut cmd = Command::cargo_bin("true").unwrap();
    cmd.assert().success();
}
```

此時執行 **`cargo test`**，應該會看到下列兩個測試結果：

```
running 2 tests
test true_ok ... ok
test runs ... ok
```

這些測試碼的執行順序不見得與上述程式碼的宣告順序相同。原因是 Rust 為一種安全的程式語言，能編寫並行（*concurrent*）程式碼，即程式碼的執行可跨多個執行緒（thread）。該測試運用此並行特性平行（parallel）執行多項測試碼，因此每次執行這組測試，其結果可能會以不同的順序呈現。這是語言特徵，而非 bug。若要依序執行測試碼，可以 **`cargo test test-threads=1`** 指定單執行緒執行它們。

Rust 程式結束時預設回傳零值。回想一下，*src/main.rs* 沒有直接呼叫 `std::process::exit`。即此 `true` 程式可能什麼也沒做。確定是這樣嗎？請將 *src/bin/true.rs* 的程式碼改成：

```
fn main() {}
```

執行此測試套件（test suite），驗證是否依然過關。接著用下列的原始碼（位於 *src/bin/false.rs* 檔案中）編寫我們的 `false` 程式：

```
fn main() {
    std::process::exit(1); ❶
}
```

❶ 結束執行時就 1 到 255 之間擇一數值回傳表示錯誤。

自行驗證該程式的結束碼是否非零：

```
$ cargo run --quiet --bin false
$ echo $?
1
```

接著將下列測試碼加入 *tests/cli.rs* 中，驗證程式執行時是否會回報錯誤訊息：

```
#[test]
fn false_not_ok() {
    let mut cmd = Command::cargo_bin("false").unwrap();
    cmd.assert().failure(); ❶
}
```

❶ 使用 `Assert::failure`（*https://oreil.ly/QHgoR*）確保該指令執行會以失敗呈現。

執行 **`cargo test`**，驗證所有程式皆按預期執行：

```
running 3 tests
test runs ... ok
test true_ok ... ok
test false_not_ok ... ok
```

`false` 程式的另一種做法是使用 `std::process::abort`（*https://oreil.ly/HPsKS*）。將 *src/bin/false.rs* 的內容改成：

```
fn main() {
    std::process::abort();
}
```

再次執行此測試套件，確保程式依然如預期執行。

測試程式的輸出

雖然知道 `hello` 程式正確的結束是件好事，不過想要確保程式能真的在 `STDOUT`（此為顯示輸出內容的標準位置，通常指得是 console）顯示正確輸出內容。將 *test/cli.rs* 的 `runs` 函式改為：

```
#[test]
fn runs() {
    let mut cmd = Command::cargo_bin("hello").unwrap();
    cmd.assert().success().stdout("Hello, world!\n"); ❶
}
```

❶ 驗證指令的執行是否成功結束，以及 `STDOUT` 有出現預期的文字。

執行測試碼，驗證 `hello` 確實能正確執行。接著，更改 *src/main.rs* 檔案內容，多加一些驚嘆號：

```
fn main() {
    println!("Hello, world!!!");
}
```

再度執行測試，進而觀察測試失敗的情況：

```
running 3 tests
test true_ok ... ok
test false_not_ok ... ok
test runs ... FAILED

failures:

---- runs stdout ----
thread \'runs' panicked at 'Unexpected stdout, failed diff var original
 ├── original: Hello, world!

 ├── diff:
---  value  expected
\+++ value  actual
@@ -1 +1 @@
-Hello, world! ❶
+Hello, world!!! ❷

 └── var as str: Hello, world!!!
```

```
command=`"…/hello/target/debug/hello"` ❸
code=0 ❹
stdout=```"Hello, world!!!\n"``` ❺
stderr=```""``` ❻
```

❶ 此為程式的預期輸出。

❷ 此為程式產生的實際輸出。

❸ 這是由該測試碼執行的指令（縮減版）。

❹ 應用程式回傳的結束碼為 `0`。

❺ 這是 STDOUT 收到的文字。

❻ 這是 STDERR（讀作 *standard error*，即標準錯誤）收到的文字。下一章會討論 STDERR。

閱讀測試的輸出結果，本身就是一項技能，學會解讀需要練習。前面的測試結果相當仔細地呈現**預期**輸出與**實際**輸出兩者的差異。雖然這是個小程式，但是希望你可以從中感受的重點是自動檢查程式（自己編寫的程式）各個面向。

結束碼讓程式可組合

正確回報結束狀態是行為良好的（well-behaved）指令列程式具有的特性。因為有問題的程序（process）與另一個程序結合運用應會導致組合失敗，所以結束碼很重要。例如，我可以在 bash 中使用 *and* 邏輯運算子（`&&`）鏈接兩個指令：`true`、`ls`。當第一個程序回報成功之後，第二個程序才能執行：

```
$ true && ls
Cargo.lock  Cargo.toml  src/        target/     tests/
```

反之，若執行 **`false && ls`**，則第一個程序有問題，而始終不會執行 `ls`。此外，整個指令的結束狀態以非零表示：

```
$ false && ls
$ echo $?
1
```

確認指令列程式正確回報錯誤，進而能與其他程式組合運作。Unix 環境中，將許多小指令組合形成指令列上特定目的（ad hoc）程式，是相當稀鬆平常的。若某程式遇到錯誤但未能將錯誤回報給作業系統，則結果可能不正確。此時最好是讓程式中止執行，以便修正潛在問題。

本章總結

本章介紹 Rust 專案組成的一些主要概念，以及指令列程式的某些基本內容，重點回顧如下：

- Rust 編譯器 `rustc` 將 Rust 原始碼編譯成機器（Windows、macOS、Linux）可執行的檔案。
- Cargo 工具協助建立 Rust 新專案，另外可以編譯、執行、測試所建的程式碼。
- 指令列工具（如：`ls`、`cd`、`mkdir`、`rm`）通常可以接納指令列引數（如：檔名、目錄名）與特定選項（如：`-f`、`-p`）。
- 與 POSIX 相容的程式結束時應回傳 0 值表示成功，而從 1 到 255 之間擇一值表示錯誤。
- **`cargo new`** 預設一個新的 Rust 程式，該程式會顯示「Hello, world!」。
- 學會將 crate 依賴套件加入 *Cargo.toml* 中，以及在程式碼中使用這些 crate。
- 建置存放測試碼的 *tests* 目錄，使用 `#[test]` 將函式標記為測試碼的內容。
- 了解如何測試某程式的結束狀態，以及檢查 `STDOUT` 是否顯示預期文字。
- 明白如何在 *src/bin* 目錄建立原始碼檔案，以編寫、執行、測試 Cargo 專案中對應產生的二進位檔。
- 自行實作 `true`、`false` 程式及其測試碼（驗證其是否如預期的回應成功、失敗）。Rust 程式結束時預設回傳零值，`std::process::exit` 函式可讓程式結束時直接指定回傳的結束碼。另外，`std::process::abort` 函式可讓程式結束時回傳非零值的結束碼（即表錯誤的代碼）。

在下一章的程式編寫中，將說明如何使用指令列引數改變輸出的結果。

第二章

文字迴響測試

當你收到短箋時

我們已不在人世

我們已煙消雲散

不能回應了

——明日巨星合唱團〈By the Time You Get This〉(2018)

第一章所編寫的三個程式—— `hello`、`true`、`false` ——並無帶程式引數，執行的輸出結果始終不變。本章將說明如何透過指令列輸入的引數變更程式於執行期（runtime）的行為。你的挑戰是撰寫 `echo` 程式複製版（clone），將在指令列上列出程式引數的內容，另外有選項可讓結尾加上換行符號。

你將學習如何：

- 引用 `clap` crate 處理指令列引數
- 運用 Rust 型別——譬如字串、向量、切片（slice）以及單值型別（unit type）
- 使用表達式（譬如 `match`、`if`、`return`）
- 利用 `Option` 表示非必要的（可有可無的、不一定存在的）值
- 藉由 `Result` 變體（`Ok`、`Err`）處理錯誤
- 了解堆疊（stack）與堆積（heap）兩種記憶體的差異
- 測試 `STDOUT`、`STDERR` 顯示的文字

echo 的運作方式

本書從第二章開始的每一章都會針對一個現有的指令列工具，以 Rust 編寫與其相似的版本，因此每章開頭會先描述該工具的運作方式，以便了解你要建構的程式內容。文中描述的工具功能也是對應測試套件的實作依據。本章的挑戰是以 Rust 建立 echo 程式，這個程式相當簡單。一開始，echo 會在 STDOUT 顯示其引數：

```
$ echo Hello
Hello
```

我使用的 bashshell 是以不限量的空格分隔程式的引數，因此若引數的內容有空格，則整個引數需用一對雙引號括起來。例如下列指令是以四個單字作為單一引數：

```
$ echo "Rust has assumed control"
Rust has assumed control
```

若不加一對雙引號，則變成輸入四個引數。注意，即使這些引數之間以多個數量的空格隔開，echo 顯示這些引數時，仍然以單一空格隔開：

```
$ echo Rust  has assumed   control
Rust has assumed control
```

若想要原封不動的呈現這些空格，則需要用一對雙引號將整個內容括起來：

```
$ echo "Rust  has assumed   control"
Rust  has assumed   control
```

指令列程式往往都帶有 -h、--help 旗標（flag，即選項）可顯示用法說明，但這非必要的功能。例如 echo 針對這個旗標會直接顯示旗標本身文字：

```
$ echo --help
--help
```

反而是執行 **man echo** 才能取得 echo 的使用手冊內容。以下是取自 BSD 平台上該程式的用法說明（2003 年版）：

```
ECHO(1)                    BSD 一般指令使用手冊                    ECHO(1)

名稱
     echo -- 將引數寫入標準輸出
```

```
概述
     echo [-n] [ 字串 ...]

描述
     echo 工具程式將任何指定的運算元寫入標準輸出，其中以單個空格
     (' ') 字元分隔，最後跟著換行 ('\n') 字元。

     有下列選項可供使用：

     -n     不顯示結尾的換行字元。這也可能是將 '\c' 附加到字串結尾而達成，如同 iBCS2
            相容系統所做的那樣。注意，此選項以及 '\c' 的效果於 Cor.1-2002 修訂的
            IEEE Std 1003.1-2001(''POSIX.1'') 有定義。強烈鼓勵那些旨在實現最大可移植
            性的應用程式使用 printf(1) 隱藏換行字元。

     一些 shell 可能會提供與此工具程式相似或相同的內建 echo 指令。
     最值得注意的是，sh(1) 中內建的 echo 不接受 -n 選項。參閱 builtin(1) 使用手冊。

結束狀態
     echo 工具程式在成功時結束碼為 0，如果發生錯誤，那麼 > 0。

另參閱
     builtin(1), csh(1), printf(1), sh(1)

標準
     echo 工具程式符合經 Cor. 1-2002 修訂的 IEEE Std 1003.1-2001 (''POSIX.1'')。

BSD                              April 12, 2003                              BSD
```

echo 顯示在指令列的文字，結尾預設加上換行字元。如前面的使用手冊所示，該程式有個 -n 選項，使得內容結尾不加換行符號。以現有的 echo 版本而言，對於結果的呈現似乎不會有影響。例如，BSD 版的結果顯示：

```
$ echo -n Hello
Hello
$ ❶
```

❶ BSD 平台的 echo 會在下一行顯示指令提示字元 $。

Linux 的 GNU 版則顯示：

```
$ echo -n Hello
Hello$ ❶
```

❶ GNU 版的 echo 則會在 Hello 之後緊接著指令提示字元。

不論使用哪個 echo 版本，皆能以 bash 重導向運算子（>）將送給 STDOUT 的內容轉給某個檔案：

```
$ echo Hello > hello
$ echo -n Hello > hello-n
```

diff（*difference*）工具可呈現兩個檔案的內容差異，結果顯示第二個檔案（*hello-n*）的結尾少了一個換行符號：

```
$ diff hello hello-n
1c1
< Hello
---
> Hello
\ No newline at end of file
```

挑戰入門

本章挑戰程式的名稱是 echor，即 echo 加 r 表示以 Rust 實作（我不確定這個字要讀作 *eh-core* 還是 *eh-koh-ar*）。就此切換到你的解決方案目錄，用 Cargo 建新專案：

```
$ cargo new echor
     Created binary (application) `echor` package
```

換到新的目錄，檢視該目錄的結構：

```
$ cd echor
$ tree
.
├── Cargo.toml
└── src
    └── main.rs
```

用 Cargo 執行該程式：

```
$ cargo run
Hello, world! ❶
```

❶ 新建的程式始終預設顯示「Hello, world!」文字

你已在第一章看過這個原始碼檔，不過在此對於 *src/main.rs* 的內容會有更多著墨：

```
fn main() {
    println!("Hello, world!");
}
```

如第一章所示，Rust 的程式首先會執行 *src/main.rs* 的 `main` 函式。所有函式皆會回傳一值，回傳的型別是以箭頭與型別名表示，譬如 `-> u32` 表示該函式回傳 32 位元的無號整數（unsigned integer）。`main` 缺少回傳型別，如此表示該函式會回傳 Rust 單值（*unit*）型別。另外注意 `println!` 巨集（*https://oreil.ly/Edncj*）會於輸出內容之後自動加一個換行符號，若使用者要求最末尾不要有換行符號時，這是你要調整的部分。

單值型別（*https://oreil.ly/BVKGJ*）像是空值（empty value），以空無內容的一組括號表示：`()`。該型別說明文件表示，這「是在無其他有用值可回傳時使用」。它與其他程式語言的空指標（null pointer）或未定義的值不太一樣，這是 Tony Hoare 首先引入的概念（跟 Rust 創造者 Graydon Hoare 無關），他表示這個空參考（null reference）是他的「十億美元錯誤」。因為 Rust（通常）不能對空指標取值（dereference），所以邏輯上這樣至少值十億美元。

處理指令列引數

就此第一個作業是取得待顯示的指令列引數。Rust 可使用 `std::env::args`（*https://oreil.ly/4lJGE*）。第 1 章使用 `std::process`crate 處理外部程序。在此將使用 `std::env` 與環境（*environment*）互動——程式可以尋得引數的環境。該函式的說明文件表示，其回傳 `Args` 型別的內容：

```
pub fn args() -> Args
```

`Args` 的說明網頁（*https://oreil.ly/Wtkqr*）表示此為 `struct`，即為 Rust 的一種資料結構。該網頁左邊陳列 trait（特徵）實作、其他相關結構、函式等內容。我們稍後會討論這些概念，此刻只需瀏覽這些文件，試著吸收某些內容即可。

編輯 `src/main.rs` 以便顯示引數內容。呼叫此函式（採完整路徑呼叫，隨後加上無內容的一組括號：

```
fn main() {
    println!(std::env::args()); // 有問題
}
```

以 **cargo run** 執行程式，應該會發生下列錯誤：

```
error: format argument must be a string literal
 --> src/main.rs:2:14
  |
2 |     println!(std::env::args()); // This will not work
  |              ^^^^^^^^^^^^^^^^
  |
help: you might be missing a string literal to format with
  |
2 |     println!("{}", std::env::args()); // This will not work
  |              +++++

error: could not compile `echor` due to previous error
```

這是你與編譯器的首次衝突。它表示不能直接顯示該函式的回傳值，但是有建議如何解決問題。它要你先提供一個字串字面常數，字串內容為一組大括號（{}），作為顯示值的占位符號（placeholder），因此將該程式碼對應調整如下：

```
fn main() {
    println!("{}", std::env::args()); // 還是有問題
}
```

執行該程式，依然有問題，因為還有另一個編譯器錯誤。注意，以下省略「編譯」過程與其他行文字，把焦點擺在關鍵輸出：

```
$ cargo run
error[E0277]: `Args` doesn't implement `std::fmt::Display`
 --> src/main.rs:2:20
  |
2 |     println!("{}", std::env::args()); // This will not work
  |                    ^^^^^^^^^^^^^^^^ `Args` cannot be formatted with
  |                                     the default formatter
  |
  = help: the trait `std::fmt::Display` is not implemented for `Args`
  = note: in format strings you may be able to use `{:?}` (or {:#?} for
    pretty-print) instead
  = note: this error originates in the macro `$crate::format_args_nl`
    (in Nightly builds, run with -Z macro-backtrace for more info)
```

編譯器訊息通常含有許多資訊。首先是，針對 `Args` 並無實作 `std::fmt::Displaytrait`（*https://oreil.ly/gaxyv*）。Rust 的 *trait* 是以抽象方式定義物件（object）行為。若某物件實作 `Displaytrait`，則可以將使用者可見的輸出格式化。再次查看 `Args` 說明的〈Trait Implementations〉（Trait 實作）一節；注意，文中確實沒有提到 `Disaply` 的部分。

編譯器建議你使用 `{:?}` 占位符號（而非 `{}`）。這是以 `Debug`（除錯）版顯示該結構（*https://oreil.ly/zPdzZ*）的指引，它會在除錯的環境下將輸出內容格式化。請參閱 `Args` 說明的〈Trait Implementations〉一節所列的 `Debug` 內容。將此程式碼改為：

```
fn main() {
    println!("{:?}", std::env::args()); // 終於成功了！
}
```

此時可以正常編譯該程式，顯示可能有用的資訊：

```
$ cargo run
Args { inner: ["target/debug/echor"] }
```

若你不熟指令列引數也無妨，通常第一個值是程式的自身路徑。這並非輸入的引數，但它是有用的資訊。讓我們傳遞某些引數看看會怎樣：

```
$ cargo run Hello world
Args { inner: ["target/debug/echor", "Hello", "world"] }
```

讚！看起來可以把引數帶入程式中。我傳入兩個引數：`Hello`、`world`，在二進位檔（執行檔）檔名之後呈現的另外兩個值。我需要傳遞 `-n` 旗標，所以試著執行：

```
$ cargo run Hello world -n
Args { inner: ["target/debug/echor", "Hello", "world", "-n"] }
```

通常我會把旗標放在兩個引數值之前，所以試著執行：

```
$ cargo run -n Hello world
error: Found argument '-n' which wasn't expected, or isn't valid in this context

USAGE:
    cargo run [OPTIONS] [--] [args]...

For more information try --help
```

這會有問題，因為 Cargo 認為 `-n` 引數供給 Cargo 自己使用，而非給我的程式。若要解決這個問題，則需要使用雙連接號（`--`），才能與 Cargo 選項有所區隔：

```
$ cargo run -- -n Hello world
Args { inner: ["target/debug/echor", "-n", "Hello", "world"] }
```

指令列程式參數的用語中，`-n` 為**非必要**（*optional*）引數，即可有可無的選項。程式選項通常以一個或兩個連接號為首。常見的情況是以一個連接號與單一字元表示選項**短名**（即短選項，如：`-h` 表示 *help* 旗標，而以兩個連接號與一個單字表示選項**長名**（即長選項，如：`--help`）。往往會看到兩者（長短選項）接連呈現，如：`-h|--help` 表示可擇一採用。由於 `-n`、`-h` 選項無帶值，所以時常被稱為**旗標**。旗標出現時具有某項含意，未出現則表相反意義。在此，`-n` 表示結尾不加換行符號；否則如常顯示結果。

`echo` 的其他引數是**位置**（*positional*）引數，它們與程式名稱（即引數串中第一個元素）的相對位置決定各自對應的含意。以 `chmod` 指令為例，該指令可變更檔案、目錄的**模式**（*mode*），即改變存取權限。此指令需要帶兩個位置引數，第一個是模式（如：`755`），第二個是檔案、目錄的名稱。`echo` 的所有位置引數皆被解讀為要顯示的文字（會依引數的排列順序呈現）。這個示例並非不好的開場，只是本書程式的引數會更加複雜。我們需要更紮實的方法剖析程式的引數。

新增 clap 依賴套件

剖析指令列引數的方法與 crate 不計其數，不過本書僅採用既簡單又有效率的指令列引數剖析器 `clap`（*command-line argument parser*）crate（*https://oreil.ly/X0qVZ*）。首先需告知 Cargo，下載該 crate，將其用於我的專案中。把這個 crate 視為專案的依賴套件，加入 *Cargo.toml* 中，以及指定採用的版本：

```
[package]
name = "echor"
version = "0.1.0"
edition = "2021"

[dependencies]
clap = "2.33"
```

「2.33」是我實際使用的版本。其中可以只以「2」表明要用主版本「2.x」系列中的最新版。還有不少方式得以指定版本，建議你閱讀如何指定依賴套件的相關說明（*https://oreil.ly/mvf9F*）。

隨後試圖建立我的程式時，Cargo 將下載 `clap` 原始碼（有需要的話）及其所有依賴套件。例如，執行 **`cargo build`**，僅建立新的二進位檔（執行檔），而不執行該檔：

```
$ cargo build
    Updating crates.io index
   Compiling libc v0.2.104
   Compiling unicode-width v0.1.9
   Compiling vec_map v0.8.2
   Compiling bitflags v1.3.2
   Compiling ansi_term v0.11.0
   Compiling strsim v0.8.0
   Compiling textwrap v0.11.0
   Compiling atty v0.2.14
   Compiling clap v2.33.3
   Compiling echor v0.1.0 (/Users/kyclark/work/cmdline-rust/playground/echor)
    Finished dev [unoptimized + debuginfo] target(s) in 12.66s
```

你可能會好奇這些套件位在何處。Cargo 將下載後的原始碼放在使用者的家（home）目錄裡的 *.cargo* 中，而建置成品則擺在專案的 *target/debug/deps* 目錄。如此讓建置 Rust 專案變得有意思：你建置的每個程式都可以使用不同版本的 crate，會在各自獨立的目錄中建置每個程式。若你曾經因共用模組（module）的運用衝突而受苦，如同使用 Perl、Python 時的遭遇，則在 Rust 中，你將會為不必擔心衝突（某程式需要某些現況不明的舊版本，而另一個程式需要 GitHub 中最新版）而有所體會。當然，Python 利用**虛擬環境**（*virtual environment*）克服這個問題，其他程式語言也有類似的解決方案。儘管如此，我認為 Rust 做法還是特別令人欣慰。

Rust 將依賴套件放入 *target* 中的結果是，此目錄占用的空間會變得非常大。你可以透過**磁碟使用情況**（*disk usage*）指令 du -shc . 得知該專案目前使用量約為 25 MB，幾乎所有內容皆存於 *target* 中。若執行 cargo help，會發現 `clean` 指令能移除 *target* 目錄。若你有一陣子不再進行該專案，則可以就此回收磁碟空間，而代價是將來必須重新編譯這個專案。

用 clap 剖析指令列引數

若要學習如何使用 clap 剖析引數，則需要閱讀相關文件，我偏愛 *Docs.rs*（*https://oreil.ly/CdbFz*）。在查閱 clap 說明之後，編寫下列的 *src/main.rs* 版本，內容是建立新的 clap::App 結構（*https://oreil.ly/3wAbH*），以剖析指令列引數：

```
use clap::App; ❶

fn main() {
    let _matches = App::new("echor") ❷
        .version("0.1.0") ❸
        .author("Ken Youens-Clark <kyclark@gmail.com>") ❹
        .about("Rust echo") ❺
        .get_matches(); ❻
}
```

❶ 匯入 clap::App 結構。

❷ 建立新的 App（名為 echor）。

❸ 使用語意化版本資訊。

❹ 填寫作者名稱與 email，讓人知道要把錢送到何方。

❺ 此為該程式的簡述。

❻ 告知 App 剖析引數。

上述的程式碼裡，變數 _matches 以底線開頭表示功能型的變數。告知 Rust 編譯器，目前不打算使用此變數。此變數開頭若無底線，編譯器會提出警告表示此為未使用的變數。

運用上述的程式碼，我執行 echor 程式時可以用 -h、--help 旗標取得用法說明。注意，我不用定義此引數，clap 會介入處理：

```
$ cargo run -- -h
echor 0.1.0 ❶
Ken Youens-Clark <kyclark@gmail.com> ❷
Rust echo ❸

USAGE:
    echor
```

```
FLAGS:
    -h, --help       Prints help information
    -V, --version    Prints version information
```

❶ 在此呈現的是該 app 的名稱與 `version`（版本）號碼。

❷ 此處為 `author`（作者）資訊。

❸ 這是 `about`（說明）文字。

除了輔助說明旗標，`clap` 還會自動處理 `-V`、`--version` 旗標，用於顯示程式的版本：

```
$ cargo run -- --version
echor 0.1.0
```

接著我要用 `clap::Arg`（*https://oreil.ly/QuLf7*）定義參數。以下列的程式碼擴充 *src/main.rs*：

```
use clap::{App, Arg}; ❶

fn main() {
    let matches = App::new("echor")
        .version("0.1.0")
        .author("Ken Youens-Clark <kyclark@gmail.com>")
        .about("Rust echo")
        .arg(
            Arg::with_name("text") ❷
                .value_name("TEXT")
                .help("Input text")
                .required(true)
                .min_values(1),
        )
        .arg(
            Arg::with_name("omit_newline") ❸
                .short("n")
                .help("Do not print newline")
                .takes_value(false),
        )
        .get_matches();

    println!("{:#?}", matches); ❹
}
```

❶ 匯入 `clap` crate 的 `App`、`Arg` 結構。

❷ 建立新的 `Arg`（名為 `text`）。這是必要的位置引數，可出現一次以上。

❸ 建立新的 `Arg`（名為 `omit_newline`）。此為旗標，以 `-n` 為其短名，無帶其他值。

❹ 美化顯示引數。

之前我用 `{:?}` 格式化呈現除錯版的引數。在此則以 `{:?}` 納入換行與縮排，讓輸出內容更容易閱讀。此為美化顯示（*pretty-printing*），換句話說，就是讓結果比較好看。

重新要求該程式的用法時，將呈現這些新加入的參數：

```
$ cargo run -- --help
echor 0.1.0
Ken Youens-Clark <kyclark@gmail.com>
Rust echo

USAGE:
    echor [FLAGS] <TEXT>...

FLAGS:
    -h, --help       Prints help information
    -n               Do not print newline ❶
    -V, --version    Prints version information

ARGS:
    <TEXT>...    Input text ❷
```

❶ 省略結尾換行符號的 `-n` 旗標是非必要選項。

❷ 必要的輸入文字（一個以上的位置引數）。

執行該程式時帶入某些引數，檢視這些引數所呈現的結構：

```
$ cargo run -- -n Hello world
ArgMatches {
    args: {
        "text": MatchedArg {
            occurs: 2,
            indices: [
                2,
```

```
                3,
            ],
            vals: [
                "Hello",
                "world",
            ],
        },
        "omit_newline": MatchedArg {
            occurs: 1,
            indices: [
                1,
            ],
            vals: [],
        },
    },
    subcommand: None,
    usage: Some(
        "USAGE:\n    echor [FLAGS] <TEXT>...",
    ),
}
```

若執行程式時無輸入引數，則會有錯誤表示沒有提供必要的引數：

```
$ cargo run
error: The following required arguments were not provided:
    <TEXT>...

USAGE:
    echor [FLAGS] <TEXT>...

For more information try --help
```

此為錯誤，你可以檢視程式的結束碼，確認是否回傳非零值：

```
$ echo $?
1
```

若你試圖提供未定義的引數，則會引發錯誤，回傳非零的結束碼：

```
$ cargo run -- -x
error: Found argument '-x' which wasn't expected, or isn't valid in this context
```

```
USAGE:
    echor [FLAGS] <TEXT>...

For more information try --help
```

你可能會想知道這個奇妙的過程是怎麼回事。為什麼程式會停止執行而回報這些錯誤？按 `App::get_matches` 說明（*https://oreil.ly/lTlEk*）描述：「在剖析失敗時，系統會向使用者表示錯誤，而執行程序會以適當的錯誤碼結束執行。」

錯誤訊息有著微妙情事。`println!` 的輸出會顯示在 `STDOUT` 上面，而用法內容與錯誤訊息皆顯示於 `STDERR`（第一章已出現過這樣的情形）。可用 bashshell 理解這種情況，執行 `echor` 同時將通道 1（`STDOUT`）重導向 *out* 檔，將通道 2（`STDERR`）重導向 *err* 檔：

```
$ cargo run 1>out 2>err
```

因為所有輸出都已重導向 *out*、*err* 兩個檔案，所以你應該看不到任何輸出。*out* 檔案應為空，由於目前沒有內容顯示在 `STDOUT` 上，所以對應的 *out* 檔應該空無一物，不過 *err* 檔應當包含 Cargo 的輸出，還有程式的錯誤訊息：

```
$ cat err
    Finished dev [unoptimized + debuginfo] target(s) in 0.01s
     Running `target/debug/echor`
error: The following required arguments were not provided:
    <TEXT>...

USAGE:
    echor [FLAGS] <TEXT>...

For more information try --help
```

因此，就行為良好的指令列程式而言，其具有的另一個特性是在 `STDOUT` 顯示一般的輸出，而在 `STDERR` 顯示錯誤訊息。有時候錯誤嚴重到足以讓程式停止執行，但有時候僅需要在程式執行過程中留意這些錯誤。例如，第三章將編寫程式處理輸入檔案，其中刻意讓某些檔案不存在或不可讀取。屆時會說明如何將在 `STDERR` 顯示這些檔案相關的警告訊息，然後繼續處理下一個引數，而非讓程式停止執行。

建立程式的輸出

既然我能夠剖析程式引數，下一步就是用這些值產生與 `echo` 一樣的輸出。通常會將 `matches` 裡的值複製到變數中。首先要取出 `text` 引數的內容。由於該 `Arg` 可接受一個以上的值，因此我可以使用回傳多值的函式（以下擇一使用）：

`ArgMatches::values_of`（*https://oreil.ly/kPPN4*）

: 回傳 `Option<Values>`

`ArgMatches::values_of_lossy`（*https://oreil.ly/AobBW*）

: 回傳 `Option<Vec<String>>`

為了決定要用哪個函式，我必須稍微轉移焦點，了解下列的概念：

`Option`（*https://oreil.ly/WkWZs*）

: 其值可能是 `None` 或 `Some<T>`，其中 `T` 表任意型別，譬如字串或整數。以 `ArgMatches::values_of_lossy` 為例，其型別 `T` 指的是字串向量。

`Values`（*https://oreil.ly/K09ME*）

: 取得引數裡多個值的疊代器（iterator）。

`Vec`（*https://oreil.ly/pZU3A*）

: 向量，即可持續擴增的陣列型別。

`String`（*https://oreil.ly/X32Yh*）

: 字元內容字串。

`ArgMatches::values_of`、`ArgMatches::values_of_lossy` 兩函式皆回傳某種 `Option`。因為我最終想要顯示字串，所以用 `ArgMatches::values_of_lossy` 函式取得 `Option<Vec<String>>`。`Option::unwrap` 函式（*https://oreil.ly/4bPoA*）將帶 `Some<T>` 之值（基於型別 `T`）。因為 `text` 為 `clap` 必要引數，所以該引數不可能為 `None`；因此，我可以安全地呼叫 `Option::unwrap` 取得 `Vec<String>` 值：

```
let text = matches.values_of_lossy("text").unwrap();
```

若針對 None 呼叫 Option::unwrap，將導致 panic（*https://oreil.ly/DrERd*），讓程式停擺（crash）。只有在值確實為 Some 變體，才能呼叫 unwrap。

omit_newline 引數較簡單，它不是存在就是不存在。此值的型別是 bool（*https://oreil.ly/4Zh0A*），即布林值（Boolean）—— true 或 false：

```
let omit_newline = matches.is_present("omit_newline");
```

最終目的要顯示這些值。因為 text 是字串向量，所以我可以使用 Vec::join（*https://oreil.ly/i8IBx*）將所有字串連接（字串彼此間以單一空格隔開）成為一個新字串，然後直接顯示此字串。clap 將於 echor 內部建立該向量。為了舉例說明 Vec::join 的運作方式，以下先用 vec! 巨集（*https://oreil.ly/SAlnL*）建立向量：

```
let text = vec!["Hello", "world"];
```

Rust 向量內容值必須全為相同型別。動態語言（dynamic language）通常容許串列資料混合字串、數字等型別，而 Rust 則回應此乃「型別不符」。在此有一組字串字面常數，必須用一對雙引號括起來。Rust 的 str 型別（*https://oreil.ly/DREEk*）表示有效的 UTF-8 字串。第 4 章會詳細論述 UTF。

Vec::join 會在向量的各元素之間插入特定字串，建出新字串。我可以使用 println! 將在 STDOUT 顯示新字串（字串之後會多個換行符號）：

```
println!("{}", text.join(" "));
```

Rust 文件中常用 assert!（*https://oreil.ly/SQHyp*），表述某事是否為 true，用 assert_eq!（*https://oreil.ly/P6Bfw*）表示某物是否等同另一物。下面的程式碼可判斷 text.join(" ") 的結果是否等於字串 "Hello world"：

```
assert_eq!(text.join(" "), "Hello world");
```

若有選用 -n 旗標，則輸出結尾應該不會加換行符號。我可以選用 print! 巨集（*https://oreil.ly/nMLGY*），它不會外加換行符號，就此將依據 omit_newline 的值選擇加入換行符號或是空字串。預期編寫的程式碼可能如下所示：

```
fn main() {
    let matches = ...; // 一如既往，在此不贅述
    let text = matches.values_of_lossy("text").unwrap();
    let omit_newline = matches.is_present("omit_newline");

    let ending = "\n"; ❶
    if omit_newline {
        ending = ""; // 有問題 ❷
    }
    print!("{}{}", text.join(" "), ending); ❸
}
```

❶ 預設值假定為換行符號。

❷ 若不用加換行符號，則該值改為空字串。

❸ 用 `print!`，該巨集不會在輸出內容結尾加換行符號。

不過執行上述程式碼時，Rust 會回應無法對 `ending` 再次指派（reassign）值：

```
$ cargo run -- Hello world
error[E0384]: cannot assign twice to immutable variable `ending`
  --> src/main.rs:27:9
   |
25 |     let ending = "\n";
   |         ------
   |         |
   |         first assignment to `ending`
   |         help: make this binding mutable: `mut ending`
26 |     if omit_newline {
27 |         ending = ""; // This will not work
   |         ^^^^^^^^^^^ cannot assign twice to immutable variable
```

如第 1 章所示，Rust 的變數預設為不可變的。因此編譯器針對這個錯誤的修正建議是，`ending` 變數可加上 `mut`，成為可變的變數：

```
fn main() {
    let matches = ...; // 一如既往，在此不贅述
    let text = matches.values_of_lossy("text").unwrap();
    let omit_newline = matches.is_present("omit_newline");

    let mut ending = "\n"; ❶
```

```
    if omit_newline {
        ending = "";
    }
    print!("{}{}", text.join(" "), ending);
}
```

❶ 加上 mut，讓此變數的值可以變動。

上述的程式有個比較好的寫法。Rust 的 if 是個表達式（expression 或運算式）而非像 C、Java 語言中屬於陳述句（statement）。[1] **表達式**將回傳某值，而陳述句不會。因此較為 Rustic 的寫法如下所示：

```
let ending = if omit_newline { "" } else { "\n" };
```

無 else 搭配的 if 會回傳單值型別的結果。這與無指定回傳型別的函式雷同，所以這個範例程式的 main 函式將回傳單值型別的結果。

因為 ending 的內容只用於一處，所以此時不需要為該內容指派給一個變數（即：ending）。以下是此 main 函式的最終版：

```
fn main() {
    let matches = ...; // 一如既往，在此不贅述
    let text = matches.values_of_lossy("text").unwrap();
    let omit_newline = matches.is_present("omit_newline");
    print!("{}{}", text.join(" "), if omit_newline { "" } else { "\n" });
}
```

經過上述改進，該程式看來能正常執行了；然而，我對此不敢掛保證。正如俄羅斯諺語所云：「信任，但要驗證。」（Доверяй, но проверяй.）[2] 因此我需要編寫一些測試碼，以各種輸入引數執行上述的應用程式，驗證它產生的輸出是否與 echo 原版程式的結果一模一樣。

1 Python 既有 if 陳述句，也有 if 表達式。

2 「信任，但要驗證。」這是雷根在 1980 年代與當時的蘇聯於核武裁減談判中所說的話，以俄語而言是一句有押韻的諺語，所以聽起來比較酷。

編寫整合測試

我們依然會使用 `assert_cmd` crate 測試 `echor`。我們還會用到 `predicates` crate（*https://oreil.ly/GGCMZ*），讓編寫測試碼能更加簡易。變更 *Cargo.toml* 的內容：

```
[package]
name = "echor"
version = "0.1.0"
edition = "2021"

[dependencies]
clap = "2.33"

[dev-dependencies]
assert_cmd = "2"
predicates = "2"
```

我通常會撰寫測試碼，用於確保我的應用程式執行失常時能夠以失敗收場。例如，執行應用程式而沒有提供任何引數時，該程式應該顯露缺失、顯示輔助說明。建立 *tests* 目錄以及 *tests/cli.rs* 檔案，於該檔案中輸入下列內容：

```
use assert_cmd::Command;
use predicates::prelude::*; ❶

#[test]
fn dies_no_args() {
    let mut cmd = Command::cargo_bin("echor").unwrap();
    cmd.assert() ❷
        .failure()
        .stderr(predicate::str::contains("USAGE"));
}
```

❶ 匯入 `predicates` crate。

❷ 執行程式（不帶引數），判斷 `STDERR` 是否會顯露失敗以及顯示用法說明。

我通常在測試碼的函式名稱中置入 `dies` 字，清楚表明在特定條件下預期程式的執行會失敗。若執行 **`cargo test dies`**，則 Cargo 將執行測試碼（函式）名稱含有 *dies* 字串的所有測試碼（函式）。

我們另外加入一個測試，確保帶入一個引數時能讓程式的執行正常結束：

```
#[test]
fn runs() {
    let mut cmd = Command::cargo_bin("echor").unwrap();
    cmd.arg("hello").assert().success(); ❶
}
```

❶ 執行 echor（輸入引數 hello），驗證該程式的執行是否能成功結束。

建立測試輸出檔

此刻可以執行 **cargo test**，驗證我的程式是否可以執行，確認使用者輸入的內容，以及無輸入引數時能否顯示用法。接著，我要確保 echor 顯示的內容可以跟 echo 的輸出一樣。起初，我針對各種輸入引數取得 echo 原版產生的輸出，進而能夠將這些內容與我的程式輸出相比。本書的 GitHub 儲存庫（*https://oreil.ly/pfhMC*）裡的 *02_echor* 目錄中，有個 *mk-outs.sh*（bashscript），我用它產生 echo 的輸出內容（針對各種輸入引數而生）。如你所見，即使用如此簡單的工具，仍然有相當高的**循環複雜度**（*cyclomatic complexity*），即各個參數組合出的各種可能情況。我需要檢驗一個以上的文字引數（搭配 -n 選項與未搭配 -n 選項兩者皆須納入確認）：

```
$ cat mk-outs.sh
#!/usr/bin/env bash ❶

OUTDIR="tests/expected" ❷
[[ ! -d "$OUTDIR" ]] && mkdir -p "$OUTDIR" ❸

echo "Hello there" > $OUTDIR/hello1.txt ❹
echo "Hello"  "there" > $OUTDIR/hello2.txt ❺
echo -n "Hello  there" > $OUTDIR/hello1.n.txt ❻
echo -n "Hello" "there" > $OUTDIR/hello2.n.txt ❼
```

❶ 特定註解（又稱為 *shebang*），告知作業系統要用環境啟動 bash 執行隨後的 script 程式碼。

❷ 定義輸出目錄變數的內容。

❸ 測試輸出目錄是否不存在，若不存在則建立該目錄。

❹ 具有兩個單字的單一引數。

❺ 以多個空格隔開的兩個引數。

❻ 內有兩個空格的單一引數（結尾不加換行符號）。

❼ 兩個引數（結尾不加換行符號）。

在 Unix 平台上，你可以將這個 script 程式複製到自己的專案目錄，然後按下列方式執行：

```
$ bash mk-outs.sh
```

或許可以直接執行這個 script，不過倘若遇到拒絕不符權限的操作（*permission denied*）錯誤，則可能需要執行 **`chmod +x mk-outs.sh`**：

```
$ ./mk-outs.sh
```

若該 script 能順利執行，此時應該有個 *tests/expected* 目錄，其內容如下所示：

```
$ tree tests
tests
├── cli.rs
└── expected
    ├── hello1.n.txt
    ├── hello1.txt
    ├── hello2.n.txt
    └── hello2.txt

1 directory, 5 files
```

若你使用 Windows 平台作業，則建議將此目錄與其內檔案複製到自己的專案中。

比較程式的輸出

既然我們已有一些測試檔案，就可以開始拿 `echor` 的輸出與 `echo` 原版的輸出相比。第一個輸出檔是用 *Hello there* 單一輸入字串產生的，此輸出內容存放於 *tests/expected/hello1.txt* 檔案中。接下來的測試是以相同的引數執行 `echor`，將其輸出結果與 *hello1.txt* 內容相比。*tests/cli.rs* 裡面必須加入 `use std::fs`，引入標準的檔案系統（*filesystem*）模組。並以下列的程式碼取代 `runs` 函式：

```
#[test]
fn hello1() {
    let outfile = "tests/expected/hello1.txt"; ❶
    let expected = fs::read_to_string(outfile).unwrap(); ❷
    let mut cmd = Command::cargo_bin("echor").unwrap(); ❸
    cmd.arg("Hello there").assert().success().stdout(expected); ❹
}
```

❶ 這是透過 *mk-outs.sh* 執行 `echo` 所產生的輸出。

❷ 使用 `fs::read_to_string`（*https://oreil.ly/dZGzk*）讀取該檔內容。其回傳 `Result`，內容可能是一個字串（倘若一切順利的話）。就此使用 `Result::unwrap` 方法（假設的前提是檔案存取正常）。

❸ 建立 `Command`，執行目前 crate 中的 `echor`。

❹ 用上述的特定引數執行該程式，判斷程式是否成功執行完畢，以及 `STDOUT` 出現預期的內容。

使用 `fs::read_to_string` 是將檔案內容放入記憶體中的便捷法，不過若剛好讀取的檔案大小超過記憶體可用量，則這個方式也很容易使得程式運作停擺（甚至讓電腦當機）。此函式僅適用於小檔案。正如 Ted Nelson 所云：「電腦的好處是照你說的去做，壞處也是照你說的去做。」

此時執行 **`cargo tesst`**，應該可以看到兩個測試的輸出結果（無特定的測試順序）：

```
running 2 tests
test hello1 ... ok
test dies_no_args ... ok
```

使用 Result 型別

我一直使用 `Result::unwrap` 方法，其中假設的前提是每個可能會出錯的呼叫都能執行成功。例如，在 `hello1` 函式中，假設輸出檔存在、可被開啟、能夠將檔案內容讀入某個字串中。在我侷限的測試過程中，情況可能就是如同假設那樣，但做出這樣的假設並不妥當。我應當更為謹慎，所以就此建立 `TestResult` *型別別名*（*type alias*）。這是特定的 `Result` 型別，其是一個 `Ok`（內容始終為單值型別）或是某個值（其實作 `std::error::Error` trait —— *https://oreil.ly/s0dqy*）：

```
type TestResult = Result<(), Box<dyn std::error::Error>>;
```

上述的程式碼中，`Box`（*https://oreil.ly/r9nut*）表示錯誤將存在於某種指標中，其中是在堆積（而非堆疊）中動態配置（dynamically allocated）記憶體，`dyn`（*https://oreil.ly/NtPOH*）表示 `std::error::Error` trait 上的方法呼叫會被動態分派（dynamically dispatched）。就此的資訊實在不少，這時候如果你的眼神呆滯，也無傷大雅。簡單來說，`TestResult` 的 `Ok` 部分將只存有單值型別內容，而 `Err` 部分可以保有 `std::error::Error` trait 的任何實作內容。這些概念在《Programming Rust》一書中有更詳細的說明與闡述。

記憶體：堆疊與堆積

我在投入 Rust 程式設計之前，對於電腦記憶體，僅涉及到無定形概念。刻意避免使用需要自行配置與釋放記憶體的程式語言，當時只是依稀知道動態語言盡力隱藏相關複雜度。而我的了解是，在 Rust 中並非所有記憶體都以相同的方式存取。因此首先要討論的是**堆疊**（*stack*），其中會以特定順序存取已知大小的項目（記憶體單元）。經典的比喻是一疊自助餐托盤，其中新項目（托盤）放在頂端，而以**後進先出**（*last-in, first-out* 或 LIFO）的順序從頂端取用。堆疊的項目有固定已知的大小，如此讓 Rust 能預留特定的記憶體區塊，以及迅速取得這個區塊。

另一種記憶體是**堆積**（*heap*），其中儲存的大小可能會隨時改變。例如，`Vec`（向量）型別的說明（*https://oreil.ly/u5T4g*）描述該結構為「可持續擴增的陣列型別」。**可擴增**是關鍵字，向量中元素的數量、大小於程式生命週期（lifetime）中可以改變。Rust 會對向量所需的記憶體空間進行初步估計。若向量的擴增超出原本的配置空間，Rust 將找尋另一個能儲存資料的記憶體區塊。為了找到資料所在的記憶體，Rust 將這類記憶體的位址儲存於堆疊上。因為位址指向實際資料，所以被稱為**指標**（*pointer*），也被叫做資料的**參考**（*reference*）。Rust 知道如何對某個 `Box` **取值**（*dereference*），即取得資料。

目前為止，上述的測試函式已可回傳單值型別。因為要讓它們回傳 `TestResult`，所以我將以某些微妙的方式調整測試碼。之前用 `Result::unwrap` 解出 `Ok` 值以及遇到 `Err` 事件而 panic（導致測試失敗）。下列的程式碼將用 `?` 運算子取代 `unwrap`，即可解出 `Ok` 值或將 `Err` 值傳播（propagate）至回傳型別。即函式將 `Result` 的 `Err` 變體回傳給呼叫者，變成是呼叫者那邊導致此測試失敗。若測試函式的所有內容皆成功執行，則會回傳 `Ok`，內含單值型別，表示測試通過。注意，雖然 Rust 有 `return` 關鍵字（*https://oreil.ly/rtZW1*）可讓函式回傳一值，不過慣用做法是省略最後一個表達式的結尾分號，隱含的表示要回傳該函式結果。將 *tests/cli.rs* 的內容更新：

```
use assert_cmd::Command;
use predicates::prelude::*;
use std::fs;

type TestResult = Result<(), Box<dyn std::error::Error>>;

#[test]
fn dies_no_args() -> TestResult {
    let mut cmd = Command::cargo_bin("echor")?; ❶
    cmd.assert()
        .failure()
        .stderr(predicate::str::contains("USAGE"));
    Ok(()) ❷
}

#[test]
fn hello1() -> TestResult {
    let expected = fs::read_to_string("tests/expected/hello1.txt")?;
    let mut cmd = Command::cargo_bin("echor")?;
    cmd.arg("Hello there").assert().success().stdout(expected);
    Ok(())
}
```

❶ 使用 ?（取代 `Result::unwrap`）解出 `Ok` 值或傳播 `Err` 給呼叫者。

❷ 最後一行省略分號，表示回傳其值。

下一個測試會輸入兩個引數 `"Hello"`、`"there"`，預期程式會顯示「Hello there」：

```
#[test]
fn hello2() -> TestResult {
    let expected = fs::read_to_string("tests/expected/hello2.txt")?;
    let mut cmd = Command::cargo_bin("echor")?;
    cmd.args(vec!["Hello", "there"]) ❶
        .assert()
        .success()
        .stdout(expected);
    Ok(())
}
```

❶ 使用 `Command::args` 方法（*https://oreil.ly/cpdYi*）傳入一個引數向量（而非單一字串值）。

總共有四個檔案要檢查，所以我應該編寫輔助函式（helper function）。將其稱為 `run`，把引數字串連同預期的輸出檔案一併傳入此函式。不再使用 `vec!` 建立引數向量，改用 `std::slice`（*https://oreil.ly/NHidS*）。切片（slice）有點像向量，可以表示成串的值，不過切片在建立之後其大小不能再調整：

```
fn run(args: &[&str], expected_file: &str) -> TestResult { ❶
    let expected = fs::read_to_string(expected_file)?; ❷
    Command::cargo_bin("echor")? ❸
        .args(args)
        .assert()
        .success()
        .stdout(expected);
    Ok(()) ❹
}
```

❶ `args` 是 `&str` 內容值的切片，`expected_file` 是一個 `&str`。回傳值是一個 `TestResult`。

❷ 試圖將 `expected_file` 的內容讀入某字串中。

❸ 試圖執行目前 crate 的 `echor`（搭配特定引數），確認 `STDOUT` 是否顯示預期結果。

❹ 若前述的程式碼皆能正確執行，則回傳 `Ok`（內有單值型別）。

你將會發現 Rust 有各種型別的「字串」變數。在此的 `str` 型別適用於原始碼的字串字面常數。而 `&` 表明僅打算借用（borrow）該字串一會 。稍後會多加說明字串、借用（borrowing）與所有權（ownership）。

以下內容是 *tests/cli.rs* 的最終版，說明如何使用輔助函式執行四個測試：

```
use assert_cmd::Command;
use predicates::prelude::*;
use std::fs;

type TestResult = Result<(), Box<dyn std::error::Error>>;

#[test]
fn dies_no_args() -> TestResult {
```

```
    Command::cargo_bin("echor")?
        .assert()
        .failure()
        .stderr(predicate::str::contains("USAGE"));
    Ok(())
}

fn run(args: &[&str], expected_file: &str) -> TestResult {
    let expected = fs::read_to_string(expected_file)?;
    Command::cargo_bin("echor")?
        .args(args)
        .assert()
        .success()
        .stdout(expected);
    Ok(())
}

#[test]
fn hello1() -> TestResult {
    run(&["Hello there"], "tests/expected/hello1.txt") ❶
}

#[test]
fn hello2() -> TestResult {
    run(&["Hello", "there"], "tests/expected/hello2.txt") ❷
}

#[test]
fn hello1_no_newline() -> TestResult {
    run(&["Hello  there", "-n"], "tests/expected/hello1.n.txt") ❸
}

#[test]
fn hello2_no_newline() -> TestResult {
    run(&["-n", "Hello", "there"], "tests/expected/hello2.n.txt") ❹
}
```

❶ 執行程式（輸入引數為單一字串）。注意少了結尾分號，表示此函式會將 `run` 函式回傳的內容直接原封不動的回傳。

❷ 執行程式（輸入引數為兩個字串）。

❸ 執行程式（輸入引數為單一字串），以 `-n` 旗標省略結尾換行。注意，兩單字間有兩個空格。

❹ 執行程式（輸入引數為開頭的 `-n` 旗標與後續的兩個字串）。

如你所見，我可以在 *tests/cli.rs* 中編寫不限數量的函式。測試時僅會執行有 `#[test]` 標記的那些函式。此時執行 **`cargo test`**，應該會看到五個測試函式執行成功：

```
running 5 tests
test dies_no_args ... ok
test hello1 ... ok
test hello1_no_newline ... ok
test hello2_no_newline ... ok
test hello2 ... ok
```

本章總結

目前你已為 `echor` 程式編寫 30 行左右的 Rust 程式碼（位於 *src/main.rs*），以及撰寫五個測試函式（位於 *tests/cli.rs*），驗證該程式是否符合某種規格。你已完成的本章重點回顧如下：

- 了解程式會在 `STDOUT` 顯示一般輸出，而會在 `STDERR` 顯示錯誤內容。
- 編寫一個程式，該程式提供下列選項：`-h`、`--help`（產生程式的輔助說明），`-V`、`--version`（顯示程式版本），還有 `-n`（針對一個以上的指令列位置引數顯示其值時結尾不加換行符號）。
- 編寫一個程式，在執行該程式時，輸入不符的引數或選用 `-h|--help` 旗標，即會顯示用法說明。
- 知道如何顯示所有指令列位置引數（引數彼此之間以空格連接）
- 學習運用 `print!` 巨集讓顯示的內容結尾不加換行符號（選用 `-n` 旗標的結果）。
- 執行整合測試，確認所寫的程式輸出是否與 `echo` 所生的結果一模一樣，其中至少使用四個測試案例（test case），這些案例是以「單一輸入引數」或「兩個輸入引數」搭配輸出內容「結尾加換行符號」與「結尾不加換行符號」組成。

- 學會使用數種 Rust 型別，其中包含單值型別、字串、向量、切片、`Option`、`Result`，以及建立型別別名（即特定的 `Result` 型別—— `TestResult`）。
- 以 `Box` 建立堆積記憶體的智慧指標（smart pointer）。就此需要稍微了解「堆疊」與「堆積」兩者的差異（前者中變數的儲存空間有固定已知的大小，而以 LIFO 順序存取變數；後者中透過指標存取變數，而程式執行期間可能變更變數的儲存空間大小）。
- 學到如何將檔案的整個內容讀入一個字串中。
- 明白如何在 Rust 程式中執行外部指令，確認程式的結束狀態，驗證 `STDOUT`、`STDERR` 兩者顯示的內容。

你已用一種程式語言編寫程式完成上述的這一切，這個語言幾乎不會讓你犯下常見的錯誤，導致 bug 一堆的程式或發生安全漏洞。當你想過 Rust 要怎樣幫你征服世界時，請隨意跟自己小力擊掌，或盡情沉浸在有點邪惡的 *mwuhaha* 竊笑中。既然已經說明如何組成、編寫測試碼與資料，我們就可在撰寫下一個應用程式之前先用測試，開始採取**測試驅動開發**（*test-driven development*），即先寫測試碼，再寫應用程式（能夠符合這些測試的應用程式）。

第三章

檔案伸展台

當你孤單時

你是貓 你是電話

你是動物

——明日巨星合唱團〈Don't Let's Start〉(1986)

本章的挑戰是撰寫 `cat` 程式複製版，其名稱由來是該程式可將多個檔案連結（con*cat*enate）成一個檔案。例如，已知檔案 *a*、*b*、*c*，你可以執行 `cat a b c > all`，將三個檔案的文字串流（stream）重導向 *all* 檔中。該程式可選用數個選項，其中可在每行開頭加上對應行號，即前綴（prefix）行號。

你將學習如何：

- 將程式碼分成函式庫與主程式兩種 crate（後者能編譯成可執行的二進位檔）
- 採用測試先行（testing-first）的開發方式
- 將變數或函式定義為公開（public）、私有（private）
- 測試檔案是否存在
- 針對不存在的檔案隨機產生一字串
- 從一般檔案或 `STDIN`（讀作 *standard in*，即標準輸入）讀取內容
- 用 `eprintln!` 在 `STDERR` 顯示內容以及 `format!` 將字串格式化

- 編寫一個測試（可為 STDIN 供應輸入內容）
- 建立一個結構
- 定義互斥（mutually exclusive）引數
- 使用疊代器（iterator）的 enumerate 方法

cat 的運作方式

本章首先要說明 cat 的運作方式，讓你明白這個挑戰需求的內容。BSD 版的 cat 並非用 -h|--help 旗標顯示其用法，而是使用 **man cat** 呈現使用手冊。如此有限度的程式，卻具有數量驚人的選項，不過該挑戰程式僅會實作其中一個功能子集：

```
CAT(1)                    BSD 一般指令使用手冊                    CAT(1)

名稱
     cat -- 連結與顯示檔案內容

概述
     cat [-benstuv] [ 檔案 ...]

描述
     工具程式按順序讀取檔案，並將其寫入標準輸出。檔案運算元按指令列順序處理。如果檔案
     是單一連接號（'-'）或不存在，那麼 cat 會從標準輸入讀取。如果檔案是一個 UNIX 域通訊
     端，那麼 cat 會與它連線，然後讀取內容，直到 EOF。這是對 inetd(8) 中可用的 UNIX 域綁
     定功能的補充。

     選項如下所示：

     -b      對非空白輸出行進行編號，從 1 開始。

     -e      顯示不可顯示的字元（請參見 -v 選項），並在每行節尾顯示錢字號（'$'）。

     -n      對輸出行進行編號，從 1 開始。

     -s      擠壓多個相鄰的空行，使輸出為單一間隔。

     -t      顯示不可顯示的字元（請參閱 -v 選項），並將 tab 字元顯示為 '^I'。

     -u      禁用輸出緩衝。
```

```
-v        顯示不可顯示的字元，使其可見。控制字元列印為 '^X'，表示控件 X；刪除字元
          （八進位 0177）顯示為 '^？'。非 ASCII 字元（設定高位元）顯示為 'M-'（用
          於元），後跟著 7 位的低位元。

結束狀態
     cat 工具程式在成功時結束碼為 0，如果發生錯誤，那麼 > 0。
```

本書另外會呈現 GNU 版的程式功能，讓你動腦思考這些程式能怎樣變化，以及為如何擴充書中呈現的解決方案而激發靈感。注意，GNU 版的 cat 有 --help 選項顯示用法說明，你將編寫的解決方案也要有這個選項：

```
$ cat --help
用法：cat [ 選項 ]... [ 檔案 ]...
連結所有指定檔案或標準輸入並將結果寫到標準輸出。

  -A, --show-all           等效於 -vET
  -b, --number-nonblank    對非空輸出行編號，同時取消 -n 選項效果
  -e                       等效於 -vE
  -E, --show-ends          在每行結束處顯示 "$"
  -n, --number             對輸出的所有行加上編號
  -s, --squeeze-blank      不輸出多行空行
  -t                       與 -vT 等效
  -T, --show-tabs          將 TAB 字元顯示為 ^I
  -u                       ( 忽略 )
  -v, --show-nonprinting   使用 ^ 和 M- 引用，除了 LFD 和 TAB 之外
      --help     顯示此說明訊息並退出
      --version  顯示版本訊息並退出

如果沒有指定檔案，或者檔案為「-」，那麼從標準輸入讀取。

範例：
  cat f - g  先輸出 f 的內容，然後輸出標準輸入的內容，最後輸出 g 的內容。
  cat        將標準輸入的內容複製到標準輸出。

GNU coreutils 線上說明：<https://www.gnu.org/software/coreutils/>
對於完整內容請在本機執行：info '(coreutils) cat invocation'
```

cat 程式 BSD 版早於 GNU 版，因此後者為了與前者相容，實作相同的短旗標（短選項）。而如同 GNU 程式的典型做法，後者還提供長旗標（長選項），例如 --number 對應 -n、--number-nonblank 對應 -b。我將說明如何類似 GNU 版，提供這兩種選項。

針對本章的挑戰程式，你只要實作選項 `-b|--number-nonblank`、`-n|--number`。另外也會說明怎樣讀取一般檔案，以及如何在指定一個連接號（`-`）作為檔名引數時，讀取 `STDIN` 的內容。為了示範 `cat` 的過程，我會使用本書儲存庫中 *03_catr* 目錄裡的檔案。請換到該目錄：

```
$ cd 03_catr
```

tests/inputs 目錄有四個測試用的檔案：

- *empty.txt*：無內容
- *fox.txt*：內有單行文字
- *spiders.txt*：小林一茶（Kobayashi Issaa）的俳句（三行文字）
- *the-bustle.txt*：狄更生（Emily Dickinson）迷人的詩（包含空白行共九行文字）

無內容的檔案很常見，尤其是沒用的檔案。執行下列指令不會產生任何輸出內容，而預期我們的程式也是如此：

```
$ cat tests/inputs/empty.txt
```

接著針對只有一行文字的檔案執行 `cat`：

```
$ cat tests/inputs/fox.txt
The quick brown fox jumps over the lazy dog.
```

本書已多次使用 `cat` 顯示單一檔案的內容（如上一章的指令程式範例中）。該程式除連結檔案的原用途之外，這是另一種常見的用法。

`-n|--number`、`-b|--number-nonblank` 兩旗標皆可對輸入內容加行號。行號位於六個字元寬的欄位中靠右對齊，隨後是一個 tab 字元，接著才是原來的那行文字。若要明顯分辨 tab 字元，可以使用 `-t` 選項突顯不可顯示的字元，其中 tab 字元會用 `^I` 表示，不過注意，該挑戰程式不會支援這項功能。下列的指令使用 Unix 管線（`|`）將第一個指令的 `STDOUT` 接到第二個指令的 `STDIN`：

```
$ cat -n tests/inputs/fox.txt | cat -t
     1^IThe quick brown fox jumps over the lazy dog.
```

spiders.txt 有三行文字，用 `-n` 選項編號的結果應為：

```
$ cat -n tests/inputs/spiders.txt
```

```
     1	Don't worry, spiders,
     2	I keep house
     3	casually.
```

僅有針對 *the-bustle.txt* 這個例子，-n（左）、-b（右）兩者才有明顯差別，後者對非空白行（nonblank line）才會編行號：

```
$ cat -n tests/inputs/the-bustle.txt    $ cat -b tests/inputs/the-bustle.txt
     1	The bustle in a house                 1	The bustle in a house
     2	The morning after death               2	The morning after death
     3	Is solemnest of industries            3	Is solemnest of industries
     4	Enacted upon earth,-                  4	Enacted upon earth,-
     5
     6	The sweeping up the heart,            5	The sweeping up the heart,
     7	And putting love away                 6	And putting love away
     8	We shall not want to use again        7	We shall not want to use again
     9	Until eternity.                       8	Until eternity.
```

特別的是，你可以同時使用 -b、-n 兩者，而效果是以 -b 選項為主。本章挑戰程式一次僅允許其中一個選項。

以下示例使用 *blargh* 表示不存在的檔案。我使用 touch 指令建立 *cant-touch-this* 檔案，以及 chmod 指令將檔案設為不能讀取的權限。（第 14 章編寫 Rust 版的 ls 程式時，你會更明白 000 的含意。當 cat 遇到不存在或無法開啟的檔案時，它會在 STDERR 顯示訊息，再處理後續檔案：

```
$ touch cant-touch-this && chmod 000 cant-touch-this
$ cat tests/inputs/fox.txt blargh tests/inputs/spiders.txt cant-touch-this
The quick brown fox jumps over the lazy dog. ❶
cat: blargh: No such file or directory ❷
Don't worry, spiders, ❸
I keep house
casually.
cat: cant-touch-this: Permission denied ❹
```

❶ 這是第一個檔案的輸出。

❷ 這是檔案不存在的錯誤。

❸ 這是第三個檔案的輸出。

❹ 這是檔案無法讀取的錯誤。

最後，我對之前測試目錄所有檔案執行 `cat`。注意，它會對每個檔案重新編行號（注意：此為 BSD 版的輸出結果，與 Linux 版的結果有所差異。）：

```
$ cd tests/inputs ❶
$ cat -n empty.txt fox.txt spiders.txt the-bustle.txt ❷
     1	The quick brown fox jumps over the lazy dog.
     1	Don't worry, spiders,
     2	I keep house
     3	casually.
     1	The bustle in a house
     2	The morning after death
     3	Is solemnest of industries
     4	Enacted upon earth,-
     5
     6	The sweeping up the heart,
     7	And putting love away
     8	We shall not want to use again
     9	Until eternity.
```

❶ 進入 *tests/inputs* 目錄。

❷ 執行 `cat`，輸入所有檔案，以 `-n` 選項為各個檔案編行號。

用於產生本章測試案例的 *mk-outs.sh*script，會執行 `cat` 將上述這些測試檔案各自或一併作為輸入內容（以一般檔案的方式指定或透過重導向 `STDIN` 的做法），其中每組內容還會搭配無旗標、`-n`、`-b` 旗標三種情況。而各種情況的輸出結果會存放在 *tests/expected* 目錄中，以供測試之用。

挑戰入門

本章挑戰程式的名稱是 `catr`（讀作 *cat-er*），即 Rust 版的 `cat`。建議你用 **`cargo new catr`** 開始作業（建立新的應用程式）。本章除了用到第二章涉及的所有外部 crate，還外加 `rand` crate（*https://oreil.ly/HJOPg*）建置測試之用的隨機值（random value）。變更 *Cargo.toml*，加入下列的依賴套件：

```
[dependencies]
clap = "2.33"

[dev-dependencies]
assert_cmd = "2"
predicates = "2"
rand = "0.8"
```

稍後你得自行編寫整個挑戰程式，不過我首先要說明完成作業所需要知道的事情。

從測試開始

到目前為止，本書已經呈現如何先編寫程式再編寫測試，讓你習慣測試的概念，累積 Rust 語言的基礎知識。從本章開始，希望你開始編寫程式前先考量測試。測試可迫使你細想程式需求，以及如何驗證程式按預期運作。最後想請你注意**測試驅動開發**（TDD），正如 Kent Beck 撰寫的同名書《Test-Driven Development》（Addison-Wesley）所描述的那樣（*https://oreil.ly/Aved3*）。TDD 建議我們在編寫程式之前先撰寫測試，如圖 3-1 所示。嚴格來說，TDD 要求在新增每項功能時編寫測試，稍後的章節會舉例說明相關技術。因為我已經為該程式編寫所有測試碼，所以你可能會認為這更像是**測試先行的開發**（*test-first development*）。無論測試是如何以及何時編寫的，關鍵是在開發過程的開端強調測試。一旦程式通過測試，就可以使用這些測試碼改進與重構（refactor）程式碼（可能是藉由減少程式碼行數或改用較快的實作）。

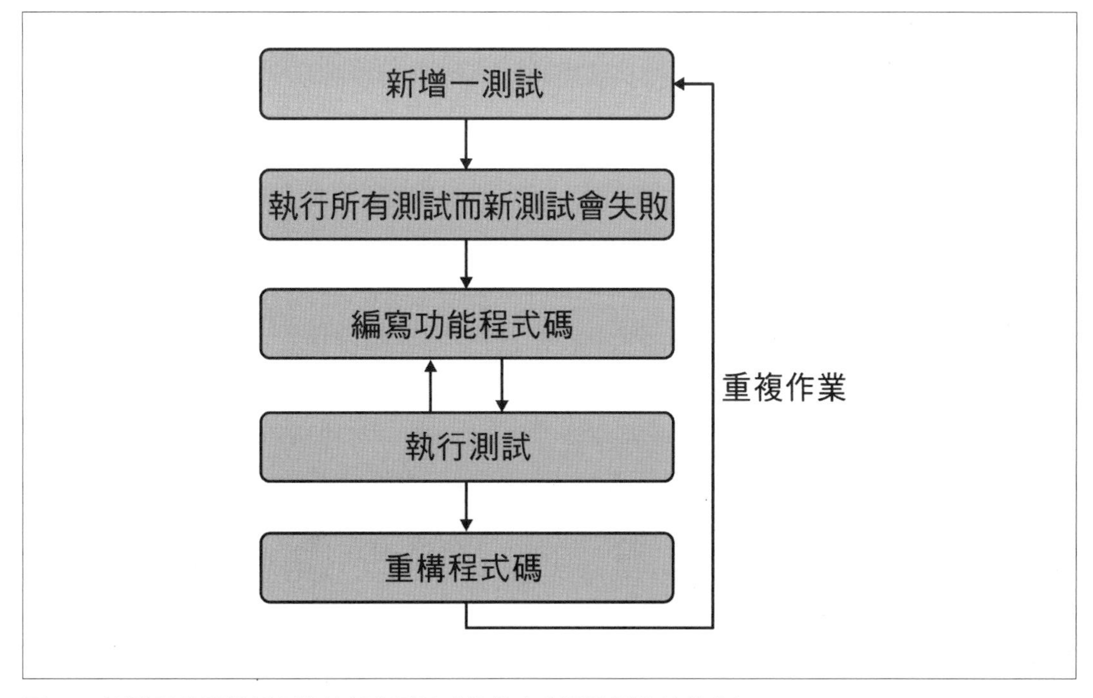

圖 3-1 測試驅動開發循環始於編寫測試（然後才寫通過測試的程式）

將 *03_catr/test* 目錄複製到新的 *catr* 目錄中。其中除了測試碼，不要複製其他檔案，你要自行撰寫其餘的程式碼。Unix 類型的系統上，你可以使用 `cp` 指令搭配遞迴選項 `-r` 複製這個目錄及其內容：

```
$ cd catr
$ cp -r ~/command-line-rust/03_catr/tests .
```

你的專案目錄的結構應該是：

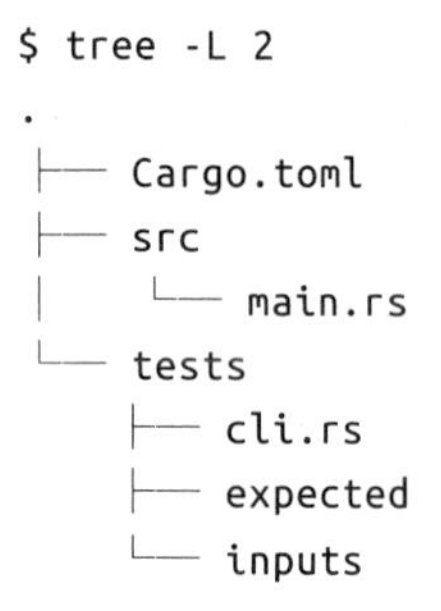

```
$ tree -L 2
.
├── Cargo.toml
├── src
│   └── main.rs
└── tests
    ├── cli.rs
    ├── expected
    └── inputs
```

執行 **`cargo test`** 下載依賴套件，編譯你的程式並執行測試，應該全部都會失敗。從本章開始，我將從設置程式的基礎內容著手，為你提供編寫程式所需的資訊，作為你以測試完成應用程式編寫的指引。

建立函式庫（crate）

本書至今所編寫的程式都不長。在你的職業生涯中所寫的典型程式可能會長很多。從本章的程式開始，建議你將成程式碼分成 *src/lib.rs*（函式庫）與 *src/main.rs*（主程式——能編譯成可執行的二進位檔），主程式將呼叫函式庫的函式。相信這樣的組成能隨著時間的累積而更容易測試與擴展應用程式。

我將示範如何使用預設應用「Hello, world!」的函式庫，如何使用此種結構編寫 `catr`。首先將 *src/main.rs* 的所有重要內容移至 *src/lib.rs* 的 `run` 函式中。該函式將回傳某種 `Result` 代表成功或失敗。這類似第二章的 `TestResult` 型別別名，不過 `TestResult` 始終回傳 `Ok` 變體中的單值型別 `()`，而 `MyResult` 可能回傳內含任意型別的 `Ok`，該型別以泛型（generic）`T` 表示：

```
use std::error::Error; ❶

type MyResult<T> = Result<T, Box<dyn Error>>; ❷
```

```
pub fn run() -> MyResult<()> { ❸
    println!("Hello, world!"); ❹
    Ok(()) ❺
}
```

❶ 匯入 Errortrait 用於表示錯誤值。

❷ 建立 MyResult，用於表示任何型別 T 的 Ok 值或某 Err 值（其中實作 Error trait）。

❸ 定義公開（pub）函式，其回傳 Ok（內含單值型別 ()）或某錯誤 Err。

❹ 顯示 *Hello, world!*

❺ 回傳函式執行成功的標示。

模組中的所有變數和函式皆預設為私有的，也就是說，只有同一模組內的其他程式碼才能存取這些變數、函式。上述的程式使用 pub 宣告函式，讓程式的所有部分可以看到這個公開的函式。

更改 *src/main.rs* 的內容，得以呼叫 run 函式。注意，*src/lib.rs* 的函式可透過 catr crate 取用：

```
fn main() {
    if let Err(e) = catr::run() { ❶
        eprintln!("{}", e); ❷
        std::process::exit(1); ❸
    }
}
```

❶ 執行 catr::run 函式，檢查其回傳值是否與 Err(e) 匹配（match），其中 e 為 Error trait 的某個實作，就此而言，e 的內容可被顯示出來。

❷ 使用 eprintln!（即 *error print line*）巨集在 STDERR 顯示錯誤訊息。

❸ 以非零值結束程式（表示有錯誤）。

eprint!、eprintln! 巨集與 print!、println! 巨集類似，差別是前者會在 STDERR 顯示內容。

執行 **cargo run**，應該會看到一如既往的 *Hello, world!*。

定義參數

既然你的程式碼已具備較正式的結構，此時就可以修改內容，符合 `catr` 需求。首先是加入指令列參數，建議你使一個 `Config` 結構表示。結構定義與物件導向語言（object-oriented language）的類別（class）定義類似。就此我們需要一個結構，描述程式所需引數的名稱、型別。`catr` 要明確指定輸入檔的檔名串列，以及為輸出內容編行號的 `-n`、`-b` 旗標。

將下列的結構加入 *src/lib.rs*。通常這類定義的擺放位置接近檔案頂端，而位於 `use` 陳述句之後：

```
#[derive(Debug)] ❶
pub struct Config { ❷
    files: Vec<String>, ❸
    number_lines: bool, ❹
    number_nonblank_lines: bool, ❺
}
```

❶ `derive` 巨集（*https://oreil.ly/Lr8JE*）增加 `Debug` trait（*https://oreil.ly/cEl5P*），讓該結構可被顯示出來。

❷ 定義公開結構 `Config`。

❸ `files` 是字串向量。

❹ 此為布林值，表示是否要顯示行號。

❺ 此為布林值，決定是否只針對非空白行編列行號與顯示。

若要使用結構，需以特定值建立結構的實體（instance）。下列的 `get_args` 函式內容，是以使用者在執行期提供的值建出新 `Config` 而構成的。將 `use clap::{App, Arg}` 與此函式加入 *src/lib.rs* 中。使用從第二章所學的內容自行完成這個函式：

```
pub fn get_args() -> MyResult<Config> { ❶
    let matches = App::new("catr")
        .version("0.1.0")
        .author("Ken Youens-Clark <kyclark@gmail.com>")
        .about("Rust cat")
        // 這邊要放什麼？ ❷
        .get_matches();

    Ok(Config { ❸
```

```
        files: ...,
        number_lines: ...,
        number_nonblank_lines: ...,
    })
}
```

❶ 此為公開函式，其回傳一個 `MyResult`，該 `MyResult` 內含 `Config`（成功的話）或某個錯誤。

❷ 在此應該定義參數（請你自行處理）。

❸ 回傳一個 `Ok` 變體，其內有一個 `Config` 結構（以使用者提供的值建置的）。

因此需要修改 `run` 函式，使其可接納一個 `Config` 引數。相關變更如下所示：

```
pub fn run(config: Config) -> MyResult<()> { ❶
    dbg!(config); ❷
    Ok(())
}
```

❶ 該函式將接納一個 `Config` 結構，回傳內含單值型別的 `Ok`（若成功的話）。

❷ 使用 `dbg!`（除錯）巨集（*https://oreil.ly/a7BdC*）顯示該設定（configuration）。

以下是 *src/main.rs* 及本書其他程式會用到的結構：

```
fn main() {
    if let Err(e) = catr::get_args().and_then(catr::run) { ❶
        eprintln!("{}", e); ❷
        std::process::exit(1); ❸
    }
}
```

❶ 若 `catr::get_args` 函式回傳一個 `Ok(config)` 值，使用 `Result::and_then`（*https://oreil.ly/5J5gv*），將 `config` 傳給 `catr::run`。

❷ 若 `get_args` 或 `run` 回傳 `Err`，則在 `STDERR` 顯示其內容。

❸ 以非零值結束該程式。

當搭配 `-h` 或 `--help` 旗標執行程式，應該會顯示程式的用法：

```
$ cargo run --quiet -- --help
catr 0.1.0
Ken Youens-Clark <kyclark@gmail.com>
Rust cat

USAGE:
    catr [FLAGS] [FILE]...

FLAGS:
    -h, --help                Prints help information
    -n, --number              Number lines
    -b, --number-nonblank     Number nonblank lines
    -V, --version             Prints version information

ARGS:
    <FILE>...    Input file(s) [default: -]
```

若無指定引數，程式應該會顯示下列這樣的設定結構：

```
$ cargo run
[src/lib.rs:52] config = Config {
    files: [ ❶
        "-",
    ],
    number_lines: false, ❷
    number_nonblank_lines: false,
}
```

❶ 就 STDIN 而言，預設的 files 應該有一個對應的連接號（-）。

❷ 此布林值預設為 false。

執行程式時輸入某些引數，確保確認 config 的內容是否像這樣：

```
$ cargo run -- -n tests/inputs/fox.txt
[src/lib.rs:52] config = Config {
    files: [
        "tests/inputs/fox.txt", ❶
    ],
    number_lines: true, ❷
    number_nonblank_lines: false,
}
```

❶ 檔案相關的位置引數被剖析成 `files`。

❷ 選用 `-n` 選項使得 `number_lines` 結果為 `true`。

雖然 BSD 版本的 `cat` 可以同時選用 `-n`、`-b` 選項，但是此挑戰程式應該將兩個選項視為互斥關係，當兩者一起使用時，要顯示錯誤：

```
$ cargo run -- -b -n tests/inputs/fox.txt
error: The argument '--number-nonblank' cannot be used with '--number'
```

請先暫停閱讀後續章節，讓挑戰程式實際能夠如至今為止的說明一樣運作。說真的！我希望你繼續往下讀之前，試著編寫自己的版本。我願意在此等你完成。

完成了嗎？把你的結果與下列的 `get_args` 函式相比：

```
pub fn get_args() -> MyResult<Config> {
    let matches = App::new("catr")
        .version("0.1.0")
        .author("Ken Youens-Clark <kyclark@gmail.com>")
        .about("Rust cat")
        .arg(
            Arg::with_name("files") ❶
                .value_name("FILE")
                .help("Input file(s)")
                .multiple(true)
                .default_value("-"),
        )
        .arg(
            Arg::with_name("number") ❷
                .short("n")
                .long("number")
                .help("Number lines")
                .takes_value(false)
                .conflicts_with("number_nonblank"),
        )
        .arg(
            Arg::with_name("number_nonblank") ❸
                .short("b")
                .long("number-nonblank")
                .help("Number non-blank lines")
                .takes_value(false),
        )
        .get_matches();
```

```
        Ok(Config {
            files: matches.values_of_lossy("files").unwrap(), ❹
            number_lines: matches.is_present("number"), ❺
            number_nonblank_lines: matches.is_present("number_nonblank"),
        })
    }
```

❶ 這是與檔案相關的位置引數，至少要有一個值，預設為一個連接號（`-`）。

❷ 這是一個選項，其短名為 `-n`（短選項），長名為 `--number`（長選項）。此為旗標，所以無帶值。出現該選項表示要求程式顯示行號。此選項不能與 `-b` 一起使用。

❸ `-b|--number-nonblank` 旗標控制是否只針對非空白行編列行號與顯示。

❹ 因為至少有一個值，所以直接呼叫 `Option::unwrap` 應該沒有問題。

❺ 兩個布林值選項，不是選用，不然就是不使用。

非必要的引數會有短名、長名表示之，而位置引數則無。你可以在位置引數的前後指定非必要引數。使用 `min_values`（*https://oreil.ly/kGbiA*）定義位置引數則隱含有多個值，但對非必要參數就不適用。

若此時執行 **`cargo test`**，應該至少能夠通過數個測試。將有大量的輸出顯示失敗的測試結果，但不要絕望。你很快就會看到一個完全過關的測試套件。

疊代處理檔案引數

既然已驗證所有的引數，接下來就可以處理檔案，建立正確的輸出。首先，修改 *src/lib.rs* 的 `run` 函式，顯示每個檔名：

```
pub fn run(config: Config) -> MyResult<()> {
    for filename in config.files { ❶
        println!("{}", filename); ❷
    }
    Ok(())
}
```

❶ 疊代處理每個檔名。

❷ 顯示檔名。

執行該程式，輸入某些檔案。下列示例中，`bash` shell 會將 `*.txt` 此一 file glob [1] 展開，納入副檔名為 *.txt* 的所有檔案（名稱）：

```
$ cargo run -- tests/inputs/*.txt
tests/inputs/empty.txt
tests/inputs/fox.txt
tests/inputs/spiders.txt
tests/inputs/the-bustle.txt
```

Windows PowerShell 可用 `Get-ChildItem` 將 file glob 展開：

```
> cargo run -q -- -n (Get-ChildItem .\tests\inputs\*.txt)
C:\Users\kyclark\work\command-line-rust\03_catr\tests\inputs\empty.txt
C:\Users\kyclark\work\command-line-rust\03_catr\tests\inputs\fox.txt
C:\Users\kyclark\work\command-line-rust\03_catr\tests\inputs\spiders.txt
C:\Users\kyclark\work\command-line-rust\03_catr\tests\inputs\the-bustle.txt
```

開啟檔案或 STDIN

下一步是試圖開啟各個檔名所指的檔案。若檔名為一個連接號，則表示應該開啟 `STDIN`；否則，試圖開啟指定檔名的檔案以及處理相關錯誤。對於後續的程式碼，你需要在 *src/lib.rs* 中擴增匯入的項目，如下所示：

```
use clap::{App, Arg};
use std::error::Error;
use std::fs::File;
use std::io::{self, BufRead, BufReader};
```

接下來這一步有點麻煩，所以我要先做個 `open` 函式供後續程式使用。下列程式碼使用 `match` 關鍵字，它與 C 語言的 `switch` 陳述句類似。具體而言，我正在比對指定的檔名是否等於連接號（`-`）或其他值（這是以萬用字元 `_` 表示的）：

```
fn open(filename: &str) -> MyResult<Box<dyn BufRead>> { ❶
    match filename {
        "-" => Ok(Box::new(BufReader::new(io::stdin()))), ❷
        _ => Ok(Box::new(BufReader::new(File::open(filename)?))), ❸
```

1 *glob* 是 *global*（全域）的縮寫，此為 Unix 早期的程式，可將萬用字元（wildcard character）擴展成檔案路徑。如今，shell 會直接處理 glob 模式（pattern）。

```
    }
}
```

❶ 該函式接納一個檔名引數，回傳一個錯誤或一個 box 值（實作 `BufRead` trait —— *https://oreil.ly/c5fGP*）。

❷ 若檔名為一個連接號（`-`），則從 `std::io::stdin`（*https://oreil.ly/TtQvx*）讀取內容。

❸ 否則使用 `File::open`（*https://oreil.ly/Aj1pC*）試圖開啟指定檔或把錯誤往回傳播。

若 `File::open` 作業成功，則結果將是一個 *filehandle*（檔案控制代碼），此為讀取檔案內容的機制。檔案控制代碼與 `std::io::stdin` 皆實作 `BufReadtrait`，即表示這些值能夠對應呼叫如 `BufRead::lines` 函式（*https://oreil.ly/KhmCp*）取得各行文字。注意，`BufRead::lines` 會刪除每個行尾的換行符號，例如 Windows 上的 `\r\n`、Unix 上的 `\n`。

於此也是使用 `Box`（*https://oreil.ly/r9nut*）建立一個指標，指向堆積記憶體的配置處（用於存放 filehandle）。你可能想知道這是否一定得要做的事。我可以試著在不用 `Box` 的情況下編寫這個函式：

```
// 無法編譯
fn open(filename: &str) -> MyResult<dyn BufRead> {
    match filename {
        "-" => Ok(BufReader::new(io::stdin())),
        _ => Ok(BufReader::new(File::open(filename)?)),
    }
}
```

然而執意編譯這段程式碼，將顯示下列的錯誤：

```
error[E0277]: the size for values of type `(dyn std::io::BufRead + 'static)`
cannot be known at compilation time
   --> src/lib.rs:88:28
    |
88  | fn open(filename: &str) -> MyResult<dyn BufRead> {
    |                            ^^^^^^^^^^^^^^^^^^^^^
    |                            doesn't have a size known at compile-time
    |
    = help: the trait `Sized` is not implemented for `(dyn std::io::BufRead
    + 'static)`
```

對於 dyn BufRead，編譯器並沒有足夠資訊得知回傳型別的大小。若變數無固定已知的大小，則 Rust 無法將它儲存在堆疊上。解法是改為配置堆積記憶體，將回傳值放入 Box 中（其為一個記憶體指標，該記憶體的大小已知）。

上述的 open 函式內容相當密集。若你認為它比較複雜，我能夠理解。不過，基本上它可以處理你會遇到的各種錯誤。為了舉例說明，請將 run 程式碼改為下列的內容：

```
pub fn run(config: Config) -> MyResult<()> {
    for filename in config.files { ❶
        match open(&filename) { ❷
            Err(err) => eprintln!("Failed to open {}: {}", filename, err), ❸
            Ok(_) => println!("Opened {}", filename), ❹
        }
    }
    Ok(())
}
```

❶ 疊代處理檔名。

❷ 試圖開啟該檔名對應的檔案。注意使用 & 借用該變數。

❸ 若 open 作業失敗，則在 STDERR 顯示錯誤訊息。

❹ 若 open 運作順利，則顯示成功訊息。

試著用下列的各種檔案執行上述程式：

1. 有效的輸入檔案，譬如 *tests/inputs/fox.txt*
2. 不存在的檔案
3. 不可讀取的檔案

對於上述最後一種檔案來說，可以按下列的做法建立不可讀取的檔案：

```
$ touch cant-touch-this && chmod 000 cant-touch-this
```

執行上述程式，確認是否細緻地顯示錯誤訊息（遇到有問題的輸入檔案時），並持續處理隨後的有效檔案：

```
$ cargo run -- blargh cant-touch-this tests/inputs/fox.txt
Failed to open blargh: No such file or directory (os error 2)
```

```
Failed to open cant-touch-this: Permission denied (os error 13)
Opened tests/inputs/fox.txt
```

此時，你執行 **cargo test skips_bad_file** 應該能夠過關。既然已經能夠開啟、讀取有效的輸入檔，在此希望你能自行完成該程式。你知道如何逐行讀取已開啟的檔案嗎？我用 test/input/fox.txt 檔案（只有一行內容）開始說明。你應該能夠看到下列的輸出：

```
$ cargo run -- tests/inputs/fox.txt
The quick brown fox jumps over the lazy dog.
```

驗證是否可以讀取 STDIN 的內容（預設情況）。下列的指令使用 |（管線）將第一個指令的 STDOUT 接到第二個指令的 STDIN：

```
$ cat tests/inputs/fox.txt | cargo run
The quick brown fox jumps over the lazy dog.
```

以一個連接號表示輸入檔的名稱時，輸出結果應該一模一樣。下列的指令使用 bash 的重導向運算子 < 將指定檔名的輸入檔內容轉給 STDIN：

```
$ cargo run -- - < tests/inputs/fox.txt
The quick brown fox jumps over the lazy dog.
```

接著，試著使用內容超過一行的輸入檔，以及選用 -n 選項編行號：

```
$ cargo run -- -n tests/inputs/spiders.txt
     1	Don't worry, spiders,
     2	I keep house
     3	casually.
```

然後使用 -b 編行號（跳過空白行）：

```
$ cargo run -- -b tests/inputs/the-bustle.txt
     1	The bustle in a house
     2	The morning after death
     3	Is solemnest of industries
     4	Enacted upon earth,-

     5	The sweeping up the heart,
     6	And putting love away
```

```
7       We shall not want to use again
8       Until eternity.
```

三不五時就執行 **cargo test** 確認是否有測試未過關。

使用測試套件

此刻是更仔細地檢視測試的好時機，進而讓你了解如何編寫測試碼，以及這些測試對程式的期待為何。本章 *tests/cli.rs* 中的測試碼與第 2 章的內容大致類似，不過前者多了一些安排。例如，使用 const 關鍵字（*https://oreil.ly/CY0Hn*）建立多個 &str **常數**（*constant*）值（置於整個 crate 可用的模組頂端）。我用 ALL_CAPS 命名慣例強調它們的**作用域**（*scope* 或**範疇**）是整個 crate（即整個 crate 皆可見）：

```
const PRG: &str = "catr";
const EMPTY: &str = "tests/inputs/empty.txt";
const FOX: &str = "tests/inputs/fox.txt";
const SPIDERS: &str = "tests/inputs/spiders.txt";
const BUSTLE: &str = "tests/inputs/the-bustle.txt";
```

為了測試該程式因指定不存在的檔案而停止運作，我用 randcrate（*https://oreil.ly/HJOPg*）產生一個檔案並不存在的隨機檔名。下列的函式以 use rand::{distributions::Alphanumeric, Rng} 匯入此 crate 的各個部分（該函式要用的部分）：

```
fn gen_bad_file() -> String { ❶
    loop { ❷
        let filename: String = rand::thread_rng() ❸
            .sample_iter(&Alphanumeric)
            .take(7)
            .map(char::from)
            .collect();

        if fs::metadata(&filename).is_err() { ❹
            return filename;
        }
    }
}
```

❶ 函式會回傳一個 String（*https://oreil.ly/X32Yh*），這是動態產的字串，與我一直在用的 str 結構密切相關。

❷ 無窮 loop（迴圈）的開頭。

❸ 建立一個隨機字串，由七個文數字（alphanumeric，即英文字母與數字）字元組成。

❹ 若指定檔名對應的檔案不存在，則 fs::metadata（*https://oreil.ly/VsRxb*）回傳錯誤，而此函式會回傳此檔案不存在的檔名。

上述的函式中，filename 在建立之後被用了兩次。第一次以 &filename 借用，第二次使用則沒有加上 & 符號。試著把 & 移除之後執行程式。你應該會看到一個錯誤訊息，表示 filename 值的所有權移轉至 fs::metadata：

```
error[E0382]: use of moved value: `filename`
  --> tests/cli.rs:37:20
   |
30 |         let filename: String = rand::thread_rng()
   |             -------- move occurs because `filename` has type `String`,
   |                      which does not implement the `Copy` trait
...
36 |         if fs::metadata(filename).is_err() {
   |                         -------- value moved here
37 |             return filename;
   |                    ^^^^^^^^ value used here after move
```

事實上，fs::metadata 函式用掉（consume）filename 變數，讓它不能再被使用。& 則表示只是借用該變數的一份參考（reference）。若你還沒有完全理解這一點，請不要擔心。至此僅呈現 gen_bad_file 函式，並且要讓你明白如何將它用於 skips_bad_file 測試函式中：

```
#[test]
fn skips_bad_file() -> TestResult {
    let bad = gen_bad_file(); ❶
    let expected = format!("{}: .* [(]os error 2[)]", bad); ❷
    Command::cargo_bin(PRG)? ❸
        .arg(&bad)
        .assert()
        .success() ❹
        .stderr(predicate::str::is_match(expected)?);
    Ok(())
}
```

❶ 產生對應檔案並不存在的檔名。

❷ 預期的錯誤訊息應該包含檔名與 *os error 2* 字串（Windows 與 Unix 兩種平台皆如此呈現）。

❸ 執行程式，輸入有問題的檔案，驗證 STDERR 顯示的內容是否與預期的模式相符。

❹ 因為有問題的檔案應該只會產生警告訊息，不會中止（kill）程序，所以該程式應該不會測試失敗。

上述的函式使用 format! 巨集（*https://oreil.ly/rgrsJ*）產生新的 String。該巨集的功能如同 print!，差別是前者是回傳結果內容而非把結果顯示出來。

以下建立一個輔助函式 run，用於執行我的程式（搭配輸入引數），驗證輸出結果與 *mk-outs.sh* 所生檔案裡的文字是否匹配：

```
fn run(args: &[&str], expected_file: &str) -> TestResult { ❶
    let expected = fs::read_to_string(expected_file)?; ❷
    Command::cargo_bin(PRG)? ❸
        .args(args)
        .assert()
        .success()
        .stdout(expected);
    Ok(())
}
```

❶ 該函式接納 &str 引數切片以及某檔名（對應的是有預期輸出內容的檔案）。這個函式回傳一個 TestResult。

❷ 試圖讀取有預期輸入內容的檔案。

❸ 執行程式、輸入引數，驗證程式是否成功執行、產生預期的輸出。

上述的函式運用如下：

```
#[test]
fn bustle() -> TestResult {
    run(&[BUSTLE], "tests/expected/the-bustle.txt.out") ❶
}
```

❶ 以 BUSTLE 輸入檔執行程式，驗證其輸出結果與 *mk-outs.sh* 產生的輸出內容是否匹配。

我另外撰寫一個輔助函式，透過 STDIN 提供輸入內容：

```
fn run_stdin(
    input_file: &str, ❶
    args: &[&str],
    expected_file: &str,
) -> TestResult {
    let input = fs::read_to_string(input_file)?; ❷
    let expected = fs::read_to_string(expected_file)?;
    Command::cargo_bin(PRG)? ❸
        .args(args)
        .write_stdin(input)
        .assert()
        .success()
        .stdout(expected);
    Ok(())
}
```

❶ 第一個引數為檔名，其對應檔案裡的文字應當供給 STDIN 之用。

❷ 試圖讀取輸入檔與預期輸出檔。

❸ 嘗試執行程式、輸入特定引數、指定 STDIN，驗證輸出內容。

該函式的用法像這樣：

```
#[test]
fn bustle_stdin() -> TestResult {
    run_stdin(BUSTLE, &["-"], "tests/expected/the-bustle.txt.stdin.out") ❶
}
```

❶ 執行該程式時，指定檔名（使用特定檔案的內容作為 STDIN 的輸入內容）以及一個連接號（作為輸入檔的名稱，即代表 STDIN）。驗證輸出是否與預期值匹配。

至此的說明應該足以讓你完成這個程式的其餘內容。趕緊去做吧！等你完成再回來。

解決方案

希望你發覺這是一個有趣又具挑戰性的程式。我將說明如何逐步修改程式，達成最終的解決方案，你可以在本書的儲存庫中找到該解決方案版本。

讀取檔案的各行內容

首先，針對成功開啟的每個檔案，將其內容逐行顯示出來：

```
pub fn run(config: Config) -> MyResult<()> {
    for filename in config.files {
        match open(&filename) {
            Err(err) => eprintln!("{}: {}", filename, err), ❶
            Ok(file) => {
                for line_result in file.lines() { ❷
                    let line = line_result?; ❸
                    println!("{}", line); ❹
                }
            }
        }
    }
    Ok(())
}
```

❶ 顯示檔名與錯誤（若開檔有問題的話）。

❷ 疊代處理 `BufRead::lines` 的每個 `line_result`。

❸ 從 `line_result` 解出 `Ok`，或往回傳播錯誤。

❹ 顯示此行內容。

讀取檔案的內容時，不要直接以 filehandle 讀取，而是用 `std::io::Result`（*https://oreil.ly/kxFes*），這是一種「針對可能出錯的各種作業而橫跨 `std::io` 被廣泛運用的」型別。檔案的讀取、寫入屬於 I/O（輸入 / 輸出）範疇，其需要外部資源（譬如作業系統、檔案系統）。雖然透過 filehandle 讀一行內容不太可能失敗，但是重點是**可能會**失敗。

此時執行 **`cargo test`** 應該約莫有半數的測試會過關，對於就這幾行程式碼來說，有如此的成績算不錯了。

顯示行數

接下來是針對 `-n|-number` 選項加入行號的顯示。C 語言的程式設計師可能熟悉的解決方案像這樣：

```
pub fn run(config: Config) -> MyResult<()> {
    for filename in config.files {
        match open(&filename) {
            Err(err) => eprintln!("{}: {}", filename, err),
            Ok(file) => {
                let mut line_num = 0; ❶
                for line_result in file.lines() {
                    let line = line_result?;
                    line_num += 1; ❷

                    if config.number_lines { ❸
                        println!("{:>6}\t{}", line_num, line); ❹
                    } else {
                        println!("{}", line); ❺
                    }
                }
            }
        }
    }
    Ok(())
}
```

❶ 將可變的計數器變數（用於記錄行號）初始化。

❷ 行號加一。

❸ 檢查是否為使用者預期的行號。

❹ 如果是的話，將行號顯示於六個字元寬的欄位中靠右對齊，隨後是一個 tab 字元，接著才是原來的那一行文字。

❺ 否則請直接顯示該行內容。

回想一下，Rust 的所有變數預設為不可變的，因此 `line_num` 要加上 `mut`，才能夠更改此變數的內容。`+=` 是複合指派運算子，它把右邊的值 1 加到左邊的 `line_num` 中，讓 `line_num` 的值增加。[2] 另一個重點是，格式化語法 `{:>6}` 表示欄位寬度為六個字元及其文字靠右對齊（若要靠左對齊可以用 `<`；而文字置中可用 `^`）。此語法與 C、Perl、Python 字串格式化的 `printf` 類似。

此時執行該程式，結果看來相當不錯：

```
$ cargo run -- tests/inputs/spiders.txt -n
     1	Don't worry, spiders,
     2	I keep house
     3	casually.
```

雖然這個做法合乎所需，不過我要提出較慣用的解決方案，使用 `Iterator::enumerate`（*https://oreil.ly/gXM7q*）。此方法會回傳一個元組（tuple —— *https://oreil.ly/Cmywl*），其包含**可疊代物件**（*iterable*）中每個元素的索引位置與內容值，這是可產生一組內容值並將它們用完為止的物件：

```
pub fn run(config: Config) -> MyResult<()> {
    for filename in config.files {
        match open(&filename) {
            Err(err) => eprintln!("{}: {}", filename, err),
            Ok(file) => {
                for (line_num, line_result) in file.lines().enumerate() { ❶
                    let line = line_result?;
                    if config.number_lines {
                        println!("{:>6}\t{}", line_num + 1, line); ❷
                    } else {
                        println!("{}", line);
                    }
                }
            }
        }
    }
    Ok(())
}
```

2 注意，Rust 並無一元（unary）運算子 `++`，你不能使用 `line_num++` 讓變數的值增加（加 1）。

❶ 使用模式匹配（pattern matching）解出 `Iterator::enumerate` 的元組值。

❷ `enumerate` 的編號從 0 起始，所以 `cat` 仿效版的行號加 1 表示從 1 起始。

如此的輸出結果與之前一模一樣，不過目前的版本沒有使用可變的變數。我可以執行 **`cargo test fox`** 執行測試函式名稱帶有 *fox* 字詞的所有測試，其中會有三分之二的測試過關。程式在 `-b` 旗標的測試會失敗，因此我需要處理只為非空白行編行號與顯示的部分。注意，在下一版本中，我還要移除 `line_result` 以及遮蔽（shadow）變數 `line`：

```
pub fn run(config: Config) -> MyResult<()> {
    for filename in config.files {
        match open(&filename) {
            Err(err) => eprintln!("{}: {}", filename, err),
            Ok(file) => {
                let mut last_num = 0; ❶
                for (line_num, line) in file.lines().enumerate() {
                    let line = line?; ❷
                    if config.number_lines { ❸
                        println!("{:>6}\t{}", line_num + 1, line);
                    } else if config.number_nonblank_lines { ❹
                        if !line.is_empty() {
                            last_num += 1;
                            println!("{:>6}\t{}", last_num, line); ❺
                        } else {
                            println!(); ❻
                        }
                    } else {
                        println!("{}", line); ❼
                    }
                }
            }
        }
    }
    Ok(())
}
```

❶ 初始化一個可變的變數（用於表示目前非空白行的行號）。

❷ 以 `Result` 的解出結果遮蔽 `line`。

❸ 處理行號的顯示。

❹ 處理非空白行的行號顯示。

❺ 若此行不是空的，則讓 `last_num` 的值增加（加 1），以及顯示輸出結果。

❻ 若此行為空的，則顯示一個空白行。

❼ 若沒有選用任何編行號選項，則直接顯示該行內容。

Rust 的遮蔽（*shadowing*）變數，是指你再用（reuse）同一個變數名稱設定新值的情況。或許改用 `line_result/line` 可能更明確可讀，不過就此情況重用 `line` 是你可能較常見的 Rustic 程式碼。

此時執行 **`cargo test`**，所有的測試應該都會過關。

進階挑戰

此刻你有一個可以運作的程式，不過你不必僅止於此。若你準備接受額外的挑戰，請試著針對 BSD、GNU 兩種版本的使用手冊，實作其中所呈現的其他選項功能。對於每個選項，使用 `cat` 建立預期的輸出檔，然後增加對應的測試，檢查你的程式是否建立一模一樣的輸出。另外針對較為完整的實作而言，建議你參考 `bat`（*https://oreil.ly/QgMnb*），這也是 Rust 複製版的 `cat`（「with wings」——有翅膀的 `cat` 複製版）。

`cat -n` 輸出有行號的內容，這與 `nl` 的功能類似，`nl` 是「行編號篩選器」（line numbering filter）。`cat` 也有點類似分頁器（*pagers*）程式（譬如 `more`、`less`），一次顯示一個頁面（*page*）或整個螢幕的文字。[3] 動腦筋實作這些程式。閱讀使用手冊，建立測試輸出，複製本章專案的概念，撰寫與測試自行完成的版本。

本章總結

相信你讀完本章之後，應該進步不少，能夠建立比前幾章更複雜的程式。你已學到的重點回顧如下：

- 將程式碼分為函式庫（*src/lib.rs*）與主程式（*src/main.rs* ——編譯成可執行的二進位檔）兩種 crate，讓概念的組成與封裝（encapsulate）更容易。

3 `more` 會顯示一頁文字，頁尾附帶「More」項可持續顯示後續內容。顯然，有人靈機一動，把 `more` 複製版取名為 `less`，不過兩者的功能相同。

- 建立第一個結構，結構與其他程式語言的類別宣告（declaration）有點類似。這個結構可建置複雜的資料結構 `Config`，描述程式的輸入項。
- 所有變數的值預設為不可變的，所有變數、函式預設私有的。可以用 `mut` 讓變數的值可變，而用 `pub` 讓變數、函式公開。
- 採用測試先行的做法，其中所有測試在編寫程式之前就存在了。當程式通過所有測試時，可以確定程式符合測試中編制的所有規格。
- 了解如何使用 `rand` crate，為不存在的檔案，產生對應的隨機字串。
- 知道如何讀取 `STDIN` 與一般檔案的各行文字。
- 使用 `eprintln!` 巨集在 `STDERR` 顯示內容，以 `format!` 動態產生新字串。
- 用 `for` 迴圈走訪可疊代物件的每個元素。
- 明白 `Iterator::enumerate` 方法將元素的索引與內容以元組的形式回傳，如此適用於編文字行號。
- 學會使用 `Box` 指向某個 filehandle，讀取 `STDIN` 或一般檔案的內容。

下一章將多加說明以行、位元、字元為單位讀取檔案內容。

第四章

從頭開始

為了改變而倒立

給我屬於自己的外殼

——明日巨星合唱團〈Stand on Your Own Head〉(1988)

本章的挑戰是實作 `head` 程式，該程式可顯示（一個或多個）檔案的前幾行或前幾個位元組。這是檔案內容一瞥的妥善做法，往往是比 `cat` 還要適當的選擇。當碰到某個目錄內含某程序產生的輸出檔時，使用 `head` 協助你快速掃描檔案內容找出潛在問題。因為它僅會讀取檔案前幾個位元組或前幾行，所以對於巨大檔的處理特別有效果（與 `cat` 的做法截然不同，`cat` 會讀取整個檔案）。

你將學習如何：

- 建立可指定內容值的非必要指令列引數
- 由字串剖析出數值
- 撰寫與執行單元測試
- 使用具有守衛（guard）的 `match arm`
- 用 `From`、`Into`、`as` 轉換型別
- 對疊代器、filehandle 套用 `take`
- 讀取 filehandle 保留行尾換行符號
- 透過 filehandle 讀取位元組、字元
- 使用 turbofish 運算子

head 的運作方式

我首先要概述 head 的功能，讓你知道本章挑戰程式的需求。原 AT&T Unix 衍生出多種作業系統的實作（譬如：BSD、SunOS/Solaris、HP-UX、Linux）。這些作業系統，大部分都有某一版的 head 程式，預設顯示（一個或多個）檔案的前 10 行。大多支援 -n 選項控制要顯示的行數，以及 -c 選項指定要顯示的位元數。BSD 版只支援這兩種選項（執行 **man head** 可得知）：

```
HEAD(1)                BSD 一般指令使用手冊                HEAD(1)

名稱
     head -- 顯示檔案前幾行

概述
     head [-n 行數 | -c 位元組 ] [ 檔案 ...]

描述
      此篩選器顯示每個指定檔的前幾行或位元組，如果未指定任何檔案，那麼顯示標準輸入的開
     頭指定行數內容或位元組。如果省略行數，那麼預設為 10。

     如果指定了多個檔案，那麼每個檔案前面都有一個標頭由字串 "==> XXX <==" 組成，其中
     "XXX" 是檔案名稱。

結束狀態
     head 工具程式在成功時結束碼為 0，如果發生錯誤，那麼 >0。

另參閱
     tail(1)

歷史
     PWB UNIX 就有 head 指令。

BSD                          June 6, 1993                          BSD
```

GNU 版則是執行 **head --help** 取得用法說明：

```
用法：head [ 選項 ]... [ 檔案 ]...
將每個指定檔案的前 10 行輸出到標準輸出。
如果指定了多於一個檔案，在每塊輸出之前附加檔案名稱作為頭部。
如果沒有指定檔案，或者檔案為「-」，那麼從標準輸入讀取。

必要引數對長短選項皆適用。
```

```
  -c, --bytes=[-]K         顯示每個檔案的前 K 位元組內容；
                             如果數字前附加「-」字元，那麼顯示每個檔案的
                             最後 K 位元組資料之外的其餘全部內容
  -n, --lines=[-]K         顯示每個檔案的前 K 行內容而非前 10 行內容；
                             如果數字前附加「-」字元，那麼顯示每個檔案的
                             最後 K 行資料之外的其餘全部內容
  -q, --quiet, --silent    不顯示包含指定檔名的檔案頭
  -v, --verbose            總是顯示包含指定檔名的檔案頭
      --help     顯示此說明訊息並退出
      --version  顯示版本訊息並退出

K 可能是下列其中一個乘數後綴：
b 512, kB 1000, K 1024, MB 1000*1000, M 1024*1024,
GB 1000*1000*1000, G 1024*1024*1024, and so on for T, P, E, Z, Y.
```

注意 GNU 版的 `-n`、`-c` 選項能夠指定負值，而且數值之後可接 `K`、`M` 等字，本章挑戰程式不會實作這些功能。BSD 與 GNU 兩種版本對於檔案的指定皆為非必要的位置引數，兩版預設讀取的是 `STDIN`（也能以連接號視為 `STDIN` 的檔名）。

我會使用 *04_headr/tests/inputs* 中的檔案舉例說明 `head` 的運作方式：

- *empty.txt*：無內容
- *one.txt*：內有一行文字
- *two.txt*：內有兩行文字
- *three.txt*：內有三行文字（每行結尾是 Windows 版的換行符號 `\r\n`）
- *ten.txt*：內有 10 行文字

對於無內容的檔案，該程式不會有任何輸出，你可以用 **`head tests/inputs/empty.txt`** 驗證。如之前所述，`head` 預設顯示檔案的前 10 行內容：

```
$ head tests/inputs/ten.txt
one
two
three
four
five
six
seven
eight
nine
ten
```

可用 `-n` 選項控制要顯示的行數。例如執行下列指令，僅顯示前兩行內容：

```
$ head -n 2 tests/inputs/ten.txt
one
two
```

`-c` 選項可以指定顯示檔案中前幾個位元組。例如，我只要顯示前兩個位元組：

```
$ head -c 2 tests/inputs/ten.txt
on
```

GNU 版本特別容許同時選用 `-n` 與 `-c` 兩者，而預設顯示的是指定數量的位元組內容。BSD 版本則不接受同時指定這兩個引數：

```
$ head -n 1 -c 2 tests/inputs/one.txt
head: can't combine line and byte counts
```

`-n`、`-c` 指定的數值，若不是正整數，則會發生錯誤，導致程式中止執行，而回應的是數值不合規定的錯誤：

```
$ head -n 0 tests/inputs/one.txt
head: illegal line count -- 0
$ head -c foo tests/inputs/one.txt
head: illegal byte count -- foo
```

若有多個檔案引數，`head` 會針對每個檔案加上標頭以及檔案內容之間多加一個空白行。注意，下列的輸出結果中，*tests/inputs/one.txt* 的第一個字元是 `Ö`，我刻意插入一個無關緊要的多位元組字元，讓程式能明顯區分位元組與字元：

```
$ head -n 1 tests/inputs/*.txt
==> tests/inputs/empty.txt <==

==> tests/inputs/one.txt <==
Öne line, four words.

==> tests/inputs/ten.txt <==
one

==> tests/inputs/three.txt <==
Three
```

```
==> tests/inputs/two.txt <==
Two lines.
```

若無指定檔案引數，head 會讀取 STDIN 的內容：

```
$ cat tests/inputs/ten.txt | head -n 2
one
two
```

如同第 3 章的 cat，head 會跳過不存在或不可讀的檔案，而在 STDERR 顯示有問題的檔案警告訊息。下列的指令使用 *blargh* 當作不存在的檔案，以及建立不可讀取的檔案 *cant-touch-this*：

```
$ touch cant-touch-this && chmod 000 cant-touch-this
$ head blargh cant-touch-this tests/inputs/one.txt
head: blargh: No such file or directory
head: cant-touch-this: Permission denied
==> tests/inputs/one.txt <==
Öne line, four words.
```

本章的挑戰程式需要實作上述這幾項功能。

挑戰入門

你可能已經猜到本章挑戰程式的名稱是 headr（讀作 *head-er*）。執行 **cargo new headr** 開始作業，將下列依賴套件加到 *Cargo.toml* 中：

```
[dependencies]
clap = "2.33"

[dev-dependencies]
assert_cmd = "2"
predicates = "2"
rand = "0.8"
```

將本書的 *04_headr/tests* 目錄複製到你的專案目錄中，隨後執行 **cargo test**。所有測試應該都失敗。你的任務（若你接受挑戰的話）是編寫能夠通過這些測試的程式。建議你再次將原始碼分開，讓 *src/main.rs* 內容看起來像這樣：

```
fn main() {
    if let Err(e) = headr::get_args().and_then(headr::run) {
        eprintln!("{}", e);
        std::process::exit(1);
    }
}
```

而 *src/lib.rs* 開頭引入 clap、Errortrait 以及宣告 MyResult，你可以直接從第 3 章複製這些內容過來：

```
use clap::{App, Arg};
use std::error::Error;

type MyResult<T> = Result<T, Box<dyn Error>>;
```

這個程式有三個參數，可用一個 Config 結構表示：

```
#[derive(Debug)]
pub struct Config {
    files: Vec<String>, ❶
    lines: usize, ❷
    bytes: Option<usize>, ❸
}
```

❶ files 是字串向量。

❷ 要顯示的行數 lines 是 usize 型別（*https://oreil.ly/lj6PZ*）。

❸ bytes 是非必要的 usize 值。

基本的 usize 是指標尺寸的（pointer-sized）無號整數型別，其大小在 32 位元作業系統上為 4 個位元組，在 64 位元系統上為 8 個位元組。Rust 另外有一個 isize 型別，它是指標尺寸的**有號**（*signed*）整數，可讓你像 GNU 版一樣用它表示負數。由於該挑戰程式只要仿照 BSD 版那樣儲存正數，因此你可以沿用無號型別。注意，Rust 也有 u32、i32（32 位元無號、有號整數）和 u64、i64（64 位元無號、有號整數）型別（可以更細膩的控制這些內容值的大小程度）。

有函式會用到 lines、bytes 參數，有的需要 usize，有的則要 u64。因此在之後會討論如何轉換型別。你的程式應以 10 為 lines 的預設值，而 bytes 是一個 Option（*https://*

oreil.ly/WkWZs），這是第二章首次介紹的型別。即：若使用者提供有效值，則 bytes 是 Some<usize，不然是 None。

接著，在 *src/lib.rs* 建立 get_args 函式，其內容大致如下。你需要加入程式碼剖析引數以及回傳 Config 結構：

```
pub fn get_args() -> MyResult<Config> {
    let matches = App::new("headr")
        .version("0.1.0")
        .author("Ken Youens-Clark <kyclark@gmail.com>")
        .about("Rust head")
        // 這邊要放什麼？
        .get_matches();

    Ok(Config {
        files: ...
        lines: ...
        bytes: ...
    })
}
```

這個程式的所有指令列引數皆為非必要的：files 預設為一個連接號（-），lines 預設為 10，bytes 則可以省略，不用設定。第三章的非必要引數屬於旗標，不過在此的 lines、bytes 需要將 Arg::takes_value（*https://oreil.ly/jrddl*）設為 true。

clap 回傳的值是字串，因此你需要將 lines、bytes 轉成整數，才能放入 Config 結構中。下一節將說明如何轉換。在此先建立 run 函式，顯示該設定內容：

```
pub fn run(config: Config) -> MyResult<()> {
    println!("{:#?}", config); ❶
    Ok(()) ❷
}
```

❶ 美化顯示 config。也可以使用 dbg!(config)。

❷ 回傳成功的結果。

為對字串剖析出數值而編寫單元測試

所有的指令列引數皆為字串，因此我們的程式碼要檢查 `lines`、`bytes` 是否為有效的整數值。以電腦科學的用語而言，我們必須剖析（*parse*）這些值，確認它們是否看起來像正整數。`str::parse` 函式（https://oreil.ly/1DPIe）可對字串切片剖析出其他型別，例如 `usize`。此函式將回傳一個 `Result`，若無法將內容值剖析出數值，回傳結果會是 `Err` 變體，否則回傳 `Ok`，其內含有轉換後的數值。我編寫的 `parse_positive_int` 函式，試圖把字串值剖析出 `usize` 正值。請將下列的函式加入 *src/lib.rs* 中：

```
fn parse_positive_int(val: &str) -> MyResult<usize> { ❶
    unimplemented!(); ❷
}
```

❶ 該函式接納一個 `&str`，回傳 `usize` 正值或錯誤。

❷ `unimplemented!` 巨集（*https://oreil.ly/hqKK8*）會導致此程式的執行 *panic* 或顯示 *not implemented*（未實作）訊息而提前結束。

你可自行加入 `panic!` 巨集（*https://oreil.ly/DrERd*）呼叫，以特定的錯誤中止程式的執行。

之前的章節我們僅使用整合測試，這些測試會透過指令列執行、測試程式，就像使用者實際會做的那樣。接著，我要說明如何編寫單元測試，獨立檢查 `parse_positive_int` 函式。建議把下列的內容加在 `parse_positive_int` 函式之後：

```
#[test]
fn test_parse_positive_int() {
    // 3 是有效的整數
    let res = parse_positive_int("3");
    assert!(res.is_ok());
    assert_eq!(res.unwrap(), 3);

    // 文字字串都是無效的
    let res = parse_positive_int("foo");
    assert!(res.is_err());
    assert_eq!(res.unwrap_err().to_string(), "foo".to_string());

    // 零是無效的
    let res = parse_positive_int("0");
```

```
        assert!(res.is_err());
        assert_eq!(res.unwrap_err().to_string(), "0".to_string());
    }
```

只要進行此單一測試，執行 **cargo test parse_positive_int**。就此暫停閱讀後續章節，請著手編寫可以通過此測試的函式內容。我願意在此等你完成。

時間飛逝。
作者喝杯茶，考量他的人生抉擇。
作者回來繼續述說。

寫好了嗎？嗯，我敢打包票！下列的函式可以通過上述的測試：

```
fn parse_positive_int(val: &str) -> MyResult<usize> {
    match val.parse() { ❶
        Ok(n) if n > 0 => Ok(n), ❷
        _ => Err(From::from(val)), ❸
    }
}
```

❶ 試圖剖析指定的值。Rust 根據回傳型別推斷出 `usize` 型別。

❷ 若剖析成功，而且剖析的結果值 `n` 大於 `0`，則以 `Ok` 變體回傳該值。

❸ 對於其他結果，則以 `Err` 回傳原定的內容值。

我已多次使用 `match`，不過在此第一次呈現 `matcharm` 可以引入守衛（*guard*），這是模式匹配之後附加的檢查。不知道你怎麼看，但我認為這還滿討喜的。若無守衛，我得編寫又臭又長的內容，就像這樣：

```
fn parse_positive_int(val: &str) -> MyResult<usize> {
    match val.parse() {
        Ok(n) => {
            if n > 0 {
                Ok(n) ❶
            } else {
                Err(From::from(val)) ❷
            }
        }
        _ => Err(From::from(val)),
    }
}
```

❶ 內容值被剖析出 `usize` 之後，檢查它是否大於 `0`。若是，則回傳 `Ok`。

❷ 否則，將原定的內容值放入一個錯誤中回傳。

將字串轉成 Error

若程式無法將特定字串值剖析出正整數，則要回傳原字串，將它放在錯誤訊息中。在 `parse_positive_int` 函式實作此功能，我使用長名 `From::from`（*https://oreil.ly/oPiK9*）將輸入的 `&str` 值轉成 `Error`。以下列的版本為例，其中將無法剖析的字串直接放入 `Err` 中：

```
fn parse_positive_int(val: &str) -> MyResult<usize> {
    match val.parse() {
        Ok(n) if n > 0 => Ok(n),
        _ => Err(val), // 無法編譯
    }
}
```

若我試圖編譯程式，會出現下列錯誤：

```
error[E0308]: mismatched types
  --> src/lib.rs:71:18
   |
71 |         _ => Err(val),
   |                  ^^^ expected struct `Box`, found `&str`
   |
   = note: expected struct `Box<dyn std::error::Error>`
           found reference `&str`
   = note: for more on the distinction between the stack and the heap,
     read https://doc.rust-lang.org/book/ch15-01-box.html,
     https://doc.rust-lang.org/rust-by-example/std/box.html, and
     https://doc.rust-lang.org/std/boxed/index.html
     help: store this in the heap by calling `Box::new`
   |
71 |         _ => Err(Box::new(val)),
   |                  +++++++++   +
```

問題在於，該函式應回傳 `MyResult`，而 `MyResult` 的定義是 `Ok<T>`（`T` 為任意型別）或 `Errortrait` 的實作物件（儲存於 `Box` 中）：

```
type MyResult<T> = Result<T, Box<dyn Error>>;
```

前述程式碼的 `&str`，既沒有實作 `Error`，也無擺在 Box 中。我可以依據編譯器錯誤建議（將該值放入 Box 中）試圖修正問題。不過，如此依然不能編譯，我還是沒有實作 `Error` trait：

```
error[E0277]: the trait bound `str: std::error::Error` is not satisfied
  --> src/lib.rs:71:18
   |
71 |         _ => Err(Box::new(val)),
   |                  ^^^^^^^^^^^^^ the trait `std::error::Error`
   |                                is not implemented for `str`
   |
   = note: required because of the requirements on the impl of
     `std::error::Error` for `&str`
   = note: required for the cast to the object type `dyn std::error::Error`
```

閱讀 `std::convert::From`trait 的說明（*https://oreil.ly/oPiK9*），其協助從某種型別轉成另一種型別。如該文件所述：

> `From` 對於執行錯誤處理時也非常有用。在建構可能會作業失敗的函式時，回傳型別通常為 `Result<T, E>` 形式。`From trait` 讓函式回傳單一錯誤型別（其內封裝多個錯誤型別），進而將錯誤處理簡化。

圖 4-1 顯示，我可以使用 `std::convert::From` 或 `std::convert::Into`（*https://oreil.ly/rNiJk*）將 `&str` 轉成 `Error`。各個方法皆可完成同樣的任務，不過 `val.into()` 就鍵盤輸入的文字量來說是最少的。

```
fn parse_positive_int(val: &str) -> MyResult<usize> {
  match val.parse() {
    Ok(n) if n > 0 => Ok(n),
    _ => Err(From::from(val)),  ──Or──▶  Err(val.into())
                                         Err(Into::into(val))
  }
}
```

圖 4-1 `&str` 轉成 `Error` 的多種方式（有 `From`、`Into` 兩類 trait 可用）

既然已有將字串轉成數值的方法，就請你將它整合到 `get_args` 中。確認是否可以讓你的程式顯示類似下列的用法說明。注意，在此使用的是 GNU 版的短選項與長選項兩種：

```
$ cargo run -- -h
headr 0.1.0
Ken Youens-Clark <kyclark@gmail.com>
Rust head

USAGE:
    headr [OPTIONS] [FILE]...

FLAGS:
    -h, --help       Prints help information
    -V, --version    Prints version information

OPTIONS:
    -c, --bytes <BYTES>    Number of bytes
    -n, --lines <LINES>    Number of lines [default: 10]

ARGS:
    <FILE>...    Input file(s) [default: -]
```

執行該程式（無輸入引數），驗證是否有正確設定預設值：

```
$ cargo run
Config {
    files: [ ❶
        "-",
    ],
    lines: 10, ❷
    bytes: None, ❸
}
```

❶ files 應預設為連接號（-）這個檔名。

❷ lines 數應預設為 10。

❸ bytes 應為 None。

執行程式（搭配輸入引數），確保正確剖析引數內容：

```
$ cargo run -- -n 3 tests/inputs/one.txt
Config {
    files: [
        "tests/inputs/one.txt", ❶
    ],
```

```
        lines: 3, ❷
        bytes: None, ❸
    }
```

❶ 位置引數 *tests/inputs/one.txt* 被剖析為 files 的一個元素。

❷ `-n` 選項將 `lines` 的值設為 `3`。

❸ `-c` 選項將 `bytes` 預設為 `None`。

若我指定多個位置引數，則會將這些輸入全部放入 files 中，而 `-c` 引數指定的值會歸給 `bytes`。下列指令也是利用 `bash` shell 將 `*.txt` 此 file glob 展開，接納以 *.txt* 結尾的所有檔案。PowerShell 使用者應使用 `Get-ChildItem`，其效果雷同，如本書第 60 頁〈疊代處理檔案引數〉一節所述：

```
$ cargo run -- -c 4 tests/inputs/*.txt
Config {
    files: [
        "tests/inputs/empty.txt", ❶
        "tests/inputs/one.txt",
        "tests/inputs/ten.txt",
        "tests/inputs/three.txt",
        "tests/inputs/two.txt",
    ],
    lines: 10, ❷
    bytes: Some( ❸
        4,
    ),
}
```

❶ 有四個檔案的檔名是以 *.txt* 結尾。

❷ `lines` 依然設為預設值—— `10`。

❸ `-c 4` 的處理結果是讓 `bytes` 為 `Some(4)`。

`-n`、`-c` 的指定值，若不能被剖析出正整數，就應該讓程式認為是錯誤的，而中止執行：

```
$ cargo run -- -n blargh tests/inputs/one.txt
illegal line count -- blargh
$ cargo run -- -c 0 tests/inputs/one.txt
illegal byte count -- 0
```

挑戰程式應不能讓 `-n`、`-c` 同時出現。若要知道如何處理，請務必查閱 `clap` 說明（*https://oreil.ly/X0qVZ*）：

```
$ cargo run -- -n 1 -c 1 tests/inputs/one.txt
error: The argument '--lines <LINES>' cannot be used with '--bytes <BYTES>'
```

剖析引數與確認內容有效就是一個挑戰，但我知道你可以做到。就此暫停閱讀後續章節，請讓你的程式通過 **`cargo test dies`** 涵蓋的所有測試：

```
running 3 tests
test dies_bad_lines ... ok
test dies_bad_bytes ... ok
test dies_bytes_and_lines ... ok
```

定義引數

歡迎回來。既然你的程式可以通過 **`cargo test dies`** 涵蓋的所有測試，就將你的解決方案與下列的解決方案相比。注意，`lines`、`bytes` 兩選項需要帶值。這跟第 3 章實作的旗標（布林值設定）不同：

```
let matches = App::new("headr")
    .version("0.1.0")
    .author("Ken Youens-Clark <kyclark@gmail.com>")
    .about("Rust head")
    .arg(
        Arg::with_name("lines") ❶
            .short("n")
            .long("lines")
            .value_name("LINES")
            .help("Number of lines")
            .default_value("10"),
    )
    .arg(
        Arg::with_name("bytes") ❷
            .short("c")
            .long("bytes")
            .value_name("BYTES")
            .takes_value(true)
            .conflicts_with("lines")
            .help("Number of bytes"),
    )
    .arg(
        Arg::with_name("files") ❸
```

```
                .value_name("FILE")
                .help("Input file(s)")
                .multiple(true)
                .default_value("-"),
        )
        .get_matches();
```

❶ `lines` 選項需帶一值，預設是 `10`。

❷ `bytes` 選項需要帶一值，此選項與 `lines` 參數相抵觸，兩者為互斥關係。

❸ `files` 是必要的位置參數，可帶一值或多值，預設為一個連接號（`-`）。

`Arg::value_name`（*https://oreil.ly/PVQjm*）內容會出現在該用法說明中，因此務必選擇一個描述性名稱。不要把它與 `Arg::with_name`（*https://oreil.ly/HfIXn*）混淆，後者乃唯一定義程式碼裡存取之用的引數名。

以下是在 `get_args` 內部使用 `parse_positive_int` 驗證 `lines`、`bytes`。若函式回傳 `Err` 變體，則使用 `?` 將該錯誤往回傳播到 `main`，中止該程式的執行；否則，回傳 `Config`：

```
pub fn get_args() -> MyResult<Config> {
    let matches = App::new("headr")... // 一如既往，在此不贅述

    let lines = matches
        .value_of("lines") ❶
        .map(parse_positive_int) ❷
        .transpose() ❸
        .map_err(|e| format!("illegal line count -- {}", e))?; ❹

    let bytes = matches ❺
        .value_of("bytes")
        .map(parse_positive_int)
        .transpose()
        .map_err(|e| format!("illegal byte count -- {}", e))?;

    Ok(Config {
        files: matches.values_of_lossy("files").unwrap(), ❻
        lines: lines.unwrap(), ❼
        bytes ❽
    })
}
```

❶ ArgMatches::value_of（*https://oreil.ly/DHODx*）回傳 Option<&str>。

❷ 使用 Option::map（*https://oreil.ly/JaDYG*）從 Some 中解出 &str，將它送給 parse_positive_int。

❸ Option::map 的結果是一個 Option<Result>，而 Option::transpose（*https://oreil.ly/QCi0s*）會將它轉成 Result<Option>。

❹ 若發生一個 Err，則建立資訊型的錯誤訊息。使用 ? 傳播 Err 或解出 Ok 值。

❺ 針對 bytes 實作同樣的流程。

❻ files 選項至少會有一個值，所以呼叫 Option::unwrap 應該不會有問題。

❼ lines 引數有個預設值，所以可安全的解開其內容。

❽ bytes 引數應保留，作為一個 Option。由於結構欄位與變數同名，所以使用該 struct 欄位初始化簡寫（field init shorthand）。

就上述的程式碼來說，我可以用鍵值（key/value）配對編寫 Config 的內容，如下所示：

```
Ok(Config {
    files: matches.values_of_lossy("files").unwrap(),
    lines: lines.unwrap(),
    bytes: bytes,
})
```

雖然這樣的寫法沒有問題，但是並非 Rust 的慣用寫法。Rust 的程式碼風格與錯誤檢查工具（code linter）—— Clippy，建議使用欄位初始化簡寫（*https://oreil.ly/PotJu*）：

```
$ cargo clippy
warning: redundant field names in struct initialization
  --> src/lib.rs:61:9
   |
61 |         bytes: bytes,
   |         ^^^^^^^^^^^^ help: replace it with: `bytes`
   |
   = note: `#[warn(clippy::redundant_field_names)]` on by default
   = help: for further information visit https://rust-lang.github.io/
     rust-clippy/master/index.html#redundant_field_names
```

驗證所有的使用者輸入內容，並非小事，不過此刻能確保的是，我可以用正確的資料繼續做下去。

處理輸入檔

這個挑戰程式應該如同第 3 章那樣處理輸入檔案，所以建議你將 `open` 函式加到 *src/lib.rs* 中：

```
fn open(filename: &str) -> MyResult<Box<dyn BufRead>> {
    match filename {
        "-" => Ok(Box::new(BufReader::new(io::stdin()))),
        _ => Ok(Box::new(BufReader::new(File::open(filename)?))),
    }
}
```

務必加入不可或缺的依賴套件：

```
use clap::{App, Arg};
use std::error::Error;
use std::fs::File;
use std::io::{self, BufRead, BufReader};
```

擴充你的 `run` 函式，試圖開啟檔案，若遇到問題則顯示相關錯誤：

```
pub fn run(config: Config) -> MyResult<()> {
    for filename in config.files { ❶
        match open(&filename) { ❷
            Err(err) => eprintln!("{}: {}", filename, err), ❸
            Ok(_) => println!("Opened {}", filename), ❹
        }
    }
    Ok(())
}
```

❶ 疊代處理每個檔名。

❷ 試圖開啟指定的檔案。

❸ 於 STDERR 顯示錯誤。

❹ 顯示檔案被成功開啟的訊息。

以一個正常的檔案與一個有問題的檔案，執行程式，確保程式的運作看起來沒問題。下列指令的 *blargh* 表示一個不存在的檔案：

```
$ cargo run -- blargh tests/inputs/one.txt
blargh: No such file or directory (os error 2)
Opened tests/inputs/one.txt
```

接著，試圖讀取一個指定檔的數行、數個位元組，以及加入標頭區分多個檔案所取得的內容。處理無效檔時，請細查看 head 的錯誤輸出。注意，可讀取的檔案會先有標頭才有檔案內容輸出，而無效檔僅顯示錯誤。此外，有效檔的輸出內容最後還有個額外的空白行以示區隔：

```
$ head -n 1 tests/inputs/one.txt blargh tests/inputs/two.txt
==> tests/inputs/one.txt <==
Öne line, four words.
head: blargh: No such file or directory

==> tests/inputs/two.txt <==
Two lines.
```

本章特別準備一些具有挑戰性的輸入內容供你研究。你可以用 file 指令檢視檔案的類型資訊，了解你要面對的挑戰：

```
$ file tests/inputs/*.txt
tests/inputs/empty.txt: empty ❶
tests/inputs/one.txt:   UTF-8 Unicode text ❷
tests/inputs/ten.txt:   ASCII text ❸
tests/inputs/three.txt: ASCII text, with CRLF, LF line terminators ❹
tests/inputs/two.txt:   ASCII text ❺
```

❶ 此檔案無內容，僅用於確保你的程式不會因此當掉。

❷ 此檔案內有 Unicode，我在 *One* 字的 *O* 上頭加變音符號（umlaut）—— *Öne*，讓你體會位元組與字元的差別。

❸ 該檔案有 10 行文字，可確保程式的預設狀態是顯示這 10 行內容。

❹ 該檔案含有 Windows 版的行尾換行符號。

❺ 該檔案含有 Unix 版的行尾換行符號。

Windows 版的換行符號是歸位（carriage return）與換行（line feed）組合而成，通常以 CRLF 或 `\r\n` 表示。Unix 版，僅用換行（LF 或 `\n`）表示之。這些行尾換行符號必須保留在程式輸出中，所以你必須用某種方式，在不移除行尾這些換行符號之下，讀取一個檔案中的各行內容。

讀取位元組 vs. 讀取字元

在繼續挑戰之前，你應該先了解讀取「檔案的**位元組**」與「檔案的**字元**」兩者之間的區別。1960 年代初期，美國資訊交換標準碼（ASCII，讀作 *as-key*）表由 128 個字元組成，代表運算的所有可能文字元素。只需七個位元（$2^7 = 128$）即可表示這些字元。而一個位元組通常是八個位元，所以位元組與字元的看法是可以互換的。

自從建置 Unicode（通用編碼字元集）表示世界上所有的文字（甚至是表情符號）以來，某些字元的表示可能需要占用高達四個位元組。Unicode 標準定義數種字元編碼方式，其中包括 UTF-8（占用 8 位元的 Unicode 轉換格式）。如之前所述，*tests/inputs/one.txt* 檔案以字元 Ö 開頭，其在 UTF-8 中長度為兩個位元組。若你想讓 `head` 顯示這個字元，必須指定兩個位元組的量：

```
$ head -c 2 tests/inputs/one.txt
Ö
```

若你要 `head` 只選此檔的第一個位元組，則得到的結果是位元組值 `195`，這不是有效的 UTF-8 字串。輸出是一個特殊字元，表示將字元轉成 Unicode 時遇到問題：

```
$ head -c 1 tests/inputs/one.txt
�
```

本章的挑戰程式應呈現此一行為。這樣的程式不好寫，不過你可以使用 `std::io`（*https://oreil.ly/PpLCr*）、`std::fs::File`（*https://oreil.ly/VtAdj*）、`std::io::BufReader`（*https://oreil.ly/bznCz*）設法讀取各個檔案的位元組與整行文字。注意，Rust 的 `String`（*https://oreil.ly/X32Yh*）必須是有效的 UTF-8 編碼字串，而該結構要有能證實有用的方法，譬如 `String::from_utf8_lossy`（*https://oreil.ly/Bs4Zl*）。本章的 *tests/cli.rs* 包含一整組的測試，你應該將它們複製到你的原始碼資源中。

就此暫停閱讀後續章節，請著手完成這個程式。編寫程式的過程中，三不五時就使用 **cargo test** 檢查程式進展。在看下一節的解決方案之前，請盡最大努力讓你寫的程式通過所有測試。

解決方案

這個挑戰的實作證明比預期的更有趣。我以為這只不過是 cat 的變化版，但結果是 head 的挑戰要困難得多。以下將循序說明我對這個挑戰所做的解決方案。

逐行讀取檔案內容

開啟有效的檔案之後，首先透過 filehandle 讀取每行內容。我要修改第三章所示的某些程式碼：

```
pub fn run(config: Config) -> MyResult<()> {
    for filename in config.files {
        match open(&filename) {
            Err(err) => eprintln!("{}: {}", filename, err),
            Ok(file) => {
                for line in file.lines().take(config.lines) { ❶
                    println!("{}", line?); ❷
                }
            }
        }
    }
    Ok(())
}
```

❶ 使用 Iterator::take（*https://oreil.ly/OjTMN*）透過 filehandle 取用所需行數的內容。

❷ 將整行內容顯示出來（顯示在 console 中）。

這是一個有趣的解決方案，它使用 Iterator::take 方法取用需求行數的內容。我可以執行該程式，從檔中取一行（第一行）顯示出來，而程式看起來運作無礙，如下所示：

```
$ cargo run -- -n 1 tests/inputs/ten.txt
one
```

若執行 **cargo test**，此時該程式幾乎通過半數的測試，對於只實作一小部分規格的程式而言，如此的成績似乎相當不錯；然而，這個程式對於 Windows 版編碼的所有輸入檔案（行尾使用 CRLF 換行符號），無法通過測試。若要解決這個問題，我得明白陳述一事。

讀檔時保留行尾換行符號

親愛的讀者，我實在不願潑冷水，不過第 3 章的 `catr` 程式並沒有完全複製 `cat` 原版程式，`catr` 使用 `BufRead::lines`（*https://oreil.ly/KhmCp*）讀取輸入檔。這個函式的說明表示：「回傳的每個字串結尾無 換行位元組（`0xA` 位元組）或 CRLF（`0xD` 與 `0xA` 位元組）。」敬請見諒，之前想讓你知道讀取檔案每行內容是多麼容易的事，但是你應該要知道，`catr` 程式以 Unix 版的換行符號取代 Windows 版的行尾 CRLF。

為了解決這個問題，我必須改用 `BufRead::read_line`（*https://oreil.ly/aJFkc*），按這個文件的說明:「將從潛在的串流讀取位元組，直到遇見換行分隔符號（`0xA` 位元組）或 EOF（檔案結尾）。一旦遇見，之前的所有位元組，以及這個分隔符號（如果有的話）都會被加入 `buf` 中。」[1] 下列的程式版本，將保留行尾原換行符號。採取這些調整之後，該程式的測試通過數量將多於失敗的數量：

```
pub fn run(config: Config) -> MyResult<()> {
    for filename in config.files {
        match open(&filename) {
            Err(err) => eprintln!("{}: {}", filename, err),
            Ok(mut file) => { ❶
                let mut line = String::new(); ❷
                for _ in 0..config.lines { ❸
                    let bytes = file.read_line(&mut line)?; ❹
                    if bytes == 0 { ❺
                        break;
                    }
                    print!("{}", line); ❻
                    line.clear(); ❼
                }
            }
        };
    }
    Ok(())
}
```

1 EOF 是 *end of file*（檔案結尾）的縮寫。

❶ 接納 filehandle，其為 `mut`（可變的）值。

❷ 使用 `String::new`（*https://oreil.ly/Lg0D2*）建立新的（起初是空的而且可變的）字串緩衝區（buffer），用於存放每行內容。

❸ 使用 `for`（疊代）遍歷 `std::ops::Range`（*https://oreil.ly/gA0sx*），從零開始數到需求的行數。變數名 _ 表示並沒有要用它。

❹ 使用 `BufRead::read_line`（*https://oreil.ly/aJFkc*）讀取下一行。

❺ 到達檔案結尾時，filehandle 會回傳零位元組，因此用 `break`（*https://oreil.ly/UG54e*）跳出迴圈。

❻ 顯示該行，其中包含行尾原換行符號。

❼ 用 `String::clear`（*https://oreil.ly/IpZ2x*）清空該行文字緩衝區。

此時若執行 **`cargo test`**，程式對於讀取各行內容的所有測試幾乎都會過關，至於讀取位元組與處理多個檔案的測試則會失敗。

讀取檔案的位元組

程式要能讀取檔案位元組。在試圖開啟檔案之後，要確認 `config.bytes` 是否為 `Some` 位元組數；否則，要使用之前的程式碼讀取各行內容。使用以下的程式碼，務必在程式的匯入段落加入 `use std::io::Read`：

```
for filename in config.files {
    match open(&filename) {
        Err(err) => eprintln!("{}: {}", filename, err),
        Ok(mut file) => {
            if let Some(num_bytes) = config.bytes { ❶
                let mut handle = file.take(num_bytes as u64); ❷
                let mut buffer = vec![0; num_bytes]; ❸
                let bytes_read = handle.read(&mut buffer)?; ❹
                print!(
                    "{}",
                    String::from_utf8_lossy(&buffer[..bytes_read]) ❺
                );
            } else {
                ... // 一如既往，在此不贅述
```

```
            }
        }
    };
}
```

❶ 使用模式匹配確認 `config.bytes` 是否為要讀取的 `Some` 位元組數。

❷ 使用 `take`（*https://oreil.ly/oYMgP*）讀取所需數量的位元組。

❸ 建立一個固定長度且可變的緩衝區 `num_bytes`，初期用零填滿，之後用於存放從檔案中讀取的位元組。

❹ 透過 filehandle 讀取所需數量的位元組數，將它們放到緩衝區中。`bytes_read` 的值包含實際讀取的位元組數，實際的數量可能低於需求的數量。

❺ 將取得的位元組轉成字串，該字串可能不是有效的 UTF-8。注意範圍運算僅針對實際讀取的位元組。

`std::io::Readtrait` 的 `take` 方法預期接納的引數是 `u64` 型別（*https://oreil.ly/uPBfC*），不過我用的是 `usize`。因此使用 `as` 關鍵字（*https://oreil.ly/X7cc9*）將該值轉型（*cast*），即轉換型別。

如同之前只選擇多位元組字元的一部分，而將位元組轉成字元可能會失敗，原因是 Rust 的字串必須是有效的 UTF-8。`String::from_utf8` 函式（*https://oreil.ly/Ps3jV*）僅在字串有效時才會回傳 `Ok`，但 `String::from_utf8_lossy`（*https://oreil.ly/Bs4Zl*）會把無效的 UTF-8 編碼序列轉成未知（*unknown*）字元或替代（*replacement*）字元：

```
$ cargo run -- -c 1 tests/inputs/one.txt
�
```

對於讀取檔案的位元組，有個比較不好的方式。你可以讀取整個檔案內容，放入單一字串中，將該字串轉成位元組向量，然後選用前 `num_bytes` 個位元組：

```
let mut contents = String::new(); ❶
file.read_to_string(&mut contents)?; // 危險 ❷
let bytes = contents.as_bytes(); ❸
print!("{}", String::from_utf8_lossy(&bytes[..num_bytes])); // 更危險 ❹
```

❶ 建立新字串緩衝區，保存檔案內容。

❷ 讀取整個檔案內容，放入該字串緩衝區中。

❸ 使用 `str::as_bytes`（*https://oreil.ly/JaIiI*）將內容轉成位元組（`u8` 或 8 位元無號整數）。

❹ 使用 `String::from_utf8_lossy` 將 `bytes` 切片轉成字串。

如之前所示，若檔案大小超過電腦記憶體可用量，則該做法可能會讓程式或電腦當掉。上述程式的另一個嚴重問題，是它假設切片作業 `bytes[..num_bytes]` 不會失敗。例如，這段程式碼針對無內容的檔案而言，會求取不存在的位元組。這將導致你的程式 panic 而顯示錯誤訊息與立即結束：

```
$ cargo run -- -c 1 tests/inputs/empty.txt
thread 'main' panicked at 'range end index 1 out of range for slice of
length 0', src/lib.rs:80:50
note: run with `RUST_BACKTRACE=1` environment variable to display a backtrace
```

就讀取所需數量的位元組來說，以下安全的（也可能是程式碼最短的）方式：

```
let bytes: Result<Vec<_>, _> = file.bytes().take(num_bytes).collect();
print!("{}", String::from_utf8_lossy(&bytes?));
```

上述程式的型別註記（type annotation）`Result<Vec<_>, _>` 是必要的，編譯器將 `bytes` 型別推斷為切片，其大小未知。而我必須表明要一個 `Vec`，此為智慧指標，指向堆積記憶體的配置處。底線（`_`）表示部分的型別註記，這基本上要求編譯器推斷這些型別。若無 `bytes` 的任何型別註記，編譯器會有如下反應：

```
error[E0277]: the size for values of type `[u8]` cannot be known at
compilation time
  --> src/lib.rs:95:58
   |
95 |                     print!("{}", String::from_utf8_lossy(&bytes?));
   |                                                          ^^^^^^^ doesn't
   |                                             have a size known at compile-time
   |
   = help: the trait `Sized` is not implemented for `[u8]`
   = note: all local variables must have a statically known size
   = help: unsized locals are gated as an unstable feature
```

此刻你應該不難發現，底線（`_`）在 Rust 中具有各種不同功能。底線作為變數名稱或位於變數名稱開頭（前綴），告知編譯器，你不想用這個變數。而在 `match` arm 中，底線是處理任意情況的萬用字元。至於型別標記中的底線是告知編譯器推斷其型別。

你還可以使用 *turbofish*（*https://turbo.fish*）運算子（`::<>`）於表達式的右邊指明型別資訊。在左邊還是右邊指明型別，通常屬於程式設計風格議題，不過稍後你會看到某些範例中，會因某些表達式而需要使用 turbofish。以下是上述示例改用 turbofish 表明型別的模樣：

```
let bytes = file.bytes().take(num_bytes).collect::<Result<Vec<_>, _>>();
```

`String::from_utf8_lossy` 產生的未知字元（`b'\xef\xbf\xbd'`）與 BSD 版的 `head` 所生的輸出（`b'\xc3'`）不太一樣，因而使得測試有些困難。若你檢視 *tests/cli.rs* 的 `run` 輔助函式，會發現在該輔助函式中讀取預期值（`head` 的輸出），並使用上述的同一個函式轉換可能無效的 UTF-8，進而可以比較兩者的輸出。`run_stdin` 函式的運作方式類似如下：

```
fn run(args: &[&str], expected_file: &str) -> TestResult {
    // 此處因為缺損無效的 UTF 而需要額外的作業
    let mut file = File::open(expected_file)?;
    let mut buffer = Vec::new();
    file.read_to_end(&mut buffer)?;
    let expected = String::from_utf8_lossy(&buffer); ❶

    Command::cargo_bin(PRG)?
        .args(args)
        .assert()
        .success()
        .stdout(predicate::eq(&expected.as_bytes() as &[u8])); ❷

    Ok(())
}
```

❶ 處理 `expected_file` 中所有無效的 UTF-8。

❷ 將輸出值和預期值（做成位元組切片 `[u8]`）相比。

顯示檔案的區隔符號

挑戰程式最後要處理的部分是多個檔案之間的區隔符號。如之前所述，有效檔案有一個標頭，其中將檔名放在 `==>` 與 `<==` 標誌中。第二個檔案開頭有一個額外的換行符號（空白行），以視覺呈現輸出內容的區隔。如此表示我需要知道正在處理的檔案編號，其中可以使用 `Iterator::enumerate` 方法（*https://oreil.ly/gXM7q*）得知。以下是本章 `run` 函式的最終版，這個版本會通過所有的測試：

```
pub fn run(config: Config) -> MyResult<()> {
    let num_files = config.files.len(); ❶

    for (file_num, filename) in config.files.iter().enumerate() { ❷
        match open(&filename) {
            Err(err) => eprintln!("{}: {}", filename, err),
            Ok(mut file) => {
                if num_files > 1 { ❸
                    println!(
                        "{}==> {} <==",
                        if file_num > 0 { "\n" } else { "" }, ❹
                        filename
                    );
                }

                if let Some(num_bytes) = config.bytes {
                    let mut handle = file.take(num_bytes as u64);
                    let mut buffer = vec![0; num_bytes];
                    let bytes_read = handle.read(&mut buffer)?;
                    print!(
                        "{}",
                        String::from_utf8_lossy(&buffer[..bytes_read])
                    );
                } else {
                    let mut line = String::new();
                    for _ in 0..config.lines {
                        let bytes = file.read_line(&mut line)?;
                        if bytes == 0 {
                            break;
                        }
                        print!("{}", line);
                        line.clear();
                    }
                }
            }
        };
    }

    Ok(())
}
```

❶ 使用 `Vec::len` 方法（*https://oreil.ly/e0wqL*）取得檔案數量。

❷ 使用 `Iterator::enumerate` 方法沿著檔案編號與檔名作業。

❸ 若有多個檔案，則僅顯示標頭。

❹ 當 `file_num` 大於 `0`（`0` 指的是第一個檔案），則加顯示換行符號（空白行）。

進階挑戰

此刻並無理由停止這個挑戰。試著實作 GNU 版的 `head` 中選項數值隨後附加的文字與負數數值。例如，`-c=1K` 表示要顯示檔案中前 1,024 個位元組，`-n=-3` 表示要顯示檔案中除了最後三行的所有內容。你需要將 `lines`、`bytes` 改用有號整數，儲存正數和負數。務必輸入這些引數執行 GNU 版的 `head`，取得對應的輸出內容作為測試檔，然後編寫測試，進而能夠涵蓋你自行加入的這些新功能。

除了支援顯示位元組，你還可以加入一個選項，顯示指定數量的字元。可以使用 `String::chars` 函式（*https://oreil.ly/Yohiw*）將一個字串分成一組字元。最後，將內有 Windows 版行尾換行符號的測試輸入檔（*tests/inputs/three.txt*）複製到第 3 章的測試中。編輯該程式的 *mk-outs.sh*，加入此輸入檔，擴充測試與程式，確保行尾換行符號有被保留。

本章總結

本章深入探討一些相當不簡單的主題，例如轉換型別，`&str` 轉 `usize`、`String` 轉 `Error`、`usize` 轉 `u64`。我在學 Rust 的時候，感覺花了滿多時間才理解 `&str` 和 `String` 之間的差異，以及為何需要用 `From::from` 建立 `MyResult` 的 `Err` 部分。如果你依然覺得困惑，只要知道不會一直這樣下去。若你持續閱讀文件，撰寫更多的程式，終將會豁然開朗。

你已得到的本章重點回顧如下：

- 了解如何建立可帶值的非必要參數。之前章節提及的選項屬於旗標類型。
- 知道所有指令列引數都是字串。使用 `str::parse` 方法試圖將字串（`"3"`）轉成數值（`3`）。
- 學習如何為單一函式編寫與執行單元測試。
- 用 `as` 關鍵字或 `From`、`Into` 這類 trait 轉換型別。
- 發現 `_` 作為變數名稱或用於變數開頭是向編譯器表明你不打算使用該變數。而在型別註記中使用 `_` 時，則是告知編譯器推斷其型別。

- 明白 `match arm` 可以加上額外的布林條件——**守衛**。
- 學會如何使用 `BufRea::read_line` 於讀取 filehandle 內容時時保留行尾換行符號。
- 發覺疊代器與 filehandle 兩者皆可用 `take` 方法限制選用的元素數量。
- 學到在指派式子左邊或以 turbofish 運算子於指派式子右邊，表明型別資訊。

下一章將加以說明 Rust 疊代器，以及如何將輸入內容分成行、位元組、字元。

第五章

一字不漏

越野車萬歲

哲學家越野車

我們齊聚而沉默

我們看到這個字就上路了

——明日巨星合唱團〈Dirt Bike〉(1994)

本章的挑戰是建立久負盛名的 `wc`(*word count*)字詞計數程式複製版，該程式可以追溯到 AT&T Unix 1。這個程式會顯示 `STDIN` 或檔案文字的行數、字數、位元組數。我時常用它統計其他程序進程回傳的行數。

你將學習如何：

- 使用 `Iterator::all` 函式
- 建立測試的模組
- 為測試假造 filehandle
- 有條件的格式化與顯示某值
- 測試時有條件的編譯模組
- 將一行文字分成單字、位元組、字元
- 用 `Iterator::collect` 將疊代器處理的內容轉為向量

wc 的運作方式

我首先說明 wc 的運作方式，讓你明白測試的預期內容。以下是 BSD 版的 wc 使用手冊內容片段，描述挑戰程式即將實作的元素：

```
WC(1)                    BSD 一般指令使用手冊                    WC(1)

名稱
     wc -- 字數、行數、字元數與位元組數的計數

概述
     wc [-clmw] [ 檔案 e ...]

描述
     wc 工具程式在標準輸出顯示每個輸入檔或標準輸入（如果未指定檔案的話）中包含的行數、
     字數和位元組數。行被定義為由 <換行> 字元分隔的字串。超出結尾 <換行> 字元的內容
     將不包括在行數的計數中。

     單字的定義是由空格字元分隔的字串。空格字元是 iswspace(3) 函式回傳 true 的字元集。
     如果指定了多個輸入檔，那麼所有檔案的累積行數將顯示在最後一個檔案的輸出之後，自成
     一行。

     下列選項可供使用：

     -c      每個輸入檔中的位元組數寫入標準輸出。這將取消之前對 -m 選項的使用效果。

     -l      每個輸入檔中的行數寫入標準輸出。

     -m      每個輸入檔中的字元數寫入標準輸出。如果當前區域設置不支援多位元組字元，
             那麼等效於 -c 選項。這將取消以前對 -c 選項的使用效果。

     -w      每個輸入檔中的字數寫入標準輸出。

     當指定一個選項時，wc 僅回報該選項。輸出順序始終採用行、位元、位元組、檔名的形式。
     預設動作等效於指定 -c、-l 和 -w 選項。

     如果未指定任何檔案，那麼使用標準輸入，並且沒有檔名顯示。大多數環境中，輸入提示將
     接受輸入，直到收到 EOF 或 [^D]。
```

一言難盡，因此我會使用 *05_wcr/tests/inputs* 目錄的測試檔（如下所示）列舉一些範例說明：

- *empty.txt*：無內容
- *fox.txt*：內有一行文字
- *atlamal.txt*：內有挪威古詩〈Atlamál hin groenlenzku〉或〈The Greenland Ballad of Atli〉的第一段

執行這個程式，輸入空的檔案，結果以三欄（column）顯示零行、零字、零位元組，其中每一欄皆為八字元寬，數值靠右對齊：

```
$ cd 05_wcr
$ wc tests/inputs/empty.txt
       0       0       0 tests/inputs/empty.txt
```

接著，以內有一行文字的檔案為例，其中單字之間有數量不一的空格，內容還包含一個 tab 字元。在執行 wc 之前，讓我們先看一下這個測試檔。就此，用 cat，選用旗標 -t 以 ^I 呈現此 tab 字元，還有 -e 旗標讓行尾顯示 $：

```
$ cat -te tests/inputs/fox.txt
The  quick brown fox^Ijumps over   the lazy dog.$
```

此測試檔內容相當短，我可以手動計數行數、字數、位元組數，如圖 5-1 所示，其中以圓點表示空格，\t 表示 tab 字元，行尾則用 $ 表示。

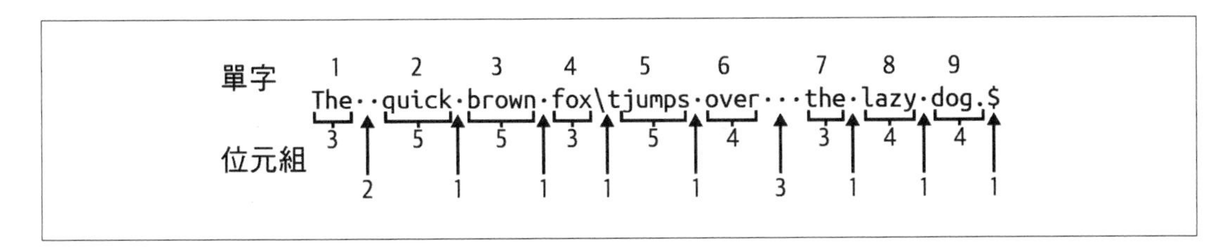

圖 5-1 此單行文字共計 9 個單字、48 個位元組

人工計算與 wc 計數，兩者的結果一致：

```
$ wc tests/inputs/fox.txt
       1       9      48 tests/inputs/fox.txt
```

如第 3 章所述，一個 ASCII 字元用一個位元組表示，而 Unicode 字元可能需要多個位元才能表示。*tests/inputs/atlamal.txt* 檔內有多個這樣的字元：[1]

```
$ cat tests/inputs/atlamal.txt
Frétt hefir öld óvu, þá er endr of gerðu
seggir samkundu, sú var nýt fæstum,
æxtu einmæli, yggr var þeim síðan
ok it sama sonum Gjúka, er váru sannráðnir.
```

依據 `wc` 執行的結果表示，此檔共計 4 行、29 個單字、177 個位元組：

```
$ wc tests/inputs/atlamal.txt
       4      29     177 tests/inputs/atlamal.txt
```

若只要行數，可用 `-l` 旗標，僅顯示該欄：

```
$ wc -l tests/inputs/atlamal.txt
       4 tests/inputs/atlamal.txt
```

同理，可選用 `-c`（表位元組數）與 `-w`（表字數），就此只會顯示對應兩欄統計結果：

```
$ wc -w -c tests/inputs/atlamal.txt
      29     177 tests/inputs/atlamal.txt
```

而 `-m` 旗標可呈現字元數：

```
$ wc -m tests/inputs/atlamal.txt
     159 tests/inputs/atlamal.txt
```

對於 GNU 版的 `wc` 來說，若你同時選用 `-m`、`-c` 旗標，則會顯示字元數與位元數，而 BSD 版僅顯示其中一個統計值，以後選的旗標為主：

```
$ wc -cm tests/inputs/atlamal.txt ❶
     159 tests/inputs/atlamal.txt
$ wc -mc tests/inputs/atlamal.txt ❷
     177 tests/inputs/atlamal.txt
```

❶ `-m` 旗標後選，所以只顯示字元數。

❷ `-c` 旗標候選，所以僅顯示位元組數。

1 此例文字內容的翻譯是:「有許多人都知道，古代人是如何商議的，他們得到的好處不多，他們秘謀策劃，這對他們而言是痛苦的，對 Gjuki 兒子來說，深信不疑。」

注意，不論旗標的順序為何（譬如：-wc 或 -cw），輸出欄顯示的順序始終是按行數、字數、位元組數（或字元數）順序排列：

```
$ wc -cw tests/inputs/atlamal.txt4
      29     177 tests/inputs/atlamal.txt
```

若無指定位置引數，則 wc 會讀取 STDIN 的內容（因此不會顯示檔名）：

```
$ cat tests/inputs/atlamal.txt | wc -lc
       4     177
```

GNU 版的 wc 支援連接號（-）組成的檔名表示 STDIN，也支援長旗標（長選項）以及其他選項：

```
$ wc --help
用法：wc [ 選項 ]... [ 檔案 ]...
  或：wc [ 選項 ]... --files0-from=F
輸出每個 <檔案> 的行數、字數及位元組數，如果指定多個 <檔案>，那麼還會
輸出總行數。如果沒有指定檔案，或者檔案為「-」，那麼從標準輸入讀取。此指單字是用空白分隔，
長度大於 0 的字元序列。
下述選項可能會用來選擇要輸出哪個項目的數量，順序永遠如下：
行數、字數、字元數、位元組數、最長行長度。
  -c, --bytes            輸出位元組數
  -m, --chars            輸出字元數
  -l, --lines            輸出行數
      --files0-from=F    從檔案 F 中以 NUL 結束的檔名中讀取輸入；
                           如果 F 是 - 那麼從標準輸入讀取名稱
  -L, --max-line-length  輸出最長一行的長度
  -w, --words            輸出字數
      --help     顯示此說明訊息並退出
      --version  顯示版本訊息並退出
```

若同時處理多個檔，則兩個版本的 wc 結果會多一個 *total*（總計）行，顯示全部輸入檔案的行數、字數、位元組數總計值：

```
$ wc tests/inputs/*.txt
       4      29     177 tests/inputs/atlamal.txt
       0       0       0 tests/inputs/empty.txt
       1       9      48 tests/inputs/fox.txt
       5      38     225 total
```

處理各個檔案時，遇到不存在的檔案會在 STDERR 顯示警告訊息。下列的示例，以 *blargh* 表示不存在的檔案：

```
$ wc tests/inputs/fox.txt blargh tests/inputs/atlamal.txt
       1       9      48 tests/inputs/fox.txt
wc: blargh: open: No such file or directory
       4      29     177 tests/inputs/atlamal.txt
       5      38     225 total
```

如第 2 章初次所述，我可以在 bash 中將 STDERR（filehandle 2）重導向，驗證 wc 是否將警告訊息顯示於該通道：

```
$ wc tests/inputs/fox.txt blargh tests/inputs/atlamal.txt 2>err ❶
       1       9      48 tests/inputs/fox.txt
       4      29     177 tests/inputs/atlamal.txt
       5      38     225 total
$ cat err ❷
wc: blargh: open: No such file or directory
```

❶ 將輸出的 handle 2（STDERR）重導向 *err* 檔案。

❷ 驗證錯誤訊息是否出現在該檔案中。

有一個詳盡的測試套件可以驗證你的程式是否實作上述這些選項。

挑戰入門

本章挑戰程式的名稱是 wcr（讀作 *wick-er*），即 Rust 版的 wc。使用 **cargo new wcr** 開始作業，修改 *Cargo.toml*，加入下列的依賴套件：

```
[dependencies]
clap = "2.33"

[dev-dependencies]
assert_cmd = "2"
predicates = "2"
rand = "0.8"
```

將 *05_wcr/tests* 目錄複製到新專案中，執行 **cargo test** 進行初始建置與開始測試，而此時測試應該會全部失敗。採用之前章節程式的同樣組成結構，其中 *src/main.rs* 如下所示：

```
fn main() {
    if let Err(e) = wcr::get_args().and_then(wcr::run) {
        eprintln!("{}", e);
        std::process::exit(1);
    }
}
```

下列則是你可以直接複製的 *src/lib.rs* 架構。首先是定義 Config，用於表示命列參數：

```
use clap::{App, Arg};
use std::error::Error;

type MyResult<T> = Result<T, Box<dyn Error>>;

#[derive(Debug)]
pub struct Config {
    files: Vec<String>, ❶
    lines: bool, ❷
    words: bool, ❸
    bytes: bool, ❹
    chars: bool, ❺
}
```

❶ files 參數是一個字串向量。

❷ lines 參數是布林值，表示是否要顯示行數。

❸ words 參數是布林值，表示是否要顯示字數。

❹ bytes 參數是布林值，表示是否要顯示位元組數。

❺ chars 參數是布林值，表示是否要顯示字元數。

main 函式假定你會建立一個 get_args 函式，該函式可處理指令列引數。下列是你可以取用的 get_args 函式大致內容：

```
pub fn get_args() -> MyResult<Config> {
    let matches = App::new("wcr")
        .version("0.1.0")
        .author("Ken Youens-Clark <kyclark@gmail.com>")
        .about("Rust wc")
        // 這邊要放什麼？
        .get_matches();
```

```
    Ok(Config {
        files: ...
        lines: ...
        words: ...
        bytes: ...
        chars: ...
    })
}
```

你還需要 `run` 函式，一開始可以先顯示設定內容：

```
pub fn run(config: Config) -> MyResult<()> {
    println!("{:#?}", config);
    Ok(())
}
```

試著讓你的程式可以產生 `--help` 的輸出，類似下列的內容：

```
$ cargo run -- --help
wcr 0.1.0
Ken Youens-Clark <kyclark@gmail.com>
Rust wc

USAGE:
    wcr [FLAGS] [FILE]...

FLAGS:
    -c, --bytes      Show byte count
    -m, --chars      Show character count
    -h, --help       Prints help information
    -l, --lines      Show line count
    -V, --version    Prints version information
    -w, --words      Show word count

ARGS:
    <FILE>...    Input file(s) [default: -]
```

該挑戰程式將仿效 BSD 版的 `wc`，即不允許 `-m`（字元）與 `-c`（位元組）旗標同時作用：

```
$ cargo run -- -cm tests/inputs/fox.txt
error: The argument '--bytes' cannot be used with '--chars'
```

```
USAGE:
    wcr --bytes --chars
```

預設行為是顯示 STDIN 的行數、字數、位元組數，即使用者沒有明確指定這些統計需求時，設定內容中對應的值皆應為 true：

```
$ cargo run
Config {
    files: [
        "-", ❶
    ],
    lines: true,
    words: true,
    bytes: true,
    chars: false, ❷
}
```

❶ files 預設值應為一個連接號（-），用於表示 STDIN。

❷ 除非選用 -m|--chars 旗標，不然 chars 值應為 false。

若有選用其中一個旗標，則其餘未選用的旗標，對應的設定值應為 false：

```
$ cargo run -- -l tests/inputs/*.txt ❶
Config {
    files: [
        "tests/inputs/atlamal.txt",
        "tests/inputs/empty.txt",
        "tests/inputs/fox.txt",
    ],
    lines: true, ❷
    words: false,
    bytes: false,
    chars: false,
}
```

❶ -l 旗標表示只要顯示行數，bash 會將 *tests/inputs/*.txt* 此 file glob 展開取得該目錄中吻合的所有檔名。

❷ 因為選用 -l 旗標，所以 lines 是唯一為 true 的項目。

已做這麼多了，就此暫停一下。我的狗狗需要洗澡了，我馬上回來。

下列是 get_args 的第一部分。關於參數的宣告並沒有新概念需要說明，所以在此不再贅述：

```
pub fn get_args() -> MyResult<Config> {
    let matches = App::new("wcr")
        .version("0.1.0")
        .author("Ken Youens-Clark <kyclark@gmail.com>")
        .about("Rust wc")
        .arg(
            Arg::with_name("files")
                .value_name("FILE")
                .help("Input file(s)")
                .default_value("-")
                .multiple(true),
        )
        .arg(
            Arg::with_name("words")
                .short("w")
                .long("words")
                .help("Show word count")
                .takes_value(false),
        )
        .arg(
            Arg::with_name("bytes")
                .short("c")
                .long("bytes")
                .help("Show byte count")
                .takes_value(false),
        )
        .arg(
            Arg::with_name("chars")
                .short("m")
                .long("chars")
                .help("Show character count")
                .takes_value(false)
                .conflicts_with("bytes"),
        )
        .arg(
```

```
            Arg::with_name("lines")
                .short("l")
                .long("lines")
                .help("Show line count")
                .takes_value(false),
        )
        .get_matches();
```

clap 剖析引數之後，將內容解出，試圖找出預設值：

```
    let mut lines = matches.is_present("lines"); ❶
    let mut words = matches.is_present("words");
    let mut bytes = matches.is_present("bytes");
    let chars = matches.is_present("chars");

    if [lines, words, bytes, chars].iter().all(|v| v == &false) { ❷
        lines = true;
        words = true;
        bytes = true;
    }

    Ok(Config { ❸
        files: matches.values_of_lossy("files").unwrap(),
        lines,
        words,
        bytes,
        chars,
    })
}
```

❶ 解出所有的旗標。

❷ 若所有旗標皆為 `false`，則將 `lines`、`words`、`bytes` 設為 `true`。

❸ 使用結構欄位初始化簡寫設值。

接著要強調如何使用 `slice`（*https://oreil.ly/NHidS*）為所有旗標建立一個暫存串列。然後，呼叫 `slice::iter` 方法（*https://oreil.ly/hcprj*）建立疊代器，進而能夠用 `Iterator::all` 函式（*https://oreil.ly/O8CL1*）確認所有值是否皆為 `false`。此方法需求一個閉包（closure），閉包（*https://oreil.ly/onL9M*）是匿名函式（anonymous function），可將其作為傳遞給另一個函式的引數。在此，該閉包是一個斷定（`predicate`）函式或測試函式，用於確定元素

是否為 `false`。這些值是參考（reference），因此我將每個值與 `&false` 相比，後者為布林值的參考。若所有結果皆為 `true`，則 `Iterator::all` 回傳 `true`。[2] 一個內容稍短但可能不太一目了然的寫法是：

```
if [lines, words, bytes, chars].iter().all(|v| !v) { ❶
```

❶ 使用 `std::ops::Not`（*https://oreil.ly/ZvixG*）否定每個布林值 `v`，`std::ops::Not` 是以驚嘆號（`!`）表示，將驚嘆號置於 `v` 之前（前綴驚嘆號）。

接納閉包的疊代器方法

你應該花點時間閱讀 `Iterator` 說明文件（*https://oreil.ly/CEdH5*），注意其他方法會以閉包作為引數，用於選用、測試或轉換元素，其中包括：

- `Iterator::any`（*https://oreil.ly/HvVrb*），對於項目的閉包評估結果，有一個回傳 `true` 的話，該方法就會回傳 `true`。
- `Iterator::filter`（*https://oreil.ly/LDu90*），取得其中斷定為 `true` 的所有元素。
- `Iterator::map`（*https://oreil.ly/cfevE*）對每個元素套用一個閉包，回傳一個帶有轉換元素的 `std::iter::Map`（*https://oreil.ly/PITID*）。
- `Iterator::find`（*https://oreil.ly/7n1u5*）若某疊代器有元素滿足斷定，則以元素值 `Some(value)` 回傳首個符合的元素 ，若所有元素評估為 `false`，則回傳 `None`。
- `Iterator::position`（*https://oreil.ly/TAlOW*）若某疊代器有元素滿足斷定，則以元素索引值 `Some(index)` 回傳首個符合的元素 ，若所有元素評估為 `false`，則回傳 `None`。
- `Iterator::cmp`（*https://oreil.ly/7uabU*）、`Iterator::min_by`（*https://oreil.ly/uEiqO*）、`Iterator::max_by`（*https://oreil.ly/mXDle*）涵蓋的斷定，可接受配對的項目組合，互相比較以及找出最小和最大的結果。

疊代處理多個檔案

此刻要處理程式的計數部分。這將需要疊代處理檔案引數，試圖逐一開啟這些檔案，建議使用第 2 章的 `open` 函式：

---

2 當我最小的孩子開始在睡前自己刷牙時，我會問他是否刷過牙、用了牙線。問題是他常胡說，所以很難相信他。在某晚的一場實際對話中，我問:「你刷過牙還有用牙線了嗎？」他回;「有」。「那你刷牙了嗎」，他回：「有」。「有用牙線嗎」，他回；「沒有」。顯然，他未能正確組合布林值，`true` 陳述句與 `false` 陳述句兩者應該會導致 `false` 的結果。

```
fn open(filename: &str) -> MyResult<Box<dyn BufRead>> {
    match filename {
        "-" => Ok(Box::new(BufReader::new(io::stdin()))),
        _ => Ok(Box::new(BufReader::new(File::open(filename)?))),
    }
}
```

務必增加下列的匯入項：

```
use clap::{App, Arg};
use std::error::Error;
use std::fs::File;
use std::io::{self, BufRead, BufReader};
```

以下是可供你參考的 `run` 函式內容：

```
pub fn run(config: Config) -> MyResult<()> {
    for filename in &config.files {
        match open(filename) {
            Err(err) => eprintln!("{}: {}", filename, err), ❶
            Ok(_) => println!("Opened {}", filename), ❷
        }
    }

    Ok(())
}
```

❶ 若檔案無法開啟，則將檔名與錯誤訊息顯示在 STDERR。

❷ 若檔案可以開啟，則將訊息顯示在 STDOUT。

編寫與測試用於計數檔案元素的函式

歡迎你隨心所欲地撰寫自己的解決方案，不過我要建立一個 `count` 函式，該函式需要帶入一個 filehandle，以及可能回傳一個 `FileInfo` 結構（其中包含行數、字數、位元組數和字元數，每項皆為 `usize`）。因為該函式涉及 I/O，可能會有意外情況，所以剛才表示該函式**可能**回傳此結構。以下的定義位於 *src/lib.rs* 中，緊接在 `Config` 結構之後。基於稍後的說明，除了 `Debug`，還必須推導實作（derive）`PartialEq` trait（*https://oreil.ly/kOB0D*）：

```
#[derive(Debug, PartialEq)]
pub struct FileInfo {
```

```
    num_lines: usize,
    num_words: usize,
    num_bytes: usize,
    num_chars: usize,
}
```

我的 count 函式運作可能會成功也可能失敗，因此它會回傳 MyResult<FileInfo>，即成功時是內有 FileInfo 的 Ok 變體，否則是 Err。為了該函式的執行，我要初始化一些可變的變數，計數各個元素，還有回傳一個 FileInfo 結構：

```
pub fn count(mut file: impl BufRead) -> MyResult<FileInfo> { ❶
    let mut num_lines = 0; ❷
    let mut num_words = 0;
    let mut num_bytes = 0;
    let mut num_chars = 0;

    Ok(FileInfo {
        num_lines, ❸
        num_words,
        num_bytes,
        num_chars,
    })
}
```

❶ count 函式接納一個可變的 file 值，以及可能回傳一個 FileInfo 結構。

❷ 初始化可變的變數，可些變數用於統計行數、字數、位元組數、字元數。

❸ 此刻會回傳一個 FileInfo，內容全為零。

在此的 impl 關鍵字（*https://oreil.ly/BYApT*）表示 file 內容必須實作 BufReadtrait。回想一下，open 回傳一個符合此準則的值。稍後就會說明這樣如何讓函式變得有彈性。

第 4 章有說明如何編寫單元測試，將其放在待測試的函式之後。我要為 count 函式建立一個單元測試，不過這次會把它放在 tests 模組中。如此有條理的聚集單元測試，我可以使用 #[cfg(test)] 設定選項告知 Rust 僅在測試期間編譯該模組。當想要在測試中使用 std::io::Cursor（*https://oreil.ly/jQVVm*）假造 count 函式的 filehandle 時，這種做法特別有用。依據 std::io::Cursor 的說明表示，Cursor「搭配記憶體緩衝區（in-memory buffers）一起使用，要實作 AsRef<[u8]>，其中得以實作 Read、Write，讓有進行實際 I/O

動作的（你可能會用的）reader/writer（讀寫器）可存取這些緩衝區。」將此依賴套件放在 `tests` 模組中，確保僅在程式測試時才引入它。以下示例會建立 `tests` 模組，匯入與測試 `count` 函式：

```
#[cfg(test)] ❶
mod tests { ❷
    use super::{count, FileInfo}; ❸
    use std::io::Cursor; ❹

    #[test]
    fn test_count() {
        let text = "I don't want the world. I just want your half.\r\n";
        let info = count(Cursor::new(text)); ❺
        assert!(info.is_ok()); ❻
        let expected = FileInfo {
            num_lines: 1,
            num_words: 10,
            num_chars: 48,
            num_bytes: 48,
        };
        assert_eq!(info.unwrap(), expected); ❼
    }
}
```

❶ `cfg`（*https://oreil.ly/Fl3pU*）啟用條件編譯，所以該模組僅會在測試時編譯。

❷ 用 `mod` 定義新模組 `tests`，內含測試程式碼。

❸ 匯入父模組 `super` 的 `count` 函式和 `FileInfo` 結構，`super` 即緊鄰的上層（*next above*），指的是 `tests` 的上層模組（涵蓋 `tests`）。

❹ 匯入 `std::io::Cursor`。

❺ 以 `Cursor` 執行 `count`。

❻ 確保結果為 `Ok`。

❼ 將結果與預期值相比。此一比較需要 `FileInfo` 實作 `PartiveEqtrait`，這就是之前加上 `derive(PartialEq)` 的原因。

使用 **`cargo test test_count`** 執行這個測試。你會看到 Rust 編譯器發出的大量警告訊息，這些警告與未使用的變數或不需要可變的變數相關。最重要的結果是測試失敗：

```
failures:

---- tests::test_count stdout ----
thread 'tests::test_count' panicked at 'assertion failed: `(left == right)`
  left: `FileInfo { num_lines: 0, num_words: 0, num_bytes: 0, num_chars: 0 }`,
 right: `FileInfo { num_lines: 1, num_words: 10, num_bytes: 48,
 num_chars: 48 }`', src/lib.rs:146:9
```

這是測試驅動開發的範例，其中你可以編寫一個測試，定義某函式預期行為，然後撰寫可通過此單元測試的函式。一旦你可以合理確認該函式可正確運作，則使用回傳的 `FileInfo` 顯示預期的輸出。起初力求簡單，使用空的檔案，確保你的程式顯示行數、字數、位元數三欄的值皆為零：

```
$ cargo run -- tests/inputs/empty.txt
       0       0       0 tests/inputs/empty.txt
```

接著，使用 *tests/inputs/fox.txt*，確保可獲得下列計數結果。我在該測試檔內特別加入各種類型與數量不一的空格，讓你可以嘗試將整個文字分成多個單字：

```
$ cargo run -- tests/inputs/fox.txt
       1       9      48 tests/inputs/fox.txt
```

確定你的程式能夠正確處理 *tests/inputs/atlamal.txt* 的 Unicode：

```
$ cargo run -- tests/inputs/atlamal.txt
       4      29     177 tests/inputs/atlamal.txt
```

以及可以正確計數字元：

```
$ cargo run -- tests/inputs/atlamal.txt -wml
       4      29     159 tests/inputs/atlamal.txt
```

然後使用多個輸入檔案驗證你的程式最後是否會顯示 *total* 欄：

```
$ cargo run -- tests/inputs/*.txt
       4      29     177 tests/inputs/atlamal.txt
       0       0       0 tests/inputs/empty.txt
       1       9      48 tests/inputs/fox.txt
       5      38     225 total
```

若上述所有運作皆正確無誤，則試著讀取 STDIN 的內容：

```
$ cat tests/inputs/atlamal.txt | cargo run
       4      29     177
```

就此暫停閱讀後續章節，請先完成你的程式。三不五時的執行 **cargo test** 檢視你的程式進展。

解決方案

此刻要逐步說明的是我寫的 wcr 程式。注意，有多種方式可以完成這個挑戰。只要你的程式通過測試，產生的結果與 BSD 版的 wc 輸出相同，那麼該程式就算挑戰成功，你應該為你的所為感到自豪。

計數檔案或 STDIN 的元素

之前有保留一個未完成的 count 函式讓你挑戰，所以就此我先從這個函式說起。如第三章所述，BufRead::lines（*https://oreil.ly/KhmCp*）會移除行尾換行符號，們不希望這樣的情況發生，原因是 Windows 檔案的換行符號是兩個位元組（\r\n），而 Unix 的換行符號只有一個位元組（\n）。我可以複製第三章的某些程式碼，這些程式碼使用 BufRead::read_line（*https://oreil.ly/aJFkc*）讀取每行內容，放入緩衝區中。此函式可貼切的回覆已從檔案中讀取多少位元組：

```
pub fn count(mut file: impl BufRead) -> MyResult<FileInfo> {
    let mut num_lines = 0;
    let mut num_words = 0;
    let mut num_bytes = 0;
    let mut num_chars = 0;
    let mut line = String::new(); ❶

    loop { ❷
        let line_bytes = file.read_line(&mut line)?; ❸
        if line_bytes == 0 { ❹
            break;
        }
        num_bytes += line_bytes; ❺
        num_lines += 1; ❻
```

```
        num_words += line.split_whitespace().count(); ❼
        num_chars += line.chars().count(); ❽
        line.clear(); ❾
    }

    Ok(FileInfo {
        num_lines,
        num_words,
        num_bytes,
        num_chars,
    })
}
```

❶ 建立一個可變的緩衝區，用於保存每行（`line`）文字。

❷ 建立無窮迴圈（`loop`），用於讀取 filehandle 的內容。

❸ 試圖從 filehandle 讀取一行。

❹ 若讀到零個位元組，表示到達檔案結尾（EOF），因此用 `break` 跳出迴圈。

❺ `num_bytes` 變數的值要加入將該行的位元組個數。

❻ 迴圈的每次疊代處理一行，所以 `num_lines` 的值要增加（加一）。

❼ 使用 `str::split_whitespace` 方法（*https://oreil.ly/sCxGE*）依空格處將字串分開，使用 `Iterator::count`（*https://oreil.ly/Y7yPl*）取得字數。

❽ 使用 `str::chars` 方法（*https://oreil.ly/u9LXa*）將字串分成 Unicode 字元，使用 `Iterator::count` 算字元數。

❾ 清空 `line` 緩衝區，以便處理下一行文字。

程式有了這些變更，`test_count` 測試會過關。為了將上述的內容整合到程式中，我首先將 `run` 改成僅顯示 `FileInfo` 結構，或在無法開啟檔案時把警告訊息顯示在 `STDERR`：

```
pub fn run(config: Config) -> MyResult<()> {
    for filename in &config.files {
        match open(filename) {
            Err(err) => eprintln!("{}: {}", filename, err),
            Ok(file) => {
                if let Ok(info) = count(file) { ❶
                    println!("{:?}", info); ❷
                }
```

```
            }
        }
    }

    Ok(())
}
```

❶ 試圖從某個檔案取得計數值。

❷ 顯示這些計數值。

執行該程式，輸入其中一個測試檔，對於有效的檔案，程式看起來能夠成功執行：

```
$ cargo run -- tests/inputs/fox.txt
FileInfo { num_lines: 1, num_words: 9, num_bytes: 48, num_chars: 48 }
```

它也能夠處理 `STDIN` 讀到的內容：

```
$ cat tests/inputs/fox.txt | cargo run
FileInfo { num_lines: 1, num_words: 9, num_bytes: 48, num_chars: 48 }
```

接著，我需要格式化輸出的內容，以符合規格所需。

格式化輸出

我要建立預期的輸出內容，可以先改 `run`，讓它能夠依序顯示行數、字數、位元組數，接著顯示對應檔名：

```
pub fn run(config: Config) -> MyResult<()> {

    for filename in &config.files {
        match open(filename) {
            Err(err) => eprintln!("{}: {}", filename, err),
            Ok(file) => {
                if let Ok(info) = count(file) {
                    println!(
                        "{:>8}{:>8}{:>8} {}", ❶
                        info.num_lines,
                        info.num_words,
                        info.num_bytes,
                        filename
                    );
                }
```

```
            }
        }
    }

    Ok(())
}
```

❶ 格式化行數、字數、位元組數，每欄為八個字元寬，內容靠右對齊。

執行程式，選用一個輸入檔，結果看來相當不錯：

```
$ cargo run -- tests/inputs/fox.txt
       1       9      48 tests/inputs/fox.txt
```

若執行 **cargo test fox**，將會執行測試名稱中有 *fox* 字詞的所有測試，此時程式在八個測試中可以通過一個。讚！

```
running 8 tests
test fox ... ok
test fox_bytes ... FAILED
test fox_chars ... FAILED
test fox_bytes_lines ... FAILED
test fox_words_bytes ... FAILED
test fox_words ... FAILED
test fox_words_lines ... FAILED
test fox_lines ... FAILED
```

我可以檢視 *tests/cli.rs*，看看通過的測試其內容為何。注意，這些測試引用該模組頂端宣告的常數值：

```
const PRG: &str = "wcr";
const EMPTY: &str = "tests/inputs/empty.txt";
const FOX: &str = "tests/inputs/fox.txt";
const ATLAMAL: &str = "tests/inputs/atlamal.txt";
```

依然用一個 `run` 輔助函式執行這些測試：

```
fn run(args: &[&str], expected_file: &str) -> TestResult {
    let expected = fs::read_to_string(expected_file)?; ❶
    Command::cargo_bin(PRG)? ❷
        .args(args)
        .assert()
```

```
        .success()
        .stdout(expected);
    Ok(())
}
```

❶ 試圖讀取此指令的 expected 輸出結果。

❷ 執行 wcr 程式，輸入特定的引數。驗證程式是否成功運作，STDOUT 顯示的內容符合預期值。

fox 測試執行 wcr 程式所用的是 FOX 輸入檔，並無採用選項，將程式的執行結與 *05_wcr/mk-outs.sh* 產生之預期輸出檔案的內容相比：

```
#[test]
fn fox() -> TestResult {
    run(&[FOX], "tests/expected/fox.txt.out")
}
```

檢視 *tests/cli.rs* 檔的下一個函式，這是未過關的測試內容：

```
#[test]
fn fox_bytes() -> TestResult {
    run(&["--bytes", FOX], "tests/expected/fox.txt.c.out") ❶
}
```

❶ 執行 wcr 程式，選用同樣的輸入檔，外加 --bytes 選項。

選用 --bytes 執行時，該程式應該只能輸出對應一欄，不過它卻顯示行數、字數、位元數（三欄）。所以我要在 *src/lib.rs* 裡面寫一個 format_field 函式，能夠依照一個布林值的情況，回傳一個格式化之後的字串或空字串：

```
fn format_field(value: usize, show: bool) -> String { ❶
    if show { ❷
        format!("{:>8}", value) ❸
    } else {
        "".to_string() ❹
    }
}
```

❶ 該函式接納一個 usize、一個布林值，而回傳一個 String。

❷ 檢查 show 是否為 true。

❸ 回傳一個新字串，內容是將數值格式化，形成八字元寬的字串。

❹ 否則回傳空字串。

為什麼這個函式回傳 String 而不是 str 呢？兩者皆為字串，不過 str 是不可變的固定長度字串。該函式回傳的值是在執行期動態產生的，因此必須使用 String，此為可擴增的堆積配置結構。

我可以擴充 tests 模組，為此加入一個單元測試：

```
#[cfg(test)]
mod tests {
    use super::{count, format_field, FileInfo}; ❶
    use std::io::Cursor;

    #[test]
    fn test_count() {} // 如同以往，在此不贅述

    #[test]
    fn test_format_field() {
        assert_eq!(format_field(1, false), ""); ❷
        assert_eq!(format_field(3, true), "       3"); ❸
        assert_eq!(format_field(10, true), "      10"); ❹
    }
}
```

❶ 匯入的部分增加 format_field。

❷ 若 show 為 false，該函式應該回傳空字串。

❸ 確認一位數的寬度。

❹ 確認雙位數的寬度。

以下是我運用 format_field 函式的情況，其中在 STDIN 讀取內容時檔名會以空字串呈現：

```
pub fn run(config: Config) -> MyResult<()> {
    for filename in &config.files {
        match open(filename) {
            Err(err) => eprintln!("{}: {}", filename, err),
            Ok(file) => {
                if let Ok(info) = count(file) {
                    println!(
```

```
                        "{}{}{}{}{}", ❶
                        format_field(info.num_lines, config.lines),
                        format_field(info.num_words, config.words),
                        format_field(info.num_bytes, config.bytes),
                        format_field(info.num_chars, config.chars),
                        if filename == "-" { ❷
                            "".to_string()
                        } else {
                            format!(" {}", filename)
                        }
                    );
                }
            }
        }
    }

    Ok(())
}
```

❶ 格式化每一欄的輸出（使用 format_field 函式）。

❷ 若檔名為連接號，則顯示空字串表示之；否則先顯示一個空格，再接著檔名。

加入上述這些變更內容，**cargo test fox** 的所有測試皆會過關。但是若執行整個測試套件，我的程式仍然不會全部過關，對於含有 *all* 字詞的所有測試會失敗：

```
failures:
    test_all
    test_all_bytes
    test_all_bytes_lines
    test_all_lines
    test_all_words
    test_all_words_bytes
    test_all_words_lines
```

檢視 *tests/cli_rs* 中的 test_all 函式，確認此測試使用所有輸入檔作為引數：

```
#[test]
fn test_all() -> TestResult {
    run(&[EMPTY, FOX, ATLAMAL], "tests/expected/all.out")
}
```

若執行目前的程式，選用所有的輸入檔案，會發現結果少了 *total* 行：

```
$ cargo run -- tests/inputs/*.txt
       4      29     177 tests/inputs/atlamal.txt
       0       0       0 tests/inputs/empty.txt
       1       9      48 tests/inputs/fox.txt
```

以下是 `run` 函式的最終版，其中有一套持續運作的總計數，若輸入的檔案超過一個，則會將這組總計值顯示出來：

```
pub fn run(config: Config) -> MyResult<()> {
    let mut total_lines = 0; ❶
    let mut total_words = 0;
    let mut total_bytes = 0;
    let mut total_chars = 0;

    for filename in &config.files {
        match open(filename) {
            Err(err) => eprintln!("{}: {}", filename, err),
            Ok(file) => {
                if let Ok(info) = count(file) {
                    println!(
                        "{}{}{}{}{}",
                        format_field(info.num_lines, config.lines),
                        format_field(info.num_words, config.words),
                        format_field(info.num_bytes, config.bytes),
                        format_field(info.num_chars, config.chars),
                        if filename.as_str() == "-" {
                            "".to_string()
                        } else {
                            format!(" {}", filename)
                        }
                    );

                    total_lines += info.num_lines; ❷
                    total_words += info.num_words;
                    total_bytes += info.num_bytes;
                    total_chars += info.num_chars;
                }
            }
        }
    }
```

```
    if config.files.len() > 1 { ❸
        println!(
            "{}{}{}{} total",
            format_field(total_lines, config.lines),
            format_field(total_words, config.words),
            format_field(total_bytes, config.bytes),
            format_field(total_chars, config.chars)
        );
    }

    Ok(())
}
```

❶ 建立可變的變數，用於持續記錄行、字、位元組、字元的總數。

❷ 更新總計值（納入該檔案的計數值）。

❸ 若輸入檔案超過一個，顯示這組總計值。

程式看起來運作順利：

```
$ cargo run -- tests/inputs/*.txt
       4      29     177 tests/inputs/atlamal.txt
       0       0       0 tests/inputs/empty.txt
       1       9      48 tests/inputs/fox.txt
       5      38     225 total
```

可以關閉位元組計數，改計數字元（兩者為互斥選項）：

```
$ cargo run -- -m tests/inputs/atlamal.txt
     159 tests/inputs/atlamal.txt
```

另外可以顯示與隱藏任何的計數欄：

```
$ cargo run -- -wc tests/inputs/atlamal.txt
      29     177 tests/inputs/atlamal.txt
```

最重要的是，此時執行 **cargo test** 會顯示通過所有測試。

進階挑戰

仿效 GNU 版的 `wc` 輸出結果，編寫對應的版本，而非目前的 BSD 複製版。若你的系統已有 GNU 版，請執行 *mk-outs.sh* 程式產生特定輸入檔的預期輸出。修改本章的程式，依據測試碼建立正確的輸出。擴充程式，處理新增的選項，例如 `--files0-from`（可從某個檔案讀取輸入檔的檔名）、`--max-line-length`（顯示最長一行的長度）。為新功能增加測試。

接著，考量本章開頭所述的，即 BSD 版使用手冊中提到的神秘函式 `iswspace`。若執行本章的程式，輸入的是第 2 章的 *spiders.txt* 檔案（小林一茶的俳句），不過內容為日文字元，結果會怎樣呢？[3]

```
隅の蜘案じな煤はとらぬぞよ
```

輸出會是什麼？若 *spiders.txt* 檔案的內容為該行日文字元，BSD 版的 `wc` 認為的單字數是三：

```
$ wc spiders.txt
       1       3      40 spiders.txt
```

GNU 版則表示該檔只有一個單字：

```
$ wc spiders.txt
 1  1 40 spiders.txt
```

我不想打開有一堆蟲蟲（或蜘蛛？）的罐子（不想因此衍生一堆棘手的問題），不過若你要建立該程式的某一版本，然後公開釋出，又怎麼能複製 BSD 與 GNU 版呢？

本章總結

嗯，這的確有意思。對於一個極度被廣泛使用的 Unix 程式而言，我們用了大約 200 行的 Rust 程式碼，就可以寫出一個基本上能過關的替代品。而可將你的版本與 GNU 版的 C 語言 1,000 行原始碼（*https://oreil.ly/Lzy0u*）相比。你已得到的本章重點回顧如下：

3 按字面直譯的話，可以是：「角落的蜘蛛，別擔心，我的掃帚擱著不用。」

- 知道若所有元素對於指明的斷定（predicate）評估結果皆為 `true`，則 `Iterator::all` 函式會回傳 `true`，斷定斷定（predicate）是接納一個元素的閉包。多個 `Iterator` 方法（功能類似）都接納一個閉包引數，用於測試、選用、轉換元素。
- 利用 `str::split_whitespace`、`str::chars` 方法將文字分成單字與字元。
- 使用 `Iterator::count` 方法計數項目數。
- 編寫一個函式，有條件地格式化內容值或空字串，可依據旗標引數顯示或 隱藏資訊。
- 將多個單元測試組成一個 `tests` 模組，匯入父模組（`super`）的函式。
- 運用 `#[cfg(test)]` 設定選項告知 Rust 僅於測試時編譯 `tests` 模組。
- 懂得如何使用 `std::io::Cursor` 假造一個 filehandle，用於測試需要實作 `BufRead` 的函式。

關於 Rust 讀檔的部分，我們已有不少的論述，下一章將說明如何寫檔。

第六章

獨特之處

只有一個一切

——明日巨星合唱團〈One Everything〉(2008)

本章要編寫 Rust 版的 `uniq`（讀作 *unique*）程式，它會在檔案或 `STDIN` 中找出內容不同的各行文字。在其廣泛的用途中，往往被用於每一種內容字串出現次數的統計。

你將學習如何：

- 寫入檔案、`STDOUT`
- 利用閉包獲取變數
- 應用不重複（don't repeat yourself 或 DRY）原則
- 運用 `Write` trait、`write!` 與 `writeln!` 巨集
- 使用暫存檔
- 表明變數的生命週期

uniq 的運作方式

如同往常，我先解釋 `uniq` 的運作方式，讓你了解本章挑戰程式的需求。以下是 `uniq`BSD 版使用手冊的部分內容。這個挑戰程式只檔案（或 `STDIN`）的讀取、檔案（或 `STDOUT`）的寫入、行數計數的 `-c` 旗標，不過我會呈現較多的用法說明，讓你可以明白該程式的完整範疇：

```
UNIQ(1)                  BSD 一般指令使用手冊                  UNIQ(1)

名稱
     uniq -- 回報或篩選出檔案中重複的行

概述
     uniq [-c | -d | -u] [-i] [-f num] [-s chars] [input_file [output_file]]

描述
     uniq 工具程式讀取指定的 input_file 比較相鄰的行，並將每個唯一輸入行的副本寫入
     output_file。如果 input_file 是單一連接號（'-'）或不存在，那麼讀取標準輸入。如果
     不存在 output_file，則使用標準輸出作為輸出。不會寫入相同相鄰輸入行的第二個和後續
     副本。如果輸入中的重複行不相鄰，那麼不會檢測到它們，因此可能需要先對檔案排序。

     下列選項可供使用：

     -c      在每個輸出行前面加上該行在輸入中出現次數的計數，隨後跟著一個空格。

     -d      僅輸出在輸入中重複的行。

     -f num  在進行比較時忽略每個輸入行中的前 num 欄位。欄位是由空白分隔（相鄰欄位）
             的非空白字元字串。欄位編號從一開始，即，第一個欄位是欄位一。

     -s chars
             比較時忽略每個輸入行中的前 chars 字元。如果與 -f 選項一起指定，那麼
             前 num 個欄位之後的前 chars 字元將被忽視。字元編號從一開始，即第一個字
             元是字元一。

     -u      僅輸出在輸入中不重複的行。

     -i      不區分大小寫的行比較。
```

本書的 Git 儲存庫中 *06_uniqr/tests/inputs* 目錄裡有測試用的輸入檔，如下所示：

- *empty.txt*：無內容
- *one.txt*：內有一行文字
- *two.txt*：內有兩行一模一樣的文字
- *three.txt*：內有 13 行文字（涵蓋四種不同內容）
- *skip.txt*：內有四行文字（涵蓋兩種不同內容）與一個空白行

另外的 *t1.txt* ～ *t6.txt* 檔案是 Perl 程式範例（*https://oreil.ly/I9QA5*），用於測試 GNU 版的程式。這些是透過 *mk-outs.sh* 檔產生的：

```
$ cat mk-outs.sh
#!/usr/bin/env bash

ROOT="tests/inputs"
OUT_DIR="tests/expected"

[[ ! -d "$OUT_DIR" ]] && mkdir -p "$OUT_DIR"

# Cf https://github.com/coreutils/coreutils/blob/master/tests/misc/uniq.pl
echo -ne "a\na\n"    > $ROOT/t1.txt ❶
echo -ne "a\na"      > $ROOT/t2.txt ❷
echo -ne "a\nb"      > $ROOT/t3.txt ❸
echo -ne "a\na\nb"   > $ROOT/t4.txt ❹
echo -ne "b\na\na\n" > $ROOT/t5.txt ❺
echo -ne "a\nb\nc\n" > $ROOT/t6.txt ❻

for FILE in $ROOT/*.txt; do
    BASENAME=$(basename "$FILE")
    uniq      $FILE > ${OUT_DIR}/${BASENAME}.out
    uniq -c   $FILE > ${OUT_DIR}/${BASENAME}.c.out
    uniq    < $FILE > ${OUT_DIR}/${BASENAME}.stdin.out
    uniq -c < $FILE > ${OUT_DIR}/${BASENAME}.stdin.c.out
done
```

❶ 有兩行文字，每個行尾有換行

❷ 最後一行的行尾無換行

❸ 兩行內容不同，最後一行的行尾無換行

❹ 前兩行內容一模一樣；最後一行不一樣，結尾也沒有換行

❺ 涵蓋兩種不同的內容，每個行尾有換行

❻ 涵蓋三種不同的內容，每個行尾有換行

注意，為了示範 `uniq` 的運作，對於無內容的輸入檔並不會顯示任何結果：

```
$ uniq tests/inputs/empty.txt
```

指定的檔案內容只有一行，則會顯示該行內容：

```
$ uniq tests/inputs/one.txt
a
```

若搭配 -c 選項執行時，會在此行文字之前顯示該行出現的次數。該計數值位於四個字元寬的欄位中，靠右對齊，緊接著一個空格，然後才是該行文字內容：

```
$ uniq -c tests/inputs/one.txt
   1 a
```

tests/inputs/two.txt 檔有兩行重複的內容：

```
$ cat tests/inputs/two.txt
a
a
```

基於這個輸入內容，uniq 的輸出會省略相同的一行：

```
$ uniq tests/inputs/two.txt
a
```

搭配 -c 選項，uniq 還會加上相同內容的行數統計：

```
$ uniq -c tests/inputs/two.txt
   2 a
```

對於內容較長的輸入檔，可呈現出 uniq 循序處理行的計數，而非全面性的考量。例如，下列的輸入檔中，*a* 行出現四次：

```
$ cat tests/inputs/three.txt
a
a
b
b
a
c
c
c
a
d
d
```

```
d
d
```

`uniq` 的計數作業是每次遇到新字串就會從 1 開始數。由於 *a* 在輸入檔中的不連續位置出現三次，因此 *a* 也會在程式輸出中出現三次：

```
$ uniq -c tests/inputs/three.txt
   2 a
   2 b
   1 a
   3 c
   1 a
   4 d
```

若需要各種內容的確切總數統計，則必須先對輸入內容排序，這可用動作如其名的 `sort` 指令完成。在下列的輸出結果中，最終會顯示 *a* 在該輸入檔中總共出現四次：

```
$ sort tests/inputs/three.txt | uniq -c
   4 a
   2 b
   3 c
   4 d
```

tests/inputs/skip.txt 檔含有一個空白行：

```
$ cat tests/inputs/skip.txt
a

a
b
```

空白行形同一行文字，所以計數器又會從 1 開始數：

```
$ uniq -c tests/inputs/skip.txt
   1 a
   1
   1 a
   1 b
```

若你仔細研究用法說明概要，會看到非常微妙的表明，如何將輸出寫入檔案。注意，下列內容的 input_file、output_file 以中括號分層表示，指明它們是非必要的一對。也就是說，若有提供 input_file，則 output_file 可有可無：

```
uniq [-c | -d | -u] [-i] [-f num] [-s chars] [input_file [output_file]]
```

例如，我可以計數 *tests/inputs/two.txt* 的內容，將輸出結果放到 *out*：

```
$ uniq -c tests/inputs/two.txt out
$ cat out
      2 a
```

未指定位置引數的情況下，uniq 預設讀取 STDIN 的內容：

```
$ cat tests/inputs/two.txt | uniq -c
      2 a
```

若你想讀取 STDIN 的內容，同時要指定輸出檔的名稱，則輸入檔的名稱必須用一個連接號表示（-）：

```
$ cat tests/inputs/two.txt | uniq -c - out
$ cat out
      2 a
```

GNU 版的運作方式基本上雷同，而且還提供許多附加選項：

```
$ uniq --help
用法：uniq [ 選項 ]... [ 輸入 [ 輸出 ]]
從輸入檔案或者標準輸入中篩選相鄰的符合行並寫入輸出檔案或標準輸出。

不附加任何選項時符合行將在首次出現處被合併。必要引數對長短選項皆適用。
  -c, --count           行前面為出現的次數
  -d, --repeated        僅顯示重複行，每組一個
  -D, --all-repeated[=METHOD]  顯示所有重複行
                          群組可由空白行區隔
                          METHOD={none(default),prepend,separate}
  -f, --skip-fields=N   不要比較前 N 個欄位
      --group[=METHOD]  顯示所有項目，用一個空白行區隔群組：
                          METHOD={separate(default),prepend,append,both}
  -i, --ignore-case     比較時忽略大小寫差異
  -s, --skip-chars=N    不要比較起始 N 個字元
  -u, --unique          只輸出不重複（內容唯一）的行
  -z, --zero-terminated  以 NUL 空字元而非換行符作為行尾分隔符號
```

```
  -w, --check-chars=N   對每行第 N 個字元以後的內容不作對照
      --help      顯示此說明訊息並退出
      --version  顯示版本訊息並退出

若欄位是一串空白字元（通常為空格和 tab 字元），隨後是非空白字元，則會跳過非空白字元之前的欄位。

注意：除非內容相鄰，否則「uniq」不會檢測重複行。你可能要先對輸入排序，或使用「sort -u」而非用「uniq」。此外，比較是依循「LC_COLLATE」指定的規則。
```

如此所示，BSD、GNU 兩版皆有諸多附加選項，不過本章的挑戰程式要實作的部分就之前描述的那些。

挑戰入門

本章挑戰程式的名稱是 `uniqr`（讀作 *you-neek-er*），即 Rust 版的 `uniq`。使用 cargo new uniqr 開始作業，修改 *Cargo.toml*，加入下列的依賴套件：

```
[dependencies]
clap = "2.33"

[dev-dependencies]
assert_cmd = "2"
predicates = "2"
tempfile = "3" ❶
rand = "0.8"
```

❶ 相關測試會使用 `tempfile` crate（*https://oreil.ly/AYcMa*）建立暫存檔。

將本書的 *06_uniqr/tests* 目錄複製到你的專案中，執行 **`cargo test`** 確保程式可以編譯，測試能夠執行（但會失敗）。

定義引數

更新 *src/main.rs* 的內容，如下所示：

```
fn main() {
    if let Err(e) = uniqr::get_args().and_then(uniqr::run) {
        eprintln!("{}", e);
        std::process::exit(1);
```

```
    }
}
```

建議你用下列的內容開始編寫 *src/lib.rs*：

```
use clap::{App, Arg};
use std::error::Error;

type MyResult<T> = Result<T, Box<dyn Error>>;

#[derive(Debug)]
pub struct Config {
    in_file: String, ❶
    out_file: Option<String>, ❷
    count: bool, ❸
}
```

❶ 這是要讀取之輸入檔的檔名，若檔名為連接號，則表示 STDIN。

❷ 將輸出內容寫入選定檔名的輸出檔或 STDOUT 中。

❸ count 是布林值，決定是否顯示每行的計數結果。

以下是 get_args 的大致內容：

```
pub fn get_args() -> MyResult<Config> {
    let matches = App::new("uniqr")
        .version("0.1.0")
        .author("Ken Youens-Clark <kyclark@gmail.com>")
        .about("Rust uniq")
        // 這邊要放什麼？
        .get_matches();

    Ok(Config {
        in_file: ...
        out_file: ...
        count: ...
    })
}
```

建議你的 run 一開始可以顯示 config：

```
pub fn run(config: Config) -> MyResult<()> {
    println!("{:?}", config);
    Ok(())
}
```

你的程式應該能夠產生下列的用法說明：

```
$ cargo run -- -h
uniqr 0.1.0
Ken Youens-Clark <kyclark@gmail.com>
Rust uniq

USAGE:
    uniqr [FLAGS] [ARGS]

FLAGS:
    -c, --count      Show counts ❶
    -h, --help       Prints help information
    -V, --version    Prints version information

ARGS:
    <IN_FILE>     Input file [default: -] ❷
    <OUT_FILE>    Output file ❸
```

❶ -c|--count 為非必要的旗標。

❷ 輸入檔案為第一個位置引數，預設為一個連接號（-）。

❸ 輸出檔案是第二個位置引數，其為非必要的引數。

該程式預設讀取 STDIN 的內容，其中可用連接號表示之：

```
$ cargo run
Config { in_file: "-", out_file: None, count: false }
```

第一個位置引數應被詮釋為輸入檔，第二個位置引數應被解讀為輸出檔。[1] 注意，clap 可處理位置引數之前（或之後）的選項：

1 雖然目標是盡可能地仿效原始版本，但是我並不偏愛非必要的位置參數。在我看來，最好有一個 -o|--output 選項，其預設的是 STDOUT，而對於預設為 STDIN 的輸入檔而言，只有一個非必要的位置引數。

```
$ cargo run -- tests/inputs/one.txt out --count
Config { in_file: "tests/inputs/one.txt", out_file: Some("out"), count: true }
```

往下閱讀之前，請花點時間完成 get_args。

相信你是正經實在之人，已自行完成前述的函式，所以我此刻要分享我的解決方案：

```
pub fn get_args() -> MyResult<Config> {
    let matches = App::new("uniq")
        .version("0.1.0")
        .author("Ken Youens-Clark <kyclark@gmail.com>")
        .about("Rust uniq")
        .arg(
            Arg::with_name("in_file")
                .value_name("IN_FILE")
                .help("Input file")
                .default_value("-"),
        )
        .arg(
            Arg::with_name("out_file")
                .value_name("OUT_FILE")
                .help("Output file"),
        )
        .arg(
            Arg::with_name("count")
                .short("c")
                .help("Show counts")
                .long("count")
                .takes_value(false),
        )
        .get_matches();

    Ok(Config {
        in_file: matches.value_of_lossy("in_file").unwrap().to_string(), ❶
        out_file: matches.value_of("out_file").map(String::from), ❷
        count: matches.is_present("count"), ❸
    })
}
```

❶ 將 `in_file` 引數轉成 `String`。

❷ 將 `out_file` 引數轉成 `Option<String>`。

❸ `count` 可有可無，所以將它轉成 `bool`。

因為 `in_file` 引數有預設值，所以能夠安全地呼叫 `Option::unwrap`，將該值轉成 `String`。還有其他幾種方式可以獲得相同的結果，但沒有一種是最好的。你可以使用 `Option::map`（*https://oreil.ly/JaDYG*）將值供給 `String::from`（*https://oreil.ly/X32Yh*），接著將其解開：

```
in_file: matches.value_of_lossy("in_file").map(String::from).unwrap(),
```

你還可以用閉包呼叫 `Into::into`（*https://oreil.ly/HTe0m*）將值轉成 `String`（Rust 可以推斷出其型別）：

```
in_file: matches.value_of_lossy("in_file").map(|v| v.into()).unwrap(),
```

上述內容也可以用 `Into::into` 函式直接表達，因為函式可以視為引數傳遞的一級（first-class）值：

```
in_file: matches.value_of_lossy("in_file").map(Into::into).unwrap(),
```

`out_file` 是非必要的，但若有一個選項，則可以用 `Option::map` 將 `Some` 值轉成 `String`：

```
out_file: matches.value_of("out_file").map(|v| v.to_string()),
```

變數的生命週期

你可能想知道為何不讓 `in_file` 為 `&str` 值。試想若是這樣做會如何：

```
#[derive(Debug)]
pub struct Config {
    in_file: &str,
    out_file: Option<&str>,
    count: bool,
}

pub fn get_args() -> MyResult<Config> {
    let matches = App::new("uniq")
        ...
```

```
        Ok(Config {
            in_file: matches.value_of("in_file").unwrap(),
            out_file: matches.value_of("out_file"),
            count: matches.is_present("count"),
        })
    }
```

編譯器會反應缺少生命週期指定字（specifier）：

```
error[E0106]: missing lifetime specifier
  --> src/lib.rs:11:14
   |
11 |     in_file: &str,
   |              ^ expected named lifetime parameter
   |
help: consider introducing a named lifetime parameter
   |
10 | pub struct Config<'a> {
11 |     in_file: &'a str,
```

生命週期是指某值於整個程式中的借用效期。在此的問題是，我試圖從 `matches` 中取得值的參考，其在函式結束時即超出範圍，而被清除（*https://oreil.ly/R2d0d*）。回傳一個 `Config`（其中儲存已被清除之值的參考）將造成懸空指標（dangling pointer），這是不允許的。下一節將列舉生命週期的實例說明；針對生命週期較為深入的探討，建議你閱讀其他書籍，例如《Programming Rust》或論述更詳盡的書籍。在上述的範例中，唯一有效的選擇是回傳堆積配置的動態 `String`。

測試挑戰程式

tests/cli.rs 裡的測試套件規模不小，包含 78 個測試，可就下列的情況驗證程式：

- 僅指定輸入檔案位置引數，檢查 `STDOUT` 內容
- 指定輸入檔案位置引數（搭配 `--count` 選項），檢查 `STDOUT` 內容
- 指定 `STDIN` 為輸入來源（無指定位置引數），檢查 `STDOUT` 內容
- 指定 `STDIN` 為輸入來源（搭配 `--count`，無指定位置引數），檢查 `STDOUT` 內容
- 指定輸入檔案與輸出檔案位置引數，檢查輸出檔案內容

- 指定輸入檔案與輸出檔案位置引數（搭配 `--count`），檢查輸出檔案內容
- 指定 STDIN 為輸入來源與輸出檔案位置引數（搭配 `--count`），檢查輸出檔案內容

鑒於測試規模變得如此之大而複雜，你可能想知道如何建構 *tests/cli.rs*，我從下列的內容開始說起：

```
use assert_cmd::Command;
use predicates::prelude::*;
use rand::{distributions::Alphanumeric, Rng};
use std::fs;
use tempfile::NamedTempFile; ❶

type TestResult = Result<(), Box<dyn std::error::Error>>;

struct Test { ❷
    input: &'static str,
    out: &'static str,
    out_count: &'static str,
}
```

❶ 此用於建立暫存輸出檔。

❷ 該結構用於定義輸入檔與預期輸出值（包含「納入計數」與「不納入計數」兩者）。

注意，以 `'static` 表示這些值的生命週期。我要用 `&str` 值定義結構，而 Rust 編譯器想知道這些值相對於彼此的確切存續時間。`'static` 註記表示，該資料將存續於該程式的整個生命週期。若移除 `'static` 再執行這些測試，如上一節所示，你會看到類似的編譯器錯誤，以及如何修正問題的建議：

```
error[E0106]: missing lifetime specifier
 --> tests/cli.rs:8:12
  |
8 |     input: &str,
  |            ^ expected named lifetime parameter
  |
help: consider introducing a named lifetime parameter
  |
7 | struct Test<'a> {
8 |     input: &'a str,
```

接著，我定義測試所需的一些常數值：

```
const PRG: &str = "uniqr"; ❶

const EMPTY: Test = Test {
    input: "tests/inputs/empty.txt", ❷
    out: "tests/inputs/empty.txt.out", ❸
    out_count: "tests/inputs/empty.txt.c.out", ❹
};
```

❶ 要被測試的程式名稱

❷ 該測試的輸入檔案位置

❸ 輸出檔案位置（無計數資訊）

❹ 輸出檔案位置（有計數資訊）

`EMPTY` 宣告內容之後，還有為數不少的 `Test` 結構，後面接著數個輔助函式。`run` 函式用 `Test.input` 作為輸入檔，將 `STDOUT` 的內容與 `Test.out` 檔的內容相比：

```
fn run(test: &Test) -> TestResult { ❶
    let expected = fs::read_to_string(test.out)?; ❷
    Command::cargo_bin(PRG)? ❸
        .arg(test.input)
        .assert()
        .success()
        .stdout(expected);
    Ok(())
}
```

❶ 該函式接納一個 `Test`，回傳一個 `TestResult`。

❷ 試圖讀取預期的輸出檔。

❸ 試著執行該程式，指定一個引數（即輸入檔案），驗證是否能成功執行，還有將 `STDOUT` 的內容與預期內容相比。

`run_count` 輔助函式的運作方式差不多，不過這次測試的是計數部分：

```
fn run_count(test: &Test) -> TestResult {
    let expected = fs::read_to_string(test.out_count)?; ❶
    Command::cargo_bin(PRG)?
        .args(&[test.input, "-c"]) ❷
        .assert()
```

```
        .success()
        .stdout(expected);
    Ok(())
}
```

❶ 讀取 Test.out_count 檔（預期的輸出）。

❷ 傳遞 Test.input 值與旗標 -c 計算行數。

run_stdin 函式為程式提供 STDIN 的輸入內容：

```
fn run_stdin(test: &Test) -> TestResult {
    let input = fs::read_to_string(test.input)?; ❶
    let expected = fs::read_to_string(test.out)?; ❷
    Command::cargo_bin(PRG)? ❸
        .write_stdin(input)
        .assert()
        .success()
        .stdout(expected);
    Ok(())
}
```

❶ 試圖讀取 Test.input 檔。

❷ 試圖讀取 Test.out 檔。

❸ 由 STDIN 傳遞 input 內容，驗證 STDOUT 是否為預期值。

run_stdin_count 函式測試「讀取 STDIN」與「計數行數」兩項：

```
fn run_stdin_count(test: &Test) -> TestResult {
    let input = fs::read_to_string(test.input)?;
    let expected = fs::read_to_string(test.out_count)?;
    Command::cargo_bin(PRG)? ❶
        .arg("--count")
        .write_stdin(input)
        .assert()
        .success()
        .stdout(expected);
    Ok(())
}
```

❶ 執行該程式，選用 --count 長選項，將此輸入傳給 STDIN，驗證 STDOUT 內容是否正確。

`run_outfile` 函式確認該程式是否接受輸入檔與輸出檔兩位置引數。這蠻有意思的，我需要在測試中使用暫存檔，而如同你經常碰到的那樣，Rust 會平行執行這些測試。若以相同的虛擬檔名（如 *blargh*）寫入所有輸出檔，則測試會把原先已寫入的輸出檔內容覆蓋掉。為了解決這個問題，我用 `tempfile::NamedTempFile`（*https://oreil.ly/3y9kZ*）取得動態產生的暫存檔（檔名），作業完成之後，會自動刪除該檔：

```
fn run_outfile(test: &Test) -> TestResult {
    let expected = fs::read_to_string(test.out)?;
    let outfile = NamedTempFile::new()?; ❶
    let outpath = &outfile.path().to_str().unwrap(); ❷

    Command::cargo_bin(PRG)? ❸
        .args(&[test.input, outpath])
        .assert()
        .success()
        .stdout("");
    let contents = fs::read_to_string(&outpath)?; ❹
    assert_eq!(&expected, &contents); ❺

    Ok(())
}
```

❶ 試著取得具名的暫存檔。

❷ 取得該檔的 `path`（*https://oreil.ly/jIpqA*）。

❸ 執行該程式，指定輸入檔的名稱與輸出的檔名稱引數，驗證 `STDOUT` 是否空無一物。

❹ 試著讀取輸出檔。

❺ 檢查輸出檔的內容是否與預期值相符。

後續兩個函式是之前已示內容的變化版，加入 `--count` 旗標，最後要求程式在輸入檔的名稱為連接號時讀取 `STDIN` 內容。此模組的其餘內容搭配各種結構，呼叫這些輔助函式，以執行所有測試。

處理輸入檔

建議你從 *src/lib.rs* 開始，先讀取輸入檔，所以可用前面幾章的 `open` 函式：

```
fn open(filename: &str) -> MyResult<Box<dyn BufRead>> {
    match filename {
```

```
        "-" => Ok(Box::new(BufReader::new(io::stdin()))),
        _ => Ok(Box::new(BufReader::new(File::open(filename)?))),
    }
}
```

擴充你的匯入內容，確定包含下列的部分：

```
use clap::{App, Arg};
use std::{ ❶
    error::Error,
    fs::File,
    io::{self, BufRead, BufReader},
};
```

此語法按常用的前綴方式將匯入內容聚集，所以下列所有內容都源自 std。

你可以利用第 3 章頗多的程式碼，讀取輸入檔或 STDIN 的每行文字，一併保留行尾換行符號：

```
pub fn run(config: Config) -> MyResult<()> {
    let mut file = open(&config.in_file)
        .map_err(|e| format!("{}: {}", config.in_file, e))?; ❶
    let mut line = String::new(); ❷
    loop { ❸
        let bytes = file.read_line(&mut line)?; ❹
        if bytes == 0 { ❺
            break;
        }
        print!("{}", line); ❻
        line.clear(); ❼
    }
    Ok(())
}
```

❶ 若輸入檔的名稱為連接號，則讀取 STDIN，不然就是開啟指定檔名的檔案。建立失敗時所用的資訊型錯誤訊息。

❷ 建立可變的空 String 緩衝區，用於保存每行內容。

❸ 建立無窮迴圈。

❹ 讀取一行文字（保留行尾換行符號）。

❺ 若讀取不到任何位元組，則中斷迴圈。

❻ 顯示該行緩衝區。

❼ 清除該行緩衝區。

執行這個程式，指定一個輸入檔，確保可行：

```
$ cargo run -- tests/inputs/one.txt
a
```

此程式應該也可讀取 STDIN 內容：

```
$ cargo run -- - < tests/inputs/one.txt
a
```

接著，程式要疊代處理每行輸入，計數每種行內容出現的次數，顯示這些行內容（包含「搭配行計數」與「不搭配行計數」的呈現）。一旦能夠建立正確的輸出，就需要處理呈現的部分，將結果送到 STDOUT 顯示或指定的檔案中。建議你複製 open 函式的概念，使用 File::create（*https://oreil.ly/QPy35*）。

就此暫停閱讀後續章節，請先完成你的程式。記住，你可以使用類似 **cargo test empty** 之類的指令，只執行測試子集（即測試名稱含有 *empty* 字串的所有測試）。

解決方案

以下要逐步說明我如何完成一個解決方案。你的版本可能跟我的不一樣，但只要能通過此測試套件就行了。我要建立兩個額外的可變變數，用於保存上一行文字與正在計數的值。目前會一直顯示計數值，確保該統計是正確的：

```
pub fn run(config: Config) -> MyResult<()> {
    let mut file = open(&config.in_file)
        .map_err(|e| format!("{}: {}", config.in_file, e))?;
    let mut line = String::new();
    let mut previous = String::new(); ❶
    let mut count: u64 = 0; ❷

    loop {
        let bytes = file.read_line(&mut line)?;
        if bytes == 0 {
```

```
            break;
        }

        if line.trim_end() != previous.trim_end() { ❸
            if count > 0 { ❹
                print!("{:>4} {}", count, previous); ❺
            }
            previous = line.clone(); ❻
            count = 0; ❼
        }

        count += 1; ❽
        line.clear();
    }

    if count > 0 { ❾
        print!("{:>4} {}", count, previous);
    }

    Ok(())
}
```

❶ 建立可變的變數用於儲存上一行文字。

❷ 建立可變的變數用於儲存計數值。

❸ 將目前這一行與上一行相比，兩者皆會去除各自結尾的空格（若有的話）。

❹ 若 `count` 大於 `0`，才會顯示該輸出。

❺ 將 `count` 顯示再四個字元寬的一欄中（靠右對齊），隨後是一個空格，再接 `previous` 值。

❻ `previous` 變數改設成目前 `line` 的內容副本。

❼ 將計數器重設為 0。

❽ 計數器的值增加 1。

❾ 處理檔案的最後一行內容。

我不必為 `count` 變數指明為 `u64` 型別。Rust 會很樂意為它推斷出一種型別。在 32 位元的系統上，Rust 採用 `i32`，如此將最大的重複個數限制為 `i32::MAX`（*https://oreil.ly/sE2YC*），即 2,147,483,647。這是很大的數值，應該夠用了，不過我認為最好還是指定 `u64` 讓程式的運作始終如一。

若執行 **cargo test**，此時可有不少數量的測試過關。然而，上述程式碼並不敏捷。我不想要 `if count > 0` 被確認兩次，即此違反應用不重複（*don't repeat yourself* 或 DRY）原則，依照這個原則，將一個共同概念抽離成一個抽象內容，就像函式一般，而不是在整個程式中複製與貼上一模一樣的每行程式碼。另外，我的程式一直顯示計數值，不過較妥善的做法應該只在 `config.count` 為 `true` 時才顯示計數值。我可以將這個邏輯的所有內容放入單一函式中，特別使用閉包圍繞（*close around*）`config.count` 值：

```
let print = |count: u64, text: &str| { ❶
    if count > 0 { ❷
        if config.count { ❸
            print!("{:>4} {}", count, text); ❹
        } else {
            print!("{}", text); ❺
        }
    };
};
```

❶ `print` 閉包接納 `count` 與 `value` 值。

❷ 僅於 `count` 大於 `0` 才顯示結果。

❸ 確認 `config.count` 值是否為 `true`。

❹ 用 `print!` 巨集將在 STDOUT 顯示 `count`、`text`。

❺ 否則，在 STDOUT 顯示 `text`。

閉包 vs. 函式

閉包是一種函式，所以你可能想要把 `print` 寫成 `run` 函式裡的一個函式：

```
pub fn run(config: Config) -> MyResult<()> {
    ...
    fn print(count: u64, text: &str) {
        if count > 0 {
            if config.count {
                print!("{:>4} {}", count, text);
            } else {
                print!("{}", text);
            }
        }
```

```
    }
    ...
```

這是其他程式語言編寫閉包的常用方式，Rust 可容許在另一個函式宣告一個函式；但是，Rust 編譯器明確不允許取得環境的動態值：

```
error[E0434]: can't capture dynamic environment in a fn item
  --> src/lib.rs:67:16
   |
67 |             if config.count {
   |                ^^^^^^
   |
   = help: use the `|| { ... }` closure form instead
```

為了使用這個閉包，我可以變更此函式的其餘內容：

```
loop {
    let bytes = file.read_line(&mut line)?;
    if bytes == 0 {
        break;
    }

    if line.trim_end() != previous.trim_end() {
        print(count, &previous);
        previous = line.clone();
        count = 0;
    }

    count += 1;
    line.clear();
}

print(count, &previous);
```

此時，該程式可通過更多的測試。因為程式無法將結果寫入具名的輸出檔案中，所以所有失敗的測試，其名稱都含有 outfile 字串。若要加入最後這個功能，你可以如同輸入檔的處理方式開啟輸出檔，其做法是使用 `File::create` 建立具名輸出檔或用 `std::io::stdout` 顯示。針對下列的程式碼，務必加入 `use std::io::Write`，你可以把它放在 file 變數之後：

```
let mut out_file: Box<dyn Write> = match &config.out_file { ❶
    Some(out_name) => Box::new(File::create(out_name)?), ❷
```

```
        _ => Box::new(io::stdout()), ❸
    };
```

❶ 可變的 out_file 將是一個 box 值，用於實作 std::io::Write trait（*https://oreil.ly/Hlk6A*）。

❷ 當 config.out_file 是 Some 檔名時，使用 File::create（*https://oreil.ly/QPy35*）試圖建立該檔。

❸ 否則，使用 std::io::stdout（*https://oreil.ly/gjxor*）。

若你閱讀 File::create 與 io::stdout 的說明，會看到兩者都有〈Traits〉一節，描述其實作的各個 trait。它們都有實作 Write，因此滿足 Box<dyn Write> 的型別需求，即 Box 裡的值必須實作此 trait。

我需要做的第二個變更是針對該輸出用 out_file。而 print! 巨集改用 write!（*https://oreil.ly/oiJaM*）將輸出內容寫入一個串流（如 filehandle、STDOUT）。write! 的第一個引數必須是實作 Write trait 的可變值。該說明表示 write! 會回傳一個 std::io::Result（即該巨集的運作可能會失敗）。因此，我更改 print 閉包，回傳 MyResult。以下是我的 run 函式最終版，它會通過所有的測試：

```
pub fn run(config: Config) -> MyResult<()> {
    let mut file = open(&config.in_file)
        .map_err(|e| format!("{}: {}", config.in_file, e))?; ❶

    let mut out_file: Box<dyn Write> = match &config.out_file { ❷
        Some(out_name) => Box::new(File::create(out_name)?),
        _ => Box::new(io::stdout()),
    };

    let mut print = |count: u64, text: &str| -> MyResult<()> { ❸
        if count > 0 {
            if config.count {
                write!(out_file, "{:>4} {}", count, text)?;
            } else {
                write!(out_file, "{}", text)?;
            }
        };
        Ok(())
    };
```

```
    let mut line = String::new();
    let mut previous = String::new();
    let mut count: u64 = 0;
    loop {
        let bytes = file.read_line(&mut line)?;
        if bytes == 0 {
            break;
        }

        if line.trim_end() != previous.trim_end() {
            print(count, &previous)?; ❹
            previous = line.clone();
            count = 0;
        }

        count += 1;
        line.clear();
    }
    print(count, &previous)?; ❺

    Ok(())
}
```

❶ 開啟 STDIN 或指定檔名的輸入檔。

❷ 開啟 STDOUT 或指定檔名的輸出檔。

❸ 建立可變的 **print** 閉包，用於格式化輸出內容。

❹ 使用 **print** 閉包盡量顯示輸出內容。使用 **?** 往回傳播潛在錯誤。

❺ 處理檔案的最後一行。

注意，因為借用 out_filefilehandle，所以必須用 mut 關鍵字宣告 print 閉包，讓它是可變的。否則，編譯器將顯示以下錯誤：

```
error[E0596]: cannot borrow `print` as mutable, as it is not declared as mutable
  --> src/lib.rs:84:13
   |
63 |     let print = |count: u64, text: &str| -> MyResult<()> {
   |         ----- help: consider changing this to be mutable: `mut print`
...
66 |                 write!(out_file, "{:>4} {}", count, text)?;
```

```
  |                              -------- calling `print` requires mutable binding
  |                                       due to mutable borrow of `out_file`
```

同樣的，若你的解決方案與我的解決方案不同也無妨，只要能通過測試就可以了。我喜歡搭配測試編寫部分程式，因而可以客觀地確定程式是否符合某種程度的規格。正如 Louis Srygley 曾說過：「沒有需求或設計，程式設計就是在空白文字檔加 bug 的藝術。」[2] 我想說的是，測試是需求的化身。沒有測試，你根本無法知道程式的變更何時偏離需求或破壞設計。

進階挑戰

關於這個演算法，你能找到其他方法編寫嗎？例如，我嘗試另一種方法，讀取輸入檔的每行內容，存入一個向量中，使用 `Vec::windows`（*https://oreil.ly/vudZO*）查看行內容的配對情況。這蠻有意思的，不過若輸入檔的大小超過電腦可用的記憶體，則可能會執行失敗。在此呈現的解決方案僅為目前一行和之前一行配置記憶體，所以應該擴充支援任何大小的檔案處理。

如往常一樣，BSD 版與 GNU 版的 `uniq` 都比本章挑戰所支援的功能多更多。我鼓勵你在自己的版本中加入想要支援的所有功能。務必為每個功能編寫測試，三不五時就執行整個測試套件，驗證之前完成的所有功能是否依然正常。

依我看來，`uniq` 與 `sort` 密切相關，我經常將兩者一併使用。試著實作你自己的 `sort` 版本，至少要按字典順序或按數值順序排序內容。

2 Programming Wisdom (@CodeWisdom)，「『沒有需求或設計，程式設計就是在空白文字檔加 bug 的藝術。』—— Louis Srygley」，Twitter，2018 年 1 月 24 日下午 1:00，*https://oreil.ly/FC6aS*。

本章總結

以 100 行左右的 Rust 程式碼，`uniqr` 程式成功複製原 `uniq` 程式中一個合理的功能子集。將 `uniqr` 與 GNU 版的 C 原始碼（*https://oreil.ly/X8ipY*）相比，後者的程式碼超過 600 行。由於 Rust 編譯器的型別運用與有益的錯誤訊息，讓我對 `uniqr` 的擴充比採用 C 語言實作的版本更有信心。

你已學到的本章重點回顧如下：

- 可以開啟新檔案寫入內容或將內容送到 `STDOUT` 顯示出來。
- DRY 原則是，任何重複的程式碼都應該被移入單獨的抽象內容（如函式或閉包）。
- 閉包須用於獲取閉包域（enclosing scope 或封閉域）的值。
- 若某值實作 `Write`trait，則它可與 `write!`、`writeln!` 巨集搭配使用。
- `tempfile`crate 協助建立與移除暫存檔。
- Rust 編譯器有時可能會要求你指明某變數的生命週期，即它相對於其他變數的存續時間。

下一章將介紹 Rust 的列舉（`enum` 型別）以及如何使用正規表達式（regular expression）。

第七章

誰找到就歸誰

然後

是我也許該將它記下的時候

當我四處找筆

而我試著想到你說的

我們一分為二

——明日巨星合唱團〈Broke in Two〉（2004）

本章要編寫 Rust 版的 find 工具程式，顧名思義，它將尋找檔案、目錄。若無條件的執行 find，它將遞迴搜尋一個（或多個）路徑中的細目，如：檔案、目錄、符號連結、socket。你可以加入無限量的匹配限制，例如名稱、大小、類型、修改時間、權限等。本章挑戰程式將找尋一個（或多個）目錄中的檔案、目錄或連結，找尋的內容名稱得與一個（或多個）**正規表達式**（文字模式）匹配。

你將學習如何：

- 採用 `clap` 限制指令列引數的可能值
- 利用 `unreachable!` 巨集造成 panic
- 以正規表達式尋得文字模式
- 建立列舉型別
- 使用 `walkdir` 遞迴搜尋檔案路徑
- 運用 `Iterator::any` 函式

- 鏈接多個 filter、map、filter_map 作業
- 基於是否為 Windows 系統而條件編譯程式碼
- 重構（refactor）程式碼

find 的運作方式

讓我們先查閱 find 使用手冊，探索這個程式的功能，該說明以約莫 500 行的篇幅，詳細介紹數十個功能選項。本章的挑戰程式需在一個（或多個）路徑中找尋細目，這些細目可按檔案、連結、目錄以及符合可選模式的名稱篩選決定。以下呈現的是 find BSD 版的使用手冊開頭，內容涉及本章挑戰的部分需求：

```
FIND(1)                 BSD 一般指令使用手冊                 FIND(1)

名稱
     find -- 遍歷檔案層次

概述
     find [-H | -L | -P] [-EXdsx] [-f 路徑 ] 路徑 ... [ 表達式 ]
     find [-H | -L | -P] [-EXdsx] -f 路徑 [ 路徑 ...] [ 表達式 ]

描述
     find 工具程式針對所列的每個路徑遞迴往下遍歷目錄樹，就樹中每個檔案執行表達式（由
     其後所列的 ''primaries'' 與 ''operands'' 組成）。
```

GNU 版的 find 功能雷同：

```
$ find --help
用法：find [-H] [-L] [-P] [-Olevel]
[-D help|tree|search|stat|rates|opt|exec] [path...] [expression]

預設路徑為目前的目錄，預設的表達式是 -print 表達式可以包括運算子、選項、測試
和動作：

以下的運算子優先次序由高至低排列；如果沒有運算子，那麼則會假設為 -and ：

     ( EXPR )   ! EXPR   -not EXPR   EXPR1 -a EXPR2   EXPR1 -and EXPR2
     EXPR1 -o EXPR2   EXPR1 -or EXPR2   EXPR1 , EXPR2
```

```
位置選項（邏輯值永遠為 true): -daystart -follow -regextype 一般選項（邏輯值永遠為 true，必須加在其他表達式之前）:

      -depth --help -maxdepth LEVELS -mindepth LEVELS -mount -noleaf
      --version -xautofs -xdev -ignore_readdir_race -noignore_readdir_race

測試 (N 可以有或沒有正負號): -amin N -anewer FILE -atime N -cmin N
      -cnewer FILE -ctime N -empty -false -fstype TYPE -gid N -group NAME
      -ilname PATTERN -iname PATTERN -inum N -iwholename PATTERN
      -iregex PATTERN -links N -lname PATTERN -mmin N -mtime N
      -name PATTERN -newer FILE -nouser -nogroup -path PATTERN
      -perm [-/]MODE -regex PATTERN -readable -writable -executable
      -wholename PATTERN -size N[bcwkMG] -true -type [bcdpflsD] -uid N
      -used N -user NAME -xtype [bcdpfls] -context CONTEXT

動作: -delete -print0 -printf FORMAT -fprintf FILE FORMAT -print
      -fprint0 FILE -fprint FILE -ls -fls FILE -prune -quit
      -exec COMMAND ; -exec COMMAND {} + -ok COMMAND ;
      -execdir COMMAND ; -execdir COMMAND {} + -okdir COMMAND ;
```

和往常一樣，挑戰程式只試著實作這些選項的子集，等等會利用 *07_findr/tests/inputs* 中的檔案舉例說明這些選項。下列的 tree 輸出內容呈現出目錄、目錄裡的檔案結構，其中 -> 符號表示 *d/b.csv* 是個符號連結，指向 *a/b/b.csv* 檔：

```
$ cd 07_findr/tests/inputs/
$ tree
.
├── a
│   ├── a.txt
│   └── b
│       ├── b.csv
│       └── c
│           └── c.mp3
├── d
│   ├── b.csv -> ../a/b/b.csv
│   ├── d.tsv
│   ├── d.txt
│   └── e
│       └── e.mp3
├── f
│   └── f.txt
└── g.csv

6 directories, 9 files
```

符號連結（*symbolic link*）是指向某檔（或某目錄）的指標、捷徑。Windows 沒有符號連結（symbolic link 又名 *symlink*），因此該平台的輸出內容有所不同，即 *tests\inputs\d\b.csv* 路徑會以一般檔案的形式存在。建議 Windows 使用者也可於 WSL（Windows Subsystem for Linux）探究該程式的編寫與測試。

接著我將舉例說明挑戰程式需要實作的 find 功能選項。首先，find 必須有一個（或多個）位置引數表示待搜尋的路徑。針對每個路徑，find 會遞迴搜尋其內出現的所有檔案與目錄。若目前位在 *tests/inputs* 目錄中，而以 . 指明目前工作目錄，則 find 將列出該目錄中的所有內容。macOS 上 findBSD 版的輸出順序與 Linux 上 findGNU 版的輸出順序不同，我將兩者的輸出結果分別呈現在左邊與右邊：

```
$ find .                          $ find .
.                                  .
./g.csv                            ./d
./a                                ./d/d.txt
./a/a.txt                          ./d/d.tsv
./a/b                              ./d/e
./a/b/b.csv                        ./d/e/e.mp3
./a/b/c                            ./d/b.csv
./a/b/c/c.mp3                      ./f
./f                                ./f/f.txt
./f/f.txt                          ./g.csv
./d                                ./a
./d/b.csv                          ./a/a.txt
./d/d.txt                          ./a/b
./d/d.tsv                          ./a/b/c
./d/e                              ./a/b/c/c.mp3
./d/e/e.mp3                        ./a/b/b.csv
```

我可以使用 -type 選項 [1] 指定 f，即只尋找檔案：

```
$ find . -type f
./g.csv
./a/a.txt
./a/b/b.csv
./a/b/c/c.mp3
./f/f.txt
./d/d.txt
./d/d.tsv
./d/e/e.mp3
```

1　這是具有非短選項的特別程式，其中的長選項是以連接號開頭。

或指定 l 只找連結：

```
$ find . -type l
./d/b.csv
```

也可以指定 d 單獨找目錄：

```
$ find . -type d
.
./a
./a/b
./a/b/c
./f
./d
./d/e
```

雖然挑戰程式只會試著找尋上述這些細目類型，不過 find 是可接受兩版使用手冊所述的多個 -type 值：

```
-type t
      若檔案屬於指定的類型才有用。可能的檔案類型
      如下所示：

      b       block 特殊檔
      c       character 特殊檔
      d       目錄
      f       一般檔案
      l       符號連結
      p       FIFO
      s       socket
```

若你指定未出現在此列表中的 -type 值，則 find 會停止運作（顯示下列錯誤）：

```
$ find . -type x
find: -type: x: unknown type
```

-name 選項可以找出符合 file glob 模式的項目，例如 *.csv 是找出以 *.csv* 結尾的所有細目。在 bash 中，星號（*）必須使用反斜線逸出（escaped 或跳脫），將星號以字元字面常數傳遞，而不是讓 shell 解讀成特殊字元：

```
$ find . -name \*.csv
./g.csv
```

```
./a/b/b.csv
./d/b.csv
```

我也可以把模式用一對引號括起來：

```
$ find . -name "*.csv"
./g.csv
./a/b/b.csv
./d/b.csv
```

我可以用或（*or*）選項 `-o` 鏈接要搜尋的多個 `-name` 模式：

```
$ find . -name "*.txt" -o -name "*.csv"
./g.csv
./a/a.txt
./a/b/b.csv
./f/f.txt
./d/b.csv
./d/d.txt
```

也可以組合 `-type` 與 `-name` 選項。例如，搜尋符合 `*.csv` 的檔案或連結：

```
$ find . -name "*.csv" -type f -o -type l
./g.csv
./a/b/b.csv
./d/b.csv
```

當 `-name` 條件項位於或（*or*）表達式之後，我必須使用括號將 `-type` 引數聚集起來：

```
$ find . \( -type f -o -type l \) -name "*.csv"
./g.csv
./a/b/b.csv
./d/b.csv
```

還能以位置引數列出多個搜尋路徑：

```
$ find a/b d -name "*.mp3"
a/b/c/c.mp3
d/e/e.mp3
```

若指定的搜尋路徑不存在，find 會顯示錯誤。下列指令中，*blargh* 為不存在的路徑：

```
$ find blargh
find: blargh: No such file or directory
```

若引數符合現存檔案的名稱，find 會將該檔名直接顯示出來：

```
$ find a/a.txt
a/a.txt
```

當 find 遇到不能讀取的目錄時，它會在 STDERR 顯示訊息，然後繼續運作。你可以在 Unix 平台上建立 *cant-touch-this* 目錄，使用 chmod 000 移除所有權限，驗證此一情況：

```
$ mkdir cant-touch-this && chmod 000 cant-touch-this
$ find . -type d
.
./a
./a/b
./a/b/c
./f
./cant-touch-this
find: ./cant-touch-this: Permission denied
./d
./d/e
```

Windows 並無將目錄設為不可讀的權限系統，所以上述做法僅適用於 Unix。驗證完畢後，務必刪除該目錄，以免干擾測試：

```
$ chmod 700 cant-touch-this && rmdir cant-touch-this
```

雖然 find 的功能不少，不過上述內容即為你要實作的本章需求。

挑戰入門

本章挑戰程式的名稱是 findr（讀作 *find-er*），建議你執行 cargo new findr 開始作業。更改 *Cargo.toml*，加入下列內容：

```
[dependencies]
clap = "2.33"
walkdir = "2" ❶
regex = "1"
```

```
[dev-dependencies]
assert_cmd = "2"
predicates = "2"
rand = "0.8"
```

❶ `walkdir` crate（*https://oreil.ly/zxLwJ*）用於遞迴地搜尋細目的路徑。

通常就此會建議你將 *tests* 目錄（*07_findr/tests*）複製到你的專案中；然而目前必須特別注意，*tests/inputs* 目錄中要有符號連結，否則測試將失敗。第 3 章有說明如何使用複製（*copy*）指令 `cp` 搭配遞迴（*recursive*）選項 `-r` 將 *tests* 目錄複製到專案中。在 macOS 和 Linux 上，你可以將 `-r` 改用 `-R`，可遞迴複製目錄以及維護符號連結。我還在 *07_findr* 目錄中加入一個 `bash` script，可將 *tests* 複製到指定目錄中以及自行建立符號連結。執行這個 script 時，不輸入引數即可查看其用法：

```
$ ./cp-tests.sh
Usage: cp-tests.sh DEST_DIR
```

假設你要在 *~/rust-solutions/findr* 建立新專案，可以用此 script 處理，如下所示：

```
$ ./cp-tests.sh ~/rust-solutions/findr
Copying "tests" to "/Users/kyclark/rust-solutions/findr"
Fixing symlink
Done.
```

執行 **`cargo test`** 建置程式，然後執行測試，應該全部失敗。

定義引數

如往常建立 *src/main.rs*：

```
fn main() {
    if let Err(e) = findr::get_args().and_then(findr::run) {
        eprintln!("{}", e);
        std::process::exit(1);
    }
}
```

在開始為你的 *src/lib.rs* 編寫內容之前，我想說明預期的指令列介面，它會影響 `clap` 的引數定義：

```
$ cargo run -- --help
findr 0.1.0
Ken Youens-Clark <kyclark@gmail.com>
Rust find

USAGE:
    findr [OPTIONS] [--] [PATH]... ❶

FLAGS:
    -h, --help       Prints help information
    -V, --version    Prints version information

OPTIONS:
    -n, --name <NAME>...    Name ❷
    -t, --type <TYPE>...    Entry type [possible values: f, d, l] ❸

ARGS:
    <PATH>...    Search paths [default: .] ❹
```

❶ `--` 將多個選項值與多個位置值分開。或者可以將位置引數放在這些選項之前，就像 find 程式所做的那樣。

❷ `-n|--name` 選項可以指定一個或多個模式。

❸ `-t|--type` 選項可以針對檔案指定一個或多個 `f`（針對目錄用 `d`，針對連結用 `l`）。`possible values` 表示 `clap` 將限制選用這些值。

❹ 可選用多個（也可不選）目錄作為位置參數，預設值為點（`.`），表示目前工作目錄。

你可以隨心所欲的就此建模，但是建議你從 *src/lib.rs* 開始：

```
use crate::EntryType::*; ❶
use clap::{App, Arg};
use regex::Regex;
use std::error::Error;

type MyResult<T> = Result<T, Box<dyn Error>>;

#[derive(Debug, Eq, PartialEq)] ❷
enum EntryType {
```

```
        Dir,
        File,
        Link,
    }
```

❶ 如此可讓你簡短輸入如 Dir 字詞，而非 EntryType::Dir。

❷ EntryType 為可能值的列舉串列。

上述的程式碼的 enum（*https://oreil.ly/SGi2B*）是一種型別，可表示數個變體之一。你已用過 enum，例如 Option 有變體 Some<T>、None，以及 Result 有變體 Ok<T>、Err<E>。無列舉型別的程式語言，可能得在程式碼中用字串字面常數，譬如 "dir"、"file"、"link"。而 Rust 可以建立新的 enum（名為 EntryType），其中有三種選擇：Dir、File、Link。你可以在模式匹配中使用這些值，其精確度比字串匹配高得多，因為字串匹配可能拼寫錯誤。此外，Rust 不能在未考量所有變體之下匹配 EntryType 值，如此增加列舉運用的另一層安全性。

Rust 的型別、結構、trait、enum 變體的每一種命名慣例（*https://oreil.ly/2tok7*）採用 UpperCamelCase（駝峰式大小寫），也稱為 PascalCase。

以下是我用於呈現此程式引數的 Config：

```
#[derive(Debug)]
pub struct Config {
    paths: Vec<String>, ❶
    names: Vec<Regex>, ❷
    entry_types: Vec<EntryType>, ❸
}
```

❶ paths 是字串向量，可指為檔案或目錄。

❷ names 是以型別 regex::Regex（*https://oreil.ly/d4Bz6*）表示的已編譯正規表達式向量。

❸ entry_types 是 EntryType 變體的向量。

正規表達式（regular expression）使用獨特的語法描述文字模式。這個名稱源自語言學的正規語言（*regular language*）概念。regular expression 往往被簡稱為 *regex*，你會在許多指令列工具和程式設計語言發現正規表達式的蹤跡。

你可能會按以下形式開始編寫 `get_args` 函式：

```
pub fn get_args() -> MyResult<Config> {
    let matches = App::new("findr")
        .version("0.1.0")
        .author("Ken Youens-Clark <kyclark@gmail.com>")
        .about("Rust find")
        // 這邊要放什麼？
        .get_matches()

    Ok(Config {
        paths: ...
        names: ...
        entry_types: ...
    })
}
```

`run` 函式一開始可以顯示 `config`：

```
pub fn run(config: Config) -> MyResult<()> {
    println!("{:?}", config);
    Ok(())
}
```

執行時若無指定引數，預設的 `Config` 值應該如下所示：

```
$ cargo run
Config { paths: ["."], names: [], entry_types: [] }
```

若指定 `--type` 引數為 `f`，則 `entry_types` 應引入 `File` 變體：

```
$ cargo run -- --type f
Config { paths: ["."], names: [], entry_types: [File] }
```

或者指定該值為 `d`，則引入 `Dir`：

```
$ cargo run -- --type d
Config { paths: ["."], names: [], entry_types: [Dir] }
```

而指定該值為 `l`，則引入 `Link`：

```
$ cargo run -- --type l
Config { paths: ["."], names: [], entry_types: [Link] }
```

上述之外的值都應被拒絕。你可以用 `clap::Arg`（*https://oreil.ly/QuLf7*）處理這個議題，請仔細閱讀其說明內容：

```
$ cargo run -- --type x
error: 'x' isn't a valid value for '--type <TYPE>...'
	[possible values: d, f, l]

USAGE:
    findr --type <TYPE>

For more information try --help
```

我要使用 `regex` crate（*https://oreil.ly/VYPhC*）匹配檔案名、目錄名，即 `--name` 值必須是有效的正規表達式。正規表達式語法與 file glob 模式略有不同，如圖 7-1 所示。

例如，file glob 的點並無特殊含義[2]，而 `*.txt` 這個 glob 的星號（`*`）表示**零個或多個任意字元**，如此將匹配檔名以 *.txt* 結尾的檔案。然而，regex 語法的點（`.`）是元字元（metacharacter），表示**任一字元**，而星號表示**零個或多個前一字元**，因此 `.*` 這個 regex 等同於 file glob 的星號。

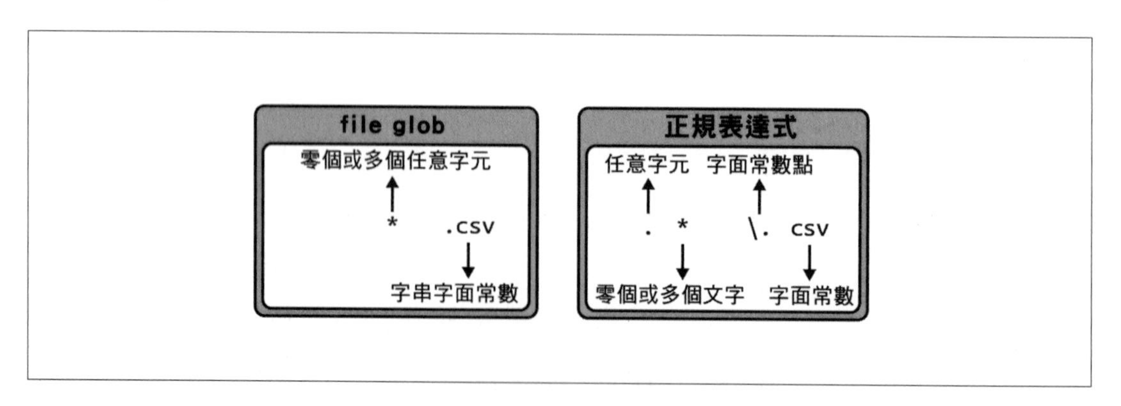

圖 7-1 點（.）、星號（*）在 file glob 與正規表達式中各有不同含意

2 有時點就只是點。

如此表示與 `*.txt` 這個 glob 相等的 regex 應使用反斜線逸出字面常數點，即 `.*\.txt`，而指令列上反斜線本身必須以反斜線逸出。我要變更程式碼，美化顯示 config，而更容易閱讀其內容：

```
$ cargo run -- --name .*\\.txt
Config {
    paths: [
        ".",
    ],
    names: [
        .*\.txt,
    ],
    entry_types: [],
}
```

或者可以將點放在字元類別中（如 `[.]`），如此一來，它不再是元字元：

```
程式碼……略
$ cargo run -- --name .*[.]txt
Config {
    paths: [
        ".",
    ],
    names: [
        .*[.]txt,
    ],
    entry_types: [],
}
```

事實上，正規表達式會匹配字串的任意處，就算在開頭也會匹配，即 `.*` 表示零個或多個任意值：

```
let re = Regex::new(".*[.]csv").unwrap();
assert!(re.is_match("foo.csv"));
assert!(re.is_match(".csv.foo"));
```

若想強制該 regex 於字串結尾匹配，則可以在模式的尾端加 `$`，以表明為字串結尾：

```
let re = Regex::new(".*[.]csv$").unwrap();
assert!(re.is_match("foo.csv"));
assert!(!re.is_match(".csv.foo"));
```

使用 $ 將模式錨定在字串結尾，與其相反的是使用 ^ 指明在字串開頭。例如，模式 ^foo 會匹配 *foobar*、*football*，即這些字串以 *foo* 開頭，但並不會匹配 *barefoot*。

若試著用 find 預期的相同 file glob 模式，應該會視為無效語法而被拒絕：

```
$ cargo run -- --name \*.txt
Invalid --name "*.txt"
```

最後，所有的 Config 欄位應該接納多個值：

```
$ cargo run -- -t f l -n txt mp3 -- tests/inputs/a tests/inputs/d
Config {
    paths: [
        "tests/inputs/a",
        "tests/inputs/d",
    ],
    names: [
        txt,
        mp3,
    ],
    entry_types: [
        File,
        Link,
    ],
}
```

就此暫停閱讀後續章節，請在嘗試解決程式的其餘內容前，先完成上述的部分。除非你的程式可以複製前述的輸出結果，至少通過 **cargo test dies** 的測試再說：

```
running 2 tests
test dies_bad_type ... ok
test dies_bad_name ... ok
```

驗證引數

以下是我的 get_args 函式，讓我們可以對手頭的工作重組：

```
pub fn get_args() -> MyResult<Config> {
    let matches = App::new("findr")
        .version("0.1.0")
        .author("Ken Youens-Clark <kyclark@gmail.com>")
```

```
        .about("Rust find")
        .arg(
            Arg::with_name("paths") ❶
                .value_name("PATH")
                .help("Search paths")
                .default_value(".")
                .multiple(true),
        )
        .arg(
            Arg::with_name("names") ❷
                .value_name("NAME")
                .short("n")
                .long("name")
                .help("Name")
                .takes_value(true)
                .multiple(true),
        )
        .arg(
            Arg::with_name("types")
                .value_name("TYPE")
                .short("t")
                .long("type")
                .help("Entry type")
                .possible_values(&["f", "d", "l"]) ❸
                .takes_value(true)
                .multiple(true),
        )
        .get_matches();
```

❶ `paths` 引數至少要有一值，預設為點（`.`）。

❷ `names` 選項接納零個或多個值。

❸ `types` 選項接納零個或多個值，`Arg::possible_values`（*https://oreil.ly/X104K*）將選擇侷限在 `f`、`d`、`l`。

接著，我處理可能的檔名，將它們轉成正規表達式或拒絕處理無效的模式：

```
    let names = matches
        .values_of_lossy("names")
        .map(|vals| { ❶
            vals.into_iter() ❷
                .map(|name| {
```

```
                Regex::new(&name) ❸
                    .map_err(|_| format!("Invalid --name \"{}\"", name)) ❹
            })
            .collect::<Result<Vec<_>, _>>() ❺
    })
    .transpose()? ❻
    .unwrap_or_default(); ❼
```

❶ 若使用者為 `names` 提供 `Some(vals)`，則使用 `Option::map`（*https://oreil.ly/JaDYG*）。

❷ 疊代處理這些值。

❸ 試著用該名稱建立新的 `Regex`。此會回傳 `Result`。

❹ 使用 `Result::map_err`（*https://oreil.ly/4izCX*）為無效的 regex 建立資訊型錯誤訊息。

❺ 使用 `Iterator::collect`（*https://oreil.ly/Xn28H*）將結果集結成向量。

❻ 使用 `Option::transpose`（*https://oreil.ly/QCi0s*）將 `Result` 的 `Option` 改為 `Option` 的 `Result`。

❼ 使用 `Option::unwrap_or_default`（*https://oreil.ly/U5Vyb*）解開之前的作業，或使用此型別的預設值（*https://oreil.ly/s4Y4k*）。Rust 將推斷該預設值為空向量。

接著要解讀細目類型。即使採用 `Arg::possible_values` 確保使用者只能指定 `f`、`d`、`l`，Rust 仍然需要一個 `matcharm` 表示其他可能字串：

```
// clap 應不支援 "d"、"f"、"l" 以外的內容
let entry_types = matches
    .values_of_lossy("types")
    .map(|vals| { ❶
        vals.iter() ❷
            .map(|val| match val.as_str() { ❸
                "d" => Dir, ❹
                "f" => File,
                "l" => Link,
                _ => unreachable!("Invalid type"), ❺
            })
            .collect() ❻
    })
    .unwrap_or_default(); ❼
```

❶ 使用 Option::map 處理 Some(vals)。

❷ 疊代處理每個值。

❸ 使用 Iterator::map（*https://oreil.ly/cfevE*）檢查每個指定值。

❹ 若值為 d、f、l，則回傳對應的 EntryType。

❺ 此 arm 始終應該不會被選到，所以用 unreachable! 巨集（*https://oreil.ly/aZNlz*）在萬一碰到時引發 panic。

❻ 使用 Iterator::collect 集結這些值。Rust 推斷所需的型別是 Vec<Entry Type>。

❼ 解開 Some 的值或用該型別的預設值（即空向量）。

函式結尾回傳 Config：

```
        Ok(Config {
            paths: matches.values_of_lossy("paths").unwrap(),
            names,
            entry_types,
        })
    }
```

取得所有內容

既然已驗證使用者輸入引數，就可以找尋符合條件的項目。你可以從疊代處理 config.paths 開始，試著找尋每個路徑內含的所有檔案。你可以使用 walkdir crate 達到目的。針對下列的程式碼，務必加入 use walkdir::WalkDir，以下的內容呈現如何顯示所有細目：

```
pub fn run(config: Config) -> MyResult<()> {
    for path in config.paths {
        for entry in WalkDir::new(path) {
            match entry { ❶
                Err(e) => eprintln!("{}", e), ❷
                Ok(entry) => println!("{}", entry.path().display()), ❸
            }
        }
    }
    Ok(())
}
```

❶ 以 `Result` 回傳每個目錄細目。

❷ 將在 `STDERR` 顯示錯誤。

❸ 顯示 `Ok` 內容值的顯示名稱。

為了確認如此是否能運作，會列出 **`tests/inputs/a/b`** 的內容。注意，以下是我在 macOS 上所見的順序：

```
$ cargo run -- tests/inputs/a/b
tests/inputs/a/b
tests/inputs/a/b/b.csv
tests/inputs/a/b/c
tests/inputs/a/b/c/c.mp3
```

在 Linux 則是下列的輸出結果：

```
$ cargo run -- tests/inputs/a/b
tests/inputs/a/b
tests/inputs/a/b/c
tests/inputs/a/b/c/c.mp3
tests/inputs/a/b/b.csv
```

Windows 的 PowerShell 上的輸出內容則是：

```
> cargo run -- tests/inputs/a/b
tests/inputs/a/b
tests/inputs/a/b\b.csv
tests/inputs/a/b\c
tests/inputs/a/b\c\c.mp3
```

該測試套件檢驗輸出內容時並不會考量順序。它還包括 Windows 的輸出檔，確保反斜線可正確處置，以及容許該平台上不支援符號連結的事實。注意，此程式會跳過不存在的目錄，如 *blargh*：

```
$ cargo run -- blargh tests/inputs/a/b
IO error for operation on blargh: No such file or directory (os error 2)
tests/inputs/a/b
tests/inputs/a/b/b.csv
tests/inputs/a/b/c
tests/inputs/a/b/c/c.mp3
```

如此表示該程式就此通過 **cargo test skips_bad_dir** 的系列測試：

```
running 1 test
test skips_bad_dir ... ok
```

程式也會處理不能讀取的目錄，將在 STDERR 顯示訊息：

```
$ mkdir tests/inputs/hammer && chmod 000 tests/inputs/hammer
$ cargo run -- tests/inputs 1>/dev/null
IO error for operation on tests/inputs/cant-touch-this:
Permission denied (os error 13)
$ chmod 700 tests/inputs/hammer && rmdir tests/inputs/hammer
```

用 **cargo test** 快速檢查，結果顯示，該程式簡單版已經通過多項測試。

現在輪到你了。以截至目前我所呈現的內容為例，建置該程式其餘的部分。疊代處理目錄內容，並在 config.entry_types 含有 EntryType 時對應顯示檔案、目錄、連結。接著篩選出與指定的正規表達式不匹配的細目名稱（若存在的話）。我鼓勵你閱讀 *tests/cli.rs* 裡的測試，確保你了解程式應該可以處理的內容。

解決方案

記住，針對這個挑戰，你的解法可能與我的不同，但是通過測試套件才是最重要的。以下將循序說明我對這個挑戰所做的解決方案 ，先從如何篩選細目類型開始：

```
pub fn run(config: Config) -> MyResult<()> {
    for path in config.paths {
        for entry in WalkDir::new(path) {
            match entry {
                Err(e) => eprintln!("{}", e),
                Ok(entry) => {
                    if config.entry_types.is_empty() ❶
                        || config.entry_types.iter().any(|entry_type| {
                            match entry_type { ❷
                                Link => entry.file_type().is_symlink(),
                                Dir => entry.file_type().is_dir(),
                                File => entry.file_type().is_file(),
                            }
                        })
                    {
```

```
                        println!("{}", entry.path().display()); ❸
                    }
                }
            }
        }
    }
    Ok(())
}
```

❶ 檢查是否未指明任何細目類型。

❷ 若有細目類型，則用 `Iterator::any`（*https://oreil.ly/HvVrb*）確認是否有任何需求的類型符合細目的類型。

❸ 僅顯示與指定條件匹配的細目。

回顧一下，第 5 章使用 `Iterator::all`，其在向量中的**所有**元素皆通過某斷定時會回傳 `true`。而上述的程式碼，我用 `Iterator::any`，其在**至少有一個**元素讓斷定為 `true` 時會回傳 `true`，本例的斷定是，細目類型是否符合其中一個需求類型。例如，當我檢查輸出時，程式看起來正在找尋所有目錄：

```
$ cargo run -- tests/inputs/ -t d
tests/inputs/
tests/inputs/a
tests/inputs/a/b
tests/inputs/a/b/c
tests/inputs/f
tests/inputs/d
tests/inputs/d/e
```

我可以執行 **`cargo test type`** 驗證此刻是否能通過僅做類型檢查的所有測試。失敗的結果是類型與名稱的組合，所以還需要檢查具有指定正規表達式的檔名：

```
pub fn run(config: Config) -> MyResult<()> {
    for path in config.paths {
        for entry in WalkDir::new(path) {
            match entry {
                Err(e) => eprintln!("{}", e),
                Ok(entry) => {
                    if (config.entry_types.is_empty() ❶
                        || config.entry_types.iter().any(|entry_type| {
```

```
                        match entry_type {
                            Link => entry.file_type().is_symlink(),
                            Dir => entry.file_type().is_dir(),
                            File => entry.file_type().is_file(),
                        }
                    }))
                    && (config.names.is_empty() ❷
                        || config.names.iter().any(|re| { ❸
                            re.is_match(
                                &entry.file_name().to_string_lossy(),
                            )
                        }))
                {
                    println!("{}", entry.path().display());
                }
            }
        }
    }
  }
  Ok(())
}
```

❶ 一如既往，檢查細目類型。

❷ 以 && 將「細目類型檢查」與「指定名稱的相似檢查」組合。

❸ 依然使用 `Iterator::any` 確認任一特定 regex 是否與目前的檔名匹配。

上述程式碼使用 `Boolean::and` —— `&&`（*https://oreil.ly/WWDcU*）以及 `Boolean::or` —— `||`（*https://oreil.ly/NjWlZ*）組合兩個布林值，依據的是其說明文件所示的標準真值表（truth table）。必須以括號按正確順序將評估的內容分層括起來。

例如，我可以用它來找與 *mp3* 匹配的任何檔案（一般檔案），看來是可行的：

```
$ cargo run -- tests/inputs/ -t f -n mp3
tests/inputs/a/b/c/c.mp3
tests/inputs/d/e/e.mp3
```

若此時執行 **cargo test**，則可通過所有測試。讚！我此刻已完成挑戰，不過我覺得這個程式內容可以更簡捷。有數種**味道測試**（*smell test*）並不會過。我不喜歡程式碼一直往右擠——過度縮排。整個布林運算與括號也讓我感到不舒服。若要加入更多的選擇條件，這似乎是一個難以擴展的程式。

我想**重構**（*refactor*）此程式碼，即在未改變程式的運作方式下重新建構程式碼。重構只在具有成功的解決方案後才可行，測試有助於確保我所做的任何更改依然按預期運作。具體來說，我想用一種不太複雜的方式，選擇要顯示的細目。這些是**篩選**（*filter*）作業，所以我想使用 `Iterator::filter`（*https://oreil.ly/LDu90*），原因稍後說明。以下是我的 `run` 最終版，它依然可通過所有測試。為了上述的修改，得要將 `use walk dir::DirEntry` 加入你的程式碼中：

```
pub fn run(config: Config) -> MyResult<()> {
    let type_filter = |entry: &DirEntry| { ❶
        config.entry_types.is_empty()
            || config
                .entry_types
                .iter()
                .any(|entry_type| match entry_type {
                    Link => entry.path_is_symlink(),
                    Dir => entry.file_type().is_dir(),
                    File => entry.file_type().is_file(),
                })
    };

    let name_filter = |entry: &DirEntry| { ❷
        config.names.is_empty()
            || config
                .names
                .iter()
                .any(|re| re.is_match(&entry.file_name().to_string_lossy()))
    };

    for path in &config.paths {
        let entries = WalkDir::new(path)
            .into_iter()
            .filter_map(|e| match e { ❸
                Err(e) => {
                    eprintln!("{}", e);
                    None
                }
```

```
                Ok(entry) => Some(entry),
            })
            .filter(type_filter) ❹
            .filter(name_filter) ❺
            .map(|entry| entry.path().display().to_string()) ❻
            .collect::<Vec<_>>(); ❼

        println!("{}", entries.join("\n")); ❽
    }

    Ok(())
}
```

❶ 建立閉包，就 `any` 的正規表達式篩選細目。

❷ 建立類似的閉包，就 `any` 的類型篩選細目。

❸ 將 `WalkDir` 轉成疊代器，使用 `Iterator::filter_map`（*https://oreil.ly/nZ8Yi*）移除不良結果，並將它送到 `STDERR` 顯示，同時傳遞 `Ok` 的結果。

❹ 濾掉不要的類型。

❺ 濾掉不要的名稱。

❻ 將每個 `DirEntry`（*https://oreil.ly/6dyim*）轉成要顯示的字串。

❼ 用 `Iterator::collect`（*https://oreil.ly/Xn28H*）建立向量。

❽ 將找到的細目加上換行符號，並顯示結果。

上述程式碼建立兩個閉包，用於 `filter` 作業。我選用閉包的原因是，想取得 `config` 的值。第一個閉包確認是否有任何 `config.entry_types` 符合 `DirEntry::file_type`（*https://oreil.ly/9PU5P*）：

```
let type_filter = |entry: &DirEntry| {
    config.entry_types.is_empty() ❶
        || config
            .entry_types
            .iter()
            .any(|entry_type| match entry_type { ❷
                Link => entry.file_type().is_symlink(), ❸
                Dir => entry.file_type().is_dir(), ❹
                File => entry.file_type().is_file(), ❺
```

```
            })
    };
```

❶ 若未指明任何細目類型，則立即回傳 `true`。

❷ 否則，疊代處理 `config.entry_types`，與指定的細目類型相比。

❸ 當細目類型為 `Link` 時，使用 `DirEntry::file_type` 函式呼叫 `FileType::is_symlink`（*https://oreil.ly/sr5MJ*）。

❹ 當細目類型為 `Dir` 時，同樣使用 `FileType::is_dir`（*https://oreil.ly/ijJP5*）。

❺ 當細目類型為 `File` 時，也是使用 `FileType::is_file`（*https://oreil.ly/OQNp2*）。

前述的 `match` 利用 Rust 編譯器的能力確保涵蓋 `EntryType` 的所有變體。例如，將其中一個 arm 改為註解：

```
let type_filter = |entry: &DirEntry| {
    config.entry_types.is_empty()
        || config
            .entry_types
            .iter()
            .any(|entry_type| match entry_type {
                Link => entry.file_type().is_symlink(),
                Dir => entry.file_type().is_dir(),
                //File => entry.file_type().is_file(), // 不能編譯
            })
};
```

編譯器停止編譯並委婉表示你尚未處理到 `EntryType::File` 變體。若你以字串為此例建模，則不具備這樣的安全性。`enum` 型別讓你的程式碼更為安全，更容易驗證與修改：

```
error[E0004]: non-exhaustive patterns: `&File` not covered
  --> src/lib.rs:99:41
   |
10 | / enum EntryType {
11 | |     Dir,
12 | |     File,
   | |     ---- not covered
13 | |     Link,
14 | | }
   | |_- `EntryType` defined here
...
```

```
99 |                    .any(|entry_type| match entry_type {
   |                                      ^^^^^^^^^^ pattern `&File`
   |                                                 not covered
   |
   = help: ensure that all possible cases are being handled, possibly by
     adding wildcards or more match arms
   = note: the matched value is of type `&EntryType`
```

第二個閉包用於刪除與指定的正規表達式不符的檔名：

```
let name_filter = |entry: &DirEntry| {
    config.names.is_empty() ❶
        || config
            .names
            .iter()
            .any(|re| re.is_match(&entry.file_name().to_string_lossy())) ❷
};
```

❶ 若沒有指定名稱的 regex，則立刻回傳 `true`。

❷ 使用 `Iterator::any` 確認 `DirEntry::file_name`（*https://oreil.ly/0c43N*）是否符合任何一個 regex。

我要強調的最後一件事是，下列程式碼會使用疊代器將多個作業鏈接。與讀取檔案的每行內容或目錄的每個細目一樣，疊代器的每個值都是一個 `Result`，可能會產生 `DirEntry` 值。我使用 `Iterator::filter_map` 將每個 `Result` 對應（map 或映射）到一個閉包，該閉包會在 `STDERR` 顯示錯誤，並回傳 `None`（即將值移除）；否則，傳遞 `Ok` 值（將值轉成 `Some` 值）。然後，將有效的 `DirEntry` 值傳遞給類型與名稱的篩選器，接著轉往 `map` 作業，將它們轉成 `String` 值：

```
let entries = WalkDir::new(path)
    .into_iter()
    .filter_map(|e| match e {
        Err(e) => {
            eprintln!("{}", e);
            None
        }
        Ok(entry) => Some(entry),
    })
    .filter(type_filter)
    .filter(name_filter)
```

```
    .map(|entry| entry.path().display().to_string())
    .collect::<Vec<_>>();
```

雖然這是相當精簡緊湊的程式碼，不過我覺得它富有表現張力。我充分感受到這些函式所做的程度，以及它們妥善結合的美妙。最重要的是，我可以清楚地看到擴展此程式碼的方法，附加檔案大小、修改時間、權限等篩選器，若不重構程式碼（改用 `Iterator::filter`），則擴展相形困難。你可以自由地編寫自己喜愛的程式碼，只要它通過測試即可，而上述的版本是我首選的解決方案。

Unix 與 Windows 的差別測試

值得花點時間論述我是如何編寫 Windows 與 Unix 皆能過關的測試碼。在 Windows 上，符號連結檔皆為一般檔，因此 `--type l` 找不到任何結果。這也表示，使用 `--type f` 搜尋時會找到較多的一般檔。`tests/cli.rs` 包含所有的測試。如同之前的測試，我編寫 `run` 輔助函式，用於執行挑戰程式，搭配輸入各種引數，並將輸出結果與某檔的內容相比：

```
fn run(args: &[&str], expected_file: &str) -> TestResult { ❶
    let file = format_file_name(expected_file); ❷
    let contents = fs::read_to_string(file.as_ref())?; ❸
    let mut expected: Vec<&str> =
        contents.split("\n").filter(|s| !s.is_empty()).collect();
    expected.sort();

    let cmd = Command::cargo_bin(PRG)?.args(args).assert().success(); ❹
    let out = cmd.get_output();
    let stdout = String::from_utf8(out.stdout.clone())?;
    let mut lines: Vec<&str> =
        stdout.split("\n").filter(|s| !s.is_empty()).collect();
    lines.sort();

    assert_eq!(lines, expected); ❺
    Ok(())
}
```

❶ 該函式接納指令列引數與內含預期輸出的檔案。

❷ 判斷該檔用於 Unix 還是 Windows（稍後會解釋）。

❸ 讀取預期檔的內容，然後逐行分開與排序。

❹ 執行程式，輸入引數，確認程式是否成功執行，然後對輸出內容逐行分開與排序。

❺ 判斷輸出結果是否等於預期值。

若檢視 *tests/expected* 目錄，你會發現每個測試都有一對檔案。即，`name_a` 這個測試有兩個對應輸出檔，一個用於 Unix，另一個用於 Windows：

```
$ ls tests/expected/name_a.txt*
tests/expected/name_a.txt          tests/expected/name_a.txt.windows
```

`name_a` 測試如下所示：

```
#[test]
fn name_a() -> TestResult {
    run(&["tests/inputs", "-n", "a"], "tests/expected/name_a.txt")
}
```

`run` 函式用 `format_file_name` 函式建立適當的檔名。我使用條件編譯（*https://oreil.ly/AnpGk*）決定編譯哪個版本的測試函式。注意，這些函式需要 `use std::borrow::Cow`。在 Windows 上編譯程式時，會用下列函式在預期檔的檔名之後附加 *.windows* 字串：

```
#[cfg(windows)]
fn format_file_name(expected_file: &str) -> Cow<str> {
    // 等同於：Cow::Owned(format!("{}.windows", expected_file))
    format!("{}.windows", expected_file).into()
}
```

當在非 Windows 上編譯程式時，此版的函式將使用指定檔名：

```
#[cfg(not(windows))]
fn format_file_name(expected_file: &str) -> Cow<str> {
    // 等同於：Cow::Borrowed(expected_file) expected_file.into()

    expected_file.into()
}
```

使用 `std::borrow::Cow`（*https://oreil.ly/f88Lq*）表示在 Unix 系統上不會複製該字串，而在 Windows 上，會回傳更改後的檔名，視為自有字串。

最後，有一個 `unreadable_dir` 測試，只能在非 Windows 平台上執行這個測試：

```
#[test]
#[cfg(not(windows))]
fn unreadable_dir() -> TestResult {
    let dirname = "tests/inputs/cant-touch-this"; ❶
    if !Path::new(dirname).exists() {
        fs::create_dir(dirname)?;
    }

    std::process::Command::new("chmod") ❷
        .args(&["000", dirname])
        .status()
        .expect("failed");

    let cmd = Command::cargo_bin(PRG)? ❸
        .arg("tests/inputs")
        .assert()
        .success();
    fs::remove_dir(dirname)?; ❹

    let out = cmd.get_output(); ❺
    let stdout = String::from_utf8(out.stdout.clone())?;
    let lines: Vec<&str> =
        stdout.split("\n").filter(|s| !s.is_empty()).collect();

    assert_eq!(lines.len(), 17); ❻

    let stderr = String::from_utf8(out.stderr.clone())?; ❼
    assert!(stderr.contains("cant-touch-this: Permission denied"));
    Ok(())
}
```

❶ 定義與建立該目錄。

❷ 將該目錄的存取權限設為不可讀。

❸ 執行 findr，確認它不會執行失敗。

❹ 刪除該目錄，避免干擾之後的測試。

❺ 將 `STDOUT` 的內容逐行分開。

❻ 驗證是否有 17 行。

❼ 檢查 `STDERR` 是否有預期的警告訊息。

進階挑戰

與之前章節的程式一樣，請你挑戰實作 find 的其他功能。例如，其中兩個相當有用的選項是 `-max_depth`、`-min_depth`，可控制目錄結構應搜尋的深度。你可以使用 `WalkDir::min_depth`（*https://oreil.ly/orl4I*）與 `WalkDir::max_depth`（*https://oreil.ly/WM68A*）兩項。

接著，或許可嘗試按檔案大小找尋檔案。find 程式有特定語法能夠指定找尋小於、大於、等於某尺寸的檔案：

```
-size n[ckMGTP]
     如果檔案的大小為 n（無條件進位，以 512- 位元組區塊為單位），那麼為 true。如果 n 後跟
     著 c，那麼當檔案大小為 n 個位元組（字元）時，主結果為 true。同樣，如果 n 後面跟著一
     個單位指示字，那麼檔案的大小將與 n 的同樣單位相比：

     k        千位元組（1024 位元組）
     M        百萬位元組（1024 千位元組）
     G        十億位元組（1024 百萬位元組）
     T        兆位元組（1024 十億位元組）
     P        千兆位元組（1024 兆位元組）
```

find 程式還可以對結果執行動作。例如，有一個 `-delete` 選項可移除細目。此功能適用於尋找與刪除空的檔案：

```
$ find . -size 0 -delete6
```

我時常覺得，倘若有一個 `-count` 選項顯示找到的項目數那就好了，像上一章的 `uniqr -c` 所做的那樣。當然，我可以用管道將此程式的結果連接到 `wc -l`（或者更好的做法是接到 `wcr`），不過可以將這樣的選項列入你目前的挑戰程式中。

編寫一個本書已多次呈現的 `tree` 程式 Rust 版。此程式遞迴搜尋細目的路徑，並建置檔案與目錄結構的視覺呈現。它還有自定輸出內容的諸多選項；例如，可以使用 `-d` 選項僅顯示目錄：

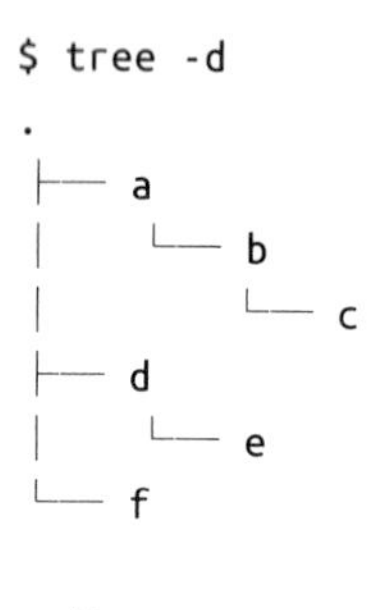

```
$ tree -d
.
├── a
│   └── b
│       └── c
├── d
│   └── e
└── f

6 directories
```

tree 也可用 file glob（搭配 -P 選項）僅顯示符合指定模式的細目：

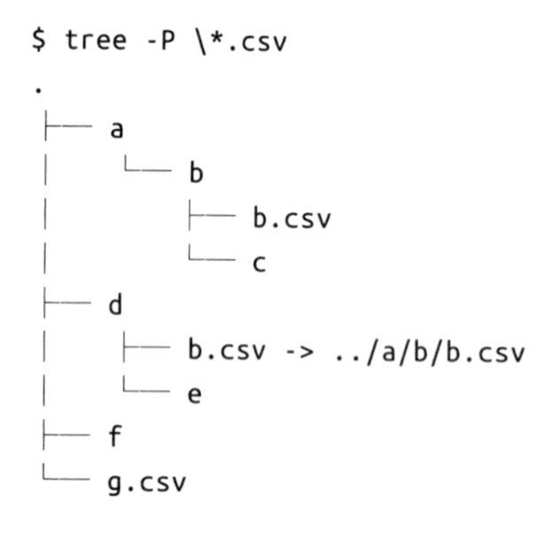

```
$ tree -P \*.csv
.
├── a
│   └── b
│       ├── b.csv
│       └── c
├── d
│   ├── b.csv -> ../a/b/b.csv
│   └── e
├── f
└── g.csv

6 directories, 3 files
```

最後，將你的版本與 fd（*https://oreil.ly/ralqD*）相比，fd 是 find 的另一個 Rust 版替代品，了解其他人如何解決這些問題。

本章總結

此刻我希望你對現實世界程式的複雜程度有所體會。例如，find 可以組合多個比較，協助找出占用磁碟空間的大檔案或長久未動而可移除的檔案。

你已學到的本章重點回顧如下：

- 可以利用 `Arg::possible_values` 將引數值局限於一組有限字串，節省使用者輸入內容的驗證時間。

- 懂得使用 `unreachable!` 巨集，在無效的 `matcharm` 被執行時產生 panic。
- 了解如何使用正規表達式找尋文字模式。還有插入號（`^`）將模式錨定到搜尋字串開頭，以及錢字號（`$`）將表達式錨定到結尾。
- 能夠建立 `enum` 型別，用於表示某類型的替代選擇。如此比採用字串有更多的安全性。
- 可用 `WalkDir` 遞迴搜尋目錄結構，與評估 `DirEntry` 值而找出檔案、目錄、連結。
- 知道如何鏈接多個作業，例如 `any`、`filter`、`map`、`filter_map`（搭配疊代器）。
- 會用 `#[cfg(windows)]`（在 Windows 上）或 `#[cfg(not(windows))]`（在非 Windows 上）條件編譯程式碼。
- 見識一個程式碼重構案例，重新簡化程式邏輯，同時用測試確保該程式一如往常地運作。

第 8 章說明如何讀取分隔文字檔，而第九章將使用正規表達式找尋符合指定模式的各行文字。

第八章

掐頭去尾

我一塌糊塗

因為你把我切了出去

但恰吉的臂膀一直陪著我

——明日巨星合唱團〈Cyclops Rock〉（2001）

本章的挑戰是建立 Rust 版的 `cut` 程式，它可去除檔案或 `STDIN` 中的文字。要選擇去除的文字可能是某個範圍的位元組或字元，也可以是用分隔符號（如設定欄位邊界的逗號或 tab）標示的欄位。第四章的 `headr` 程式作業中已說明如何選擇一連續範圍的字元或位元組，而本章挑戰的難度較高，即選擇的內容可能不連續，可按任何順序指定。例如，`3,1,5-7` 的選擇表示挑戰程式應依序列出第三個和第一個以及第五個到第七個位元組、字元或欄位。挑戰程式將效法 `cut` 的精隨，但不會力求完全複製，因為我會建議一些自認可以改進的變化。

你將學習如何：

- 用 `csv` crate 讀寫分隔文字檔案
- 以 `*` 取值
- 使用 `Iterator::flatten` 移除疊代器的巢狀（nested）結構
- 利用 `Iterator::flat_map` 將 `Iterator::map` 與 `Iterator::flatten` 組合

cut 的運作方式

首先要檢視 BSD 版的 cut 使用手冊，其中描述你將要編寫的程式功能：

```
CUT(1)                  BSD 一般指令使用手冊                  CUT(1)

名稱
     cut -- 剪取檔案每行的選定部分

概述
     cut -b list [-n] [ 檔案 ...]
     cut -c list [ 檔案 ...]
     cut -f list [-d delim] [-s] [ 檔案 ...]

描述
     cut 工具程式從每個檔案中剪出每行的選定部分（由 list 指定），並將它們寫入標準輸出。
     如果未指定檔案引數，或者檔案引數是單一連接號（'-'），那麼則從標準輸入中剪取。list
     指定的項目可以位於欄的位置項或由特殊字元分隔的欄位項。欄編號從 1 開始。

     list 選項引數是逗號或空格分隔的一組數值或數值範圍。數值範圍由一個數值、一個連接
     號（'-'）和第二個數值組成，然後從第一個數值到第二個數值的欄位／欄（包括第二個數
     值）。數值或數值範圍前面可以有一個連接號，用於選擇從 1 到最後一個數值的所有欄位／
     欄。數值或數值範圍後面可以是一個連接號，其中選擇從最後一個數值到行尾的所有欄位／
     欄。數值和數值範圍可以重複、重疊和按任意順序排列。如果多次指定某個欄位／欄，那麼
     則該欄位／欄在輸出中僅出現一次。選擇輸入行中不存在的欄位／欄不是錯誤。
```

原版工具提供相當多的選項，而挑戰程式將只實作下列內容：

```
-b list
        該 list 指定位元組位置。

-c list
        該 list 指定字元位置。

-d delim
        使用 delim 作為欄位分隔字元，而非 tab 字元。

-f list
        該 list 指定欄位，在輸入中用欄位分隔字元分隔（請參閱 -d 選項）。輸出欄位
        由單次出現的欄位分隔字元分隔。
```

一如既往，GNU 版就這些選項皆有長選項、短選項兩者對應：

```
名稱
       cut - 在檔案的每一行中移除所選

概述
       cut 選項 ... [ 檔案 ]...

描述
       在標準輸出顯示每個檔案中選定的行內容。

       必要引數對長短選項皆適用。

       -b, --bytes=LIST
              僅選擇這些位元組

       -c, --characters=LIST
              僅選擇這些字元

       -d, --delimiter=DELIM
              使用 DELIM 而不是 TAB 作為欄位分隔符號

       -f, --fields=LIST
              僅選擇這些欄位；還要顯示不包含分隔符號的任何行內容（除非指定 -s 選項）
```

上述兩版皆以類似的方式實作範圍選擇，其中可用個別數字、封閉範圍（如 `1-3`）、部分範圍（如 `-3` 表示 1 到 3，`5-` 表 5 到最後）指定，而挑戰程式只支援封閉範圍。我將以本書 *08_cutr/tests/inputs* 目錄中的一些檔案，舉例說明挑戰程式要實作的功能。若你要執行隨後的指令，則應切換到這個目錄：

```
$ cd 08_cutr/tests/inputs
```

首先，以一個有**特定寬度文字**的檔案為例，其中每一欄占用的字元數量固定：

```
$ cat books.txt
Author              Year Title
Émile Zola          1865 La Confession de Claude
Samuel Beckett      1952 Waiting for Godot
Jules Verne         1870 20,000 Leagues Under the Sea
```

Author（作者）欄占用前 20 個字元：

```
$ cut -c 1-20 books.txt
Author
Émile Zola
Samuel Beckett
Jules Verne
```

出版 *Year*（年分）欄占用後續五個字元：

```
$ cut -c 21-25 books.txt
Year
1865
1952
1870
```

Title（標題）欄占用該行的其餘部分，其中最長標題為 28 個字元。注意，在此我故意要求比現有情況更大的範圍，用於呈現這不算是錯誤的行為：

```
$ cut -c 26-70 books.txt
Title
La Confession de Claude
Waiting for Godot
20,000 Leagues Under the Sea
```

該程式不讓我先要求 *Title* 範圍（`26-55`），接著 *Author* 範圍（`1-20`）而重新排列輸出。結果還是按原始的升序排列：

```
$ cut -c 26-55,1-20 books.txt
Author              Title
Émile Zola          La Confession de Claude
Samuel Beckett      Waiting for Godot
Jules Verne         20,000 Leagues Under the Sea
```

我可以使用選項 `-c 1` 選擇第一個字元，如下所示：

```
$ cut -c 1 books.txt
A
É
S
J
```

如前面章節所示，位元組與字元並非始終可以互換。例如，*Émile Zola* 的 *É* 是占用兩個位元組的 Unicode 字元，因此只需求一個位元組將導致無效的 UTF-8（以 Unicode 替換字元表示）：

```
$ cut -b 1 books.txt
A
�
S
J
```

據我的經驗而言，特定寬度資料的檔案不如那些以逗號、tab 等字元分隔資料欄的檔案常見。以 *books.tsv* 檔的相同資料為例，其中副檔名為 *.tsv*，此為 *tab* 分隔值（*tab-separated values*）的縮寫（TSV），資料欄以 tab 分隔：

```
$ cat books.tsv
Author	Year	Title
Émile Zola	1865	La Confession de Claude
Samuel Beckett	1952	Waiting for Godot
Jules Verne	1870	20,000 Leagues Under the Sea
```

`cut` 預設（假定）以 tab 字元為欄位分隔符號，因此我可以用 `-f` 選項，選擇（譬如）第二欄的出版年分和第三欄的標題，如下所示：

```
$ cut -f 2,3 books.tsv
Year	Title
1865	La Confession de Claude
1952	Waiting for Godot
1870	20,000 Leagues Under the Sea
```

逗號是另一個常見的分隔符號，此種內容的檔案通常具有 *.csv* 副檔名，即**逗號分隔值**（*comma-separated values*）的縮寫（CSV）。以下內容與上述的 CSV 檔案有相同的資料：

```
$ cat books.csv
Author,Year,Title
Émile Zola,1865,La Confession de Claude
Samuel Beckett,1952,Waiting for Godot
Jules Verne,1870,"20,000 Leagues Under the Sea"
```

要剖析 CSV 檔，必須使用 `-d` 選項指定分隔符號。注意，我依然無法對輸出內容的欄位重新排序，即我以 `2,1` 表示先第二欄再第一欄，不過獲得的結果還是以原本順序排列：

```
$ cut -d , -f 2,1 books.csv
Author,Year
Émile Zola,1865
Samuel Beckett,1952
Jules Verne,1870
```

你可能已經注意到，第三組的標題有一個逗號，即 *20,000*，所以該標題用一對雙引號括起來，表示此逗號並非欄位分隔符號。這是**逸出**分隔符號的一種方式，告知剖析器忽略此逗號。然而，BSD、GNU 兩版的 `cut` 並無處理此議題，因此會果斷的把此標題截斷：

```
$ cut -d , -f 1,3 books.csv
Author,Title
Émile Zola,La Confession de Claude
Samuel Beckett,Waiting for Godot
Jules Verne,"20
```

對於任何 `list` 選項值，若為非整數值都將被拒絕處理：

```
$ cut -f foo,bar books.tsv
cut: [-cf] list: illegal list value
```

程式處理多個檔案的過程中，其中一個檔案遇到任何開檔錯誤，皆會立即反應，將在 `STDERR` 顯示訊息。在下列的示例中，以 *blargh* 表示一個並不存在的檔案：

```
$ cut -c 1 books.txt blargh movies1.csv
A
É
S
J
cut: blargh: No such file or directory
t
T
L
```

最後，程式預設會讀取 `STDIN` 的內容，如此等同於指定輸入檔的名稱為連接號（`-`）：

```
$ cat books.tsv | cut -f 2
Year
1865
1952
1870
```

期望挑戰程式能實作上述這些功能，並做下列的變更：

- 範圍必須同時指明起始值與結束值（範圍包含兩者）。
- 應按使用者指定的順序顯示選擇範圍。
- 範圍可能包括重複值。
- 分隔文字檔案的剖析應循逸出分隔符號處理。

挑戰入門

本章挑戰程式的名稱是 `cutr`（讀作 *cut-er*），即 Rust 版的 `cut`。建議你從 **`cargo new cutr`** 開始，然後將 *08_cutr/tests* 目錄複製到你的專案中。我的解決方案將使用下列的 crate，你應該將這些內容加入 *Cargo.toml* 中：

```
[dependencies]
clap = "2.33"
csv = "1" ❶
regex = "1"

[dev-dependencies]
assert_cmd = "2"
predicates = "2"
rand = "0.8"
```

❶ csvcrate（*https://oreil.ly/ztDKv*）將用於剖析分隔檔（如 CSV 檔）。

執行 **`cargo test`**，下載依賴套件和進行測試，此時所有測試應該都會失敗。

定義引數

在你的 *src/main.rs* 中採用下列構造：

```
fn main() {
    if let Err(e) = cutr::get_args().and_then(cutr::run) {
        eprintln!("{}", e);
        std::process::exit(1);
    }
}
```

下列程式碼要強調的是，我正在建立一個 `enum`，其中變體帶有一個值。在這種情況下，型別別名 `PositionList`（即為 `Vec<Range<usize>>` 或 `std::ops::Range` 結構——*https://oreil.ly/gA0sx*——向量）將表示正整數的跨度（span）。以下是我的 *src/lib.rs* 初始內容：

```
use crate::Extract::*; ❶
use clap::{App, Arg};
use std::{error::Error, ops::Range};

type MyResult<T> = Result<T, Box<dyn Error>>;
type PositionList = Vec<Range<usize>>;;; ❷

#[derive(Debug)] ❸
pub enum Extract {
    Fields(PositionList),
    Bytes(PositionList),
    Chars(PositionList),
}

#[derive(Debug)]
pub struct Config {
    files: Vec<String>, ❹
    delimiter: u8, ❺
    extract: Extract, ❻
}
```

❶ 如此讓我可用 `Fields(...)` 取代 `Extract::Fields(...)`。

❷ `PositionList` 是 `Range<usize>` 值的向量。

❸ 定義一個 `enum` 保存取出的欄位、位元組或字元變體。

❹ `files` 參數是一個字串向量。

❺ `delimiter` 應該為單一位元組。

❻ `extract` 欄位將留存一個 `Extract` 變體。

與原版的 `cut` 工具不同，挑戰程式只支援指定單一數值或範圍（如 `2-4`）的逗號分隔串列。此外，挑戰程式將按指定順序選取內容，而非按升序重新排列。你可以用下列的架構開始擴展你的 `get_args`：

```
pub fn get_args() -> MyResult<Config> {
    let matches = App::new("cutr")
        .version("0.1.0")
        .author("Ken Youens-Clark <kyclark@gmail.com>")
        .about("Rust cut")
        // 這邊要放什麼？
        .get_matches();

    Ok(Config {
        files: ...
        delimiter: ...
        extract: ...
    })
}
```

run 的開頭可以顯示 config：

```
pub fn run(config: Config) -> MyResult<()> {
    println!("{:#?}", &config);
    Ok(())
}
```

接著是該程式的預期用法：

```
$ cargo run -- --help
cutr 0.1.0
Ken Youens-Clark <kyclark@gmail.com>
Rust cut

USAGE:
    cutr [OPTIONS] [FILE]...

FLAGS:
    -h, --help       Prints help information
    -V, --version    Prints version information

OPTIONS:
    -b, --bytes <BYTES>        Selected bytes
    -c, --chars <CHARS>        Selected characters
    -d, --delim <DELIMITER>    Field delimiter [default:    ]
    -f, --fields <FIELDS>     Selected fields
```

```
ARGS:
    <FILE>...    Input file(s) [default: -]
```

為了剖析和驗證位元組、字元、欄位引數的範圍值，我編寫一個 `parse_pos` 函式，該函式接納一個 `&str`，以及回傳 `PositionList`。以下是你可以參考的函式初始輪廓：

```
fn parse_pos(range: &str) -> MyResult<PositionList> {
    unimplemented!();
}
```

此函式與第 4 章的 `parse_positive_int` 函式類似。要確認有多少程式碼可於此再利用。

為了助你一臂之力，我為應被接受與否的數值與範圍編寫一個詳盡的單元測試。數值可以有前導零（leading zero），但不能有任何非數字字元，而範圍必須以連接號（-）表示。多個數值與範圍則用逗號分隔。本章會建立 `unit_tests` 模組，執行 **`cargo test unit`** 可進行所有單元測試。注意，我的 `parse_pos` 實作使用索引位置，其中從每個值中減一表示從零起始的索引，不過你可能偏愛以其他方式處理此問題。將以下內容新增到你的 *src/lib.rs* 中：

```
#[cfg(test)]
mod unit_tests {
    use super::parse_pos;

    #[test]
    fn test_parse_pos() {
        // 此空字串是一個錯誤
        assert!(parse_pos("").is_err());

        // 零是一個錯誤
        let res = parse_pos("0");
        assert!(res.is_err());
        assert_eq!(res.unwrap_err().to_string(), "illegal list value: \"0\"",);

        let res = parse_pos("0-1");
        assert!(res.is_err());
        assert_eq!(res.unwrap_err().to_string(), "illegal list value: \"0\"",);

        // 前頭的「+」是一個錯誤
        let res = parse_pos("+1");
```

```
assert!(res.is_err());
assert_eq!(
    res.unwrap_err().to_string(),
    "illegal list value: \"+1\"",
);

let res = parse_pos("+1-2");
assert!(res.is_err());
assert_eq!(
    res.unwrap_err().to_string(),
    "illegal list value: \"+1-2\"",
);

let res = parse_pos("1-+2");
assert!(res.is_err());
assert_eq!(
    res.unwrap_err().to_string(),
    "illegal list value: \"1-+2\"",
);

// 任一非數值是一個錯誤
let res = parse_pos("a");
assert!(res.is_err());
assert_eq!(res.unwrap_err().to_string(), "illegal list value: \"a\"",);

let res = parse_pos("1,a");
assert!(res.is_err());
assert_eq!(res.unwrap_err().to_string(), "illegal list value: \"a\"",);

let res = parse_pos("1-a");
assert!(res.is_err());
assert_eq!(
    res.unwrap_err().to_string(),
    "illegal list value: \"1-a\"",
);

let res = parse_pos("a-1");
assert!(res.is_err());
assert_eq!(
    res.unwrap_err().to_string(),
    "illegal list value: \"a-1\"",
);
```

```
// 不明範圍
let res = parse_pos("-");
assert!(res.is_err());

let res = parse_pos(",");
assert!(res.is_err());

let res = parse_pos("1,");
assert!(res.is_err());

let res = parse_pos("1-");
assert!(res.is_err());

let res = parse_pos("1-1-1");
assert!(res.is_err());

let res = parse_pos("1-1-a");
assert!(res.is_err());

// 第一數必須小於第二數
let res = parse_pos("1-1");
assert!(res.is_err());
assert_eq!(
    res.unwrap_err().to_string(),
    "First number in range (1) must be lower than second number (1)"
);

let res = parse_pos("2-1");
assert!(res.is_err());
assert_eq!(
    res.unwrap_err().to_string(),
    "First number in range (2) must be lower than second number (1)"
);

// 以下內容皆是可以接受的
let res = parse_pos("1");
assert!(res.is_ok());
assert_eq!(res.unwrap(), vec![0..1]);

let res = parse_pos("01");
assert!(res.is_ok());
assert_eq!(res.unwrap(), vec![0..1]);
```

```
        let res = parse_pos("1,3");
        assert!(res.is_ok());
        assert_eq!(res.unwrap(), vec![0..1, 2..3]);

        let res = parse_pos("001,0003");
        assert!(res.is_ok());
        assert_eq!(res.unwrap(), vec![0..1, 2..3]);

        let res = parse_pos("1-3");
        assert!(res.is_ok());
        assert_eq!(res.unwrap(), vec![0..3]);

        let res = parse_pos("0001-03");
        assert!(res.is_ok());
        assert_eq!(res.unwrap(), vec![0..3]);

        let res = parse_pos("1,7,3-5");
        assert!(res.is_ok());
        assert_eq!(res.unwrap(), vec![0..1, 6..7, 2..5]);

        let res = parse_pos("15,19-20");
        assert!(res.is_ok());
        assert_eq!(res.unwrap(), vec![14..15, 18..20]);
    }
}
```

前述的某些測試會檢查特定的錯誤訊息，協助你編寫 `parse_pos` 函式；然而，若你試著將錯誤訊息國際化，可能會遭遇困難。檢查特定錯誤的另類做法是使用 `enum` 變體，讓使用者介面自定輸出內容，同時依然可以測試特定的錯誤。

就此，我希望你可以徹底閱讀上述的程式碼，了解該函式的運作方式。建議你在此停止閱讀後續章節，完成可通過這個測試的程式碼。

`cargo test unit` 的測試通過之後，將 `parse_pos` 函式納入 `get_args` 中，讓你的程式不接受無效引數與顯示錯誤訊息，如下所示：

```
$ cargo run -- -f foo,bar tests/inputs/books.tsv
illegal list value: "foo"
```

該程式應該也要拒絕無效範圍指定：

```
$ cargo run -- -f 3-2 tests/inputs/books.tsv
First number in range (3) must be lower than second number (2)
```

若輸入有效的引數，你的程式應該顯示一個結構，如下所示：

```
$ cargo run -- -f 1 -d , tests/inputs/movies1.csv
Config {
    files: [
        "tests/inputs/movies1.csv", ❶
    ],
    delimiter: 44, ❷
    extract: Fields( ❸
        [
            0..1,
        ],
    ),
}
```

❶ 該位置引數置入 `files`。

❷ 逗號的 `-d` 值為位元組值 `44`。

❸ `-f 1` 引數建立 `Extract::Fields` 變體，用於存放單一範圍 `0..1`。

剖析 TSV 檔時，以 tab 作為預設分隔符號，其位元組值為 `9`：

```
$ cargo run -- -f 2-3 tests/inputs/movies1.tsv
Config {
    files: [
        "tests/inputs/movies1.tsv",
    ],
    delimiter: 9,
    extract: Fields(
        [
            1..3,
        ],
    ),
}
```

注意，-f|--fields、-b|--bytes、-c|--chars 選項彼此應該是互斥的：

```
$ cargo run -- -f 1 -b 8-9 tests/inputs/movies1.tsv
error: The argument '--fields <FIELDS>' cannot be used with '--bytes <BYTES>'
```

就此暫停說明，讓你的程式可如之前所述的運作。該程式應該能夠通過輸入內容有效性驗證的所有測試，可以執行 **cargo test dies** 予以確認測試結果：

```
running 10 tests
test dies_bad_delimiter ... ok
test dies_chars_fields ... ok
test dies_chars_bytes_fields ... ok
test dies_bytes_fields ... ok
test dies_chars_bytes ... ok
test dies_not_enough_args ... ok
test dies_empty_delimiter ... ok
test dies_bad_digit_field ... ok
test dies_bad_digit_bytes ... ok
test dies_bad_digit_chars ... ok
```

若你還需要 parse_pos 函式的更多編寫指引，我會在下一節加以論述。

剖析位置串列

我要呈現的 parse_pos 函式，其依賴 parse_index 函式，後者試圖將字串剖析成比指定數值小一的正索引值，原因是使用者採用從一起始的值，但 Rust 使用從零起始的索引值。指定的字串開頭不能為正號，剖析後的值必須大於零。注意，閉包通常可接納管道（||）內部引數，不過下列函式使用兩個無引數的閉包，此乃這些管道為空的原因，兩個閉包都改成參考已輸入的 input 值。針對下列的程式碼而言，務必將 use std::num::NonZeroUsize 加入你的匯入內容中：

```
fn parse_index(input: &str) -> Result<usize, String> {
    let value_error = || format!("illegal list value: \"{}\"", input); ❶
    input
        .starts_with('+') ❷
        .then(|| Err(value_error())) ❸
        .unwrap_or_else(|| { ❹
            input
                .parse::<NonZeroUsize>() ❺
                .map(|n| usize::from(n) - 1) ❻
```

```
                .map_err(|_| value_error()) ❼
        })
    }
```

❶ 建立一個無引數的閉包，格式化錯誤字串。

❷ 檢查輸入值是否以正號開頭。

❸ 若是的話，就產生一個錯誤。

❹ 否則，持續處理下一個無引數的閉包。

❺ 使用 `str::parse` 剖析輸入值，使用 turbofish 表示 `std::num::NonZeroUsize`（*https://oreil.ly/ec44d*）回傳型別，此為一個正整數值。

❻ 若輸入值剖析成功，將該值轉型成 `usize`，並將該值減一改成從零起始的數值。

❼ 若該值不能剖析，則呼叫 `value_error` 閉包產生錯誤。

以下是 `parse_pos` 函式使用 `parse_index` 的方式。就此需將 `use regex::Regex` 加入你的匯入內容中：

```
fn parse_pos(range: &str) -> MyResult<PositionList> {
    let range_re = Regex::new(r"^(\d+)-(\d+)$").unwrap(); ❶
    range
        .split(',') ❷
        .into_iter()
        .map(|val| { ❸
            parse_index(val).map(|n| n..n + 1).or_else(|e| { ❹
                range_re.captures(val).ok_or(e).and_then(|captures| { ❺
                    let n1 = parse_index(&captures[1])?; ❻
                    let n2 = parse_index(&captures[2])?;
                    if n1 >= n2 { ❼
                        return Err(format!(
                            "First number in range ({}) \
                            must be lower than second number ({})",
                            n1 + 1,
                            n2 + 1
                        ));
                    }
                    Ok(n1..n2 + 1) ❽
                })
            })
        })
```

```
        .collect::<Result<_, _>>() ❾
        .map_err(From::from) ❿
}
```

❶ 建立一個正規表達式，匹配由一個連接號分隔的兩個整數，以括號將獲得的符合數值括起來。

❷ 將指定的範圍值從逗號處分開，將結果轉為一個疊代器。若沒有逗號的話，則取用整個指定值域（數學）。

❸ 將每個分開的值映射到該閉包。

❹ 若 `parse_index` 剖析單一數值，則為該值建立一個 `Range`。否則，記錄錯誤值 `e`，並繼續嘗試剖析一個範圍。

❺ 若 `Regex` 與該值匹配，則括號中的數值將透過 `Regex::captures`（*https://oreil.ly/O6frw*）取得。

❻ 將兩個取得的值剖析成索引值。

❼ 若第一個值大於或等於第二個值，則回傳一個錯誤。

❽ 否則，建立一個 `Range`（從較小數值到較大數值，後者值加 1，表示涵蓋較大的那個數值）。

❾ 使用 `Iterator::collect`（*https://oreil.ly/Xn28H*）將值集結成 `Result`。

❿ 使用 `From::from`（*https://oreil.ly/sXlWa*）映射各個問題，用於產生錯誤。

上述程式碼的正規表達式用 `r""` 括起來表示**原生**（*raw*）字串，用於避免 Rust 解讀字串中的反斜線逸出值。例如，我們已經看過 Rust 會將 `\n` 解讀為換行符號。若不這樣做，編譯器會反應 `\d` 是**未知字元逸出**（*unknown character escape*）：

```
error: unknown character escape: `d`
   --> src/lib.rs:127:35
    |
127 |     let range_re = Regex::new("^(\d+)-(\d+)$").unwrap();
    |                                   ^ unknown character escape
    |
    = help: for more information, visit <https://static.rust-lang.org
      /doc/master/reference.html#literals>
```

我想強調正規表達式 `^(\d+)-(\d+)$` 的括號內容，其表示一個或多個數字，緊接著一個連接號，再接著一個或多個數字，如圖 8-1 所示。若正規表達式與指定的字串匹配，則可以使用 `Regex::captures` 取出由括號括起來的數值。注意，這些值擺在從 1 開始計數的位置，因此第一組擷取括號的內容位於 `captures` 的位置 1 可供使用。

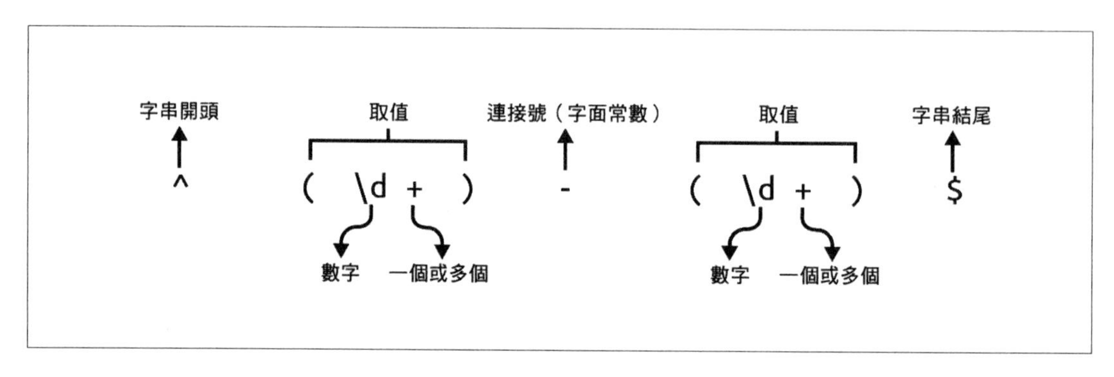

圖 8-1 取出正規表達式中被括號括起來的值

既然你已得知剖析與驗證數值範圍的方式，那麼往下閱讀之前，請先完成 `get_args` 函式。

以下是我將 `parse_pos` 函式引入 `get_args` 中。首先，我定義所有引數：

```
pub fn get_args() -> MyResult<Config> {
    let matches = App::new("cutr")
        .version("0.1.0")
        .author("Ken Youens-Clark <kyclark@gmail.com>")
        .about("Rust cut")
        .arg(
            Arg::with_name("files") ❶
                .value_name("FILE")
                .help("Input file(s)")
                .multiple(true)
                .default_value("-"),
        )
        .arg(
            Arg::with_name("delimiter") ❷
                .value_name("DELIMITER")
                .short("d")
                .long("delim")
```

```
                .help("Field delimiter")
                .default_value("\t"),
        )
        .arg(
            Arg::with_name("fields") ❸
                .value_name("FIELDS")
                .short("f")
                .long("fields")
                .help("Selected fields")
                .conflicts_with_all(&["chars", "bytes"]),
        )
        .arg(
            Arg::with_name("bytes") ❹
                .value_name("BYTES")
                .short("b")
                .long("bytes")
                .help("Selected bytes")
                .conflicts_with_all(&["fields", "chars"]),
        )
        .arg(
            Arg::with_name("chars") ❺
                .value_name("CHARS")
                .short("c")
                .long("chars")
                .help("Selected characters")
                .conflicts_with_all(&["fields", "bytes"]),
        )
        .get_matches();
```

❶ 必要的 files 選項接納多個值，預設為一個連接號。

❷ delimiter 選項的預設值為 tab。

❸ fields 選項與 bytes、chars 互斥。

❹ bytes 選項與 fields、chars 互斥。

❺ chars 選項與 fields、bytes 互斥。

接下來，我將分隔符號轉籌位元組向量，而驗證該向量是否包含單一位元組：

```
    let delimiter = matches.value_of("delimiter").unwrap();
    let delim_bytes = delimiter.as_bytes();
    if delim_bytes.len() != 1 {
```

```
            return Err(From::from(format!(
                "--delim \"{}\" must be a single byte",
                delimiter
            )));
        }
```

使用 parse_pos 函式處理所有潛在的串列值：

```
        let fields = matches.value_of("fields").map(parse_pos).transpose()?;
        let bytes = matches.value_of("bytes").map(parse_pos).transpose()?;
        let chars = matches.value_of("chars").map(parse_pos).transpose()?;
```

接著，確認要建立哪個 Extract 變體或在使用者未能選擇位元組、位元、欄位時產生錯誤：

```
        let extract = if let Some(field_pos) = fields {
            Fields(field_pos)
        } else if let Some(byte_pos) = bytes {
            Bytes(byte_pos)
        } else if let Some(char_pos) = chars {
            Chars(char_pos)
        } else {
            return Err(From::from("Must have --fields, --bytes, or --chars"));
        };
```

若程式碼達成此處所述，則看來會有可以回傳的有效引數：

```
        Ok(Config {
            files: matches.values_of_lossy("files").unwrap(),
            delimiter: *delim_bytes.first().unwrap(), ➊
            extract,
        })
    }
```

➊ 使用 Vec::first（*https://oreil.ly/rFrS8*）選擇向量的第一個元素。因為我已驗證這個向量確實有一個位元組，所以呼叫 Option::unwrap 是安全的。

上述的程式碼於表達式 *delim_bytes 中使用 Deref::deref（*https://oreil.ly/VCe9J*）運算子 * 對變數取值，即 &u8。若無星號，程式碼將無法編譯，錯誤訊息會明確顯示何處需加入取值運算子：

```
error[E0308]: mismatched types
  --> src/lib.rs:94:20
   |
94 |         delimiter: delim_bytes.first().unwrap(),
   |                    ^^^^^^^^^^^^^^^^^^^^^^^^^^^^ expected `u8`, found `&u8`
   |
help: consider dereferencing the borrow
   |
94 |         delimiter: *delim_bytes.first().unwrap(),
   |                    +
```

你需要弄清楚如何使用此資訊從輸入中取出所需的位元。

取出字元或位元組

第 4 章和第 5 章已說明如何處理檔案中的每行文字、位元組、字元。在本章挑戰中，你應該利用那些程式協助選擇字元、位元組。其中的差別是不需要保留行尾換行符號，因此可以使用 `BufRead::lines`（*https://oreil.ly/KhmCp*）讀取每行輸入文字。首先，可以考慮引進 `open` 函式開啟每個檔案：

```
{
    match filename {
        "-" => Ok(Box::new(BufReader::new(io::stdin()))),
        _ => Ok(Box::new(BufReader::new(File::open(filename)?))),
    }
}
```

前述的函式需要額外的匯入內容：

```
use crate::Extract::*;
use clap::{App, Arg};
use regex::Regex;
use std::{
    error::Error,
    fs::File,
    io::{self, BufRead, BufReader},
    num::NonZeroUsize,
    ops::Range,
};
```

你可以擴充 `run`，處理正常的檔案與有問題的檔案：

```
pub fn run(config: Config) -> MyResult<()> {
    for filename in &config.files {
        match open(filename) {
            Err(err) => eprintln!("{}: {}", filename, err),
            Ok(_) => println!("Opened {}", filename),
        }
    }
    Ok(())
}
```

此時，程式應該可通過 **`cargo test skips_bad_file`** 測試，你可以自行驗證是否跳過有問題的檔案，例如不存在的檔案 *blargh*：

```
$ cargo run -- -c 1 tests/inputs/books.csv blargh
Opened tests/inputs/books.csv
blargh: No such file or directory (os error 2)
```

現在試想如何從 filehandle 的每行內容中取出特定範圍的字元。我編寫 `extract_chars` 函式，它將回傳新字串（由特定索引位置字元組成的字串）：

```
fn extract_chars(line: &str, char_pos: &[Range<usize>]) -> String {
    unimplemented!();
}
```

我原本針對 `char_pos` 使用型別註記 `&PositionList` 編寫前述的函式。當使用 Clippy 檢查程式碼時，它建議改用型別 `&[Range<usize>]`。`&PositionList` 型別對於呼叫者的限制比實際必要的內容還多，而我在測試中著實利用額外的彈性，因此 Clippy 在此相當有用：

```
warning: writing `&Vec<_>` instead of `&[_]` involves one more reference
and cannot be used with non-Vec-based slices
   --> src/lib.rs:223:40
    |
223 | fn extract_chars(line: &str, char_pos: &PositionList) -> String {
    |                                        ^^^^^^^^^^^^^
    |
    = note: `#[warn(clippy::ptr_arg)]` on by default
    = help: for further information visit
      https://rust-lang.github.io/rust-clippy/master/index.html#ptr_arg
```

你可將下列測試加入 unit_tests 模組中。務必將 extract_chars 加入模組的匯入內容中：

```
#[test]
fn test_extract_chars() {
    assert_eq!(extract_chars("", &[0..1]), "".to_string());
    assert_eq!(extract_chars("ábc", &[0..1]), "á".to_string());
    assert_eq!(extract_chars("ábc", &[0..1, 2..3]), "ác".to_string());
    assert_eq!(extract_chars("ábc", &[0..3]), "ábc".to_string());
    assert_eq!(extract_chars("ábc", &[2..3, 1..2]), "cb".to_string());
    assert_eq!(
        extract_chars("ábc", &[0..1, 1..2, 4..5]),
        "áb".to_string()
    );
}
```

我還編寫一個類似的函式 extract_bytes，用於剖析出位元組：

```
fn extract_bytes(line: &str, byte_pos: &[Range<usize>]) -> String {
    unimplemented!();
}
```

針對以下的單元測試，務必將 extract_bytes 加入模組的匯入內容中：

```
#[test]
fn test_extract_bytes() {
    assert_eq!(extract_bytes("ábc", &[0..1]), "�".to_string()); ❶
    assert_eq!(extract_bytes("ábc", &[0..2]), "á".to_string());
    assert_eq!(extract_bytes("ábc", &[0..3]), "áb".to_string());
    assert_eq!(extract_bytes("ábc", &[0..4]), "ábc".to_string());
    assert_eq!(extract_bytes("ábc", &[3..4, 2..3]), "cb".to_string());
    assert_eq!(extract_bytes("ábc", &[0..2, 5..6]), "á".to_string());
}
```

❶ 注意，從字串 *ábc* 中選擇一個位元組應該截斷 *á* 這個多位元組，而產生 Unicode 替換字元。

一旦你編寫完這兩個函式，讓它們通過測試之後，請將它們納入主程式中，讓你的程式可通過顯示位元組與字元的整合測試。名稱中包含 *tsv*、*csv* 的失敗測試，牽涉到以 tab、逗號分隔的文字讀取，我將在下一節討論此議題。

剖析分隔文字檔

你需要學習如何剖析逗號、tab 分隔的文字檔。事實上，到目前為止，讀取的所有檔都以某種方式分隔，例如使用換行符號表示行尾。在此，像 tab、逗號這類分隔符號用於分隔紀錄欄位，而欄位則以換行符號為結尾。有時，分隔字元也可能是資料的一部分，例如在某 CSV 檔案中出現的標題 *20,000 Leagues Under the Sea*。在這種情況下，應將欄位用一對雙引號括起來，逸出這個分隔符號。如本章開頭介紹所述，BSD、GNU 兩版的 `cut` 並沒有處理這個逸出分隔符號，不過挑戰程式會支援處理。正確剖析分隔的文字，最簡單方式是使用像 `csv` crate（*https://oreil.ly/vPDrj*）這種工具。強烈建議你先閱讀相關教學課程（*https://oreil.ly/AdjU1*），其中說明分隔文字檔案的處理基礎以及如何有效運用 `csv` 模組。

以下列示例說明如何使用該 crate 剖析分隔資料。若你想編譯與執行此程式碼，請開啟一個新專案，將 `csv = "1"` 依賴套件加入 *Cargo.toml* 中，將 *tests/inputs/books.csv* 檔複製到新專案的根目錄中。而 *src/main.rs* 採用下列的內容：

```
use csv::{ReaderBuilder, StringRecord};
use std::fs::File;

fn main() -> std::io::Result<()> {
    let mut reader = ReaderBuilder::new() ❶
        .delimiter(b',') ❷
        .from_reader(File::open("books.csv")?); ❸

    println!("{}", fmt(reader.headers()?)); ❹
    for record in reader.records() { ❺
        println!("{}", fmt(&record?)); ❻
    }

    Ok(())
}

fn fmt(rec: &StringRecord) -> String {
    rec.into_iter().map(|v| format!("{:20}", v)).collect() ❼
}
```

❶ 使用 `csv::ReaderBuilder`（*https://oreil.ly/MTJBI*）解析一個檔案。

❷ `delimiter`（*https://oreil.ly/WkEqD*）必須是單個 `u8` 位元組。

❸ `from_reader` 方法（*https://oreil.ly/ViNLH*）接納一值，此值實作 Readtrait（*https://oreil.ly/wDxvY*）。

❹ `Reader::headers` 方法（*https://oreil.ly/g6hTY*）將第一列（row）的欄名以 `StringRecord`（*https://oreil.ly/L6oav*）回傳。

❺ `Reader::records` 方法（*https://oreil.ly/jrerm*）能以一個疊代器處理 `StringRecord` 值。

❻ 顯示該紀錄（格式化版）。

❼ 使用 `Iterator::map`（*https://oreil.ly/cfevE*）將值格式化至 20 個字元寬的欄位，並將值集結到新的 `String` 中。

若你執行此程式，會看到 *20,000 Leagues Under the Sea* 中的逗號未被視為欄位分隔符號，原因是這個逗號在一對雙引號內找到的，這對雙引號本身是會被移除的元字元：

```
$ cargo run
Author              Year                Title
Émile Zola          1865                La Confession de Claude
Samuel Beckett      1952                Waiting for Godot
Jules Verne         1870                20,000 Leagues Under the Sea
```

除了 `csv::ReaderBuilder`，在你的解決方案中應該也可用 `csv::WriterBuilder`（*https://oreil.ly/csEZ4*）逸出程式輸出內容中的這個輸入分隔符號。

試想你會如何運用我剛剛在挑戰程式中示範的一些概念。例如，你可以編寫一個 `extract_fields` 函式，它可接納 `csv::StringRecord`，並取出 `PositionList` 中找到的欄位。針對下列的 `extract_fields` 函式，要把 `use csv::StringRecord` 放在 *src/lib.rs* 的頂端：

```
fn extract_fields(
    record: &StringRecord,
    field_pos: &[Range<usize>]
) -> Vec<String> {
    unimplemented!();
}
```

以下是這個函式的單元測試，你可以將它加入 unit_tests 模組中：

```
#[test]
fn test_extract_fields() {
    let rec = StringRecord::from(vec!["Captain", "Sham", "12345"]);
    assert_eq!(extract_fields(&rec, &[0..1]), &["Captain"]);
    assert_eq!(extract_fields(&rec, &[1..2]), &["Sham"]);
    assert_eq!(
        extract_fields(&rec, &[0..1, 2..3]),
        &["Captain", "12345"]
    );
    assert_eq!(extract_fields(&rec, &[0..1, 3..4]), &["Captain"]);
    assert_eq!(extract_fields(&rec, &[1..2, 0..1]), &["Sham", "Captain"]);
}
```

此時，unit_tests 模組需要下列所有的匯入內容：

```
use super::{extract_bytes, extract_chars, extract_fields, parse_pos};
use csv::StringRecord;
```

一旦能夠通過最後一個單元測試，你就應該使用所有的 extract_* 函式顯示輸入檔的指定位元組、字元、欄位。務必執行 **cargo test**，確認哪些功能正常，哪些有問題。這是一個具有挑戰性的程式，所以不要太早放棄。恐懼是心靈殺手。

解決方案

此刻我將呈現我的解決方案，但再次強調，編寫此程式的方法有很多種。能通過測試套件的任何版本都是可以接受的。首先我會說明如何逐步發展 extract_chars，得以選擇字元。

選取字串裡的字元

第一版的 extract_chars，初始化一個可變的向量，該向量用於集結成果，然後使用指令式（imperative）做法選擇所需的字元：

```
fn extract_chars(line: &str, char_pos: &[Range<usize>]) -> String {
    let chars: Vec<_> = line.chars().collect(); ❶
    let mut selected: Vec<char> = vec![]; ❷

    for range in char_pos.iter().cloned() { ❸
```

```
        for i in range { ❹
            if let Some(val) = chars.get(i) { ❺
                selected.push(*val) ❻
            }
        }
    }
    selected.iter().collect() ❼
}
```

❶ 使用 `str::chars`（*https://oreil.ly/u9LXa*）將該行文字分成字元。Rust 需要 `Vec` 型別註記，原因是 `Iterator::collect`（*https://oreil.ly/Xn28H*）可以回傳多種集合型別。

❷ 初始化一個可變的向量，用於記錄選定的字元。

❸ 疊代處理每個 `Range`（具有索引內容）。

❹ 疊代處理該 `Range` 的每個值。

❺ 使用 `Vec::get`（*https://oreil.ly/7xsI8*）選擇索引處的字元。若使用者需求的位置超出字串結尾處，則此作業可能會失敗，但選擇一個字元不成功不應該產生錯誤。

❻ 若可以選擇該字元，則使用 `Vec::push`（*https://oreil.ly/TQlnN*）把該字元加入 `selected` 字元組合中。注意使用 `*` 對 `&val` 取值。

❼ 使用 `Iterator::collect` 為這些字元建立 `String`。

我可以使用 `Iterator::filter_map`（*https://oreil.ly/nZ8Yi*）簡化字元的選擇，它只產生對應閉包回傳 `Some(value)` 中的值：

```
fn extract_chars(line: &str, char_pos: &[Range<usize>]) -> String {
    let chars: Vec<_> = line.chars().collect();
    let mut selected: Vec<char> = vec![];

    for range in char_pos.iter().cloned() {
        selected.extend(range.filter_map(|i| chars.get(i)));
    }
    selected.iter().collect()
}
```

上述兩版都初始化變數，集結成果。下一版的疊代做法使用 `Iterator::map`、`Iterator::flatten` 避免可變性，也讓函式更為簡短，其基於說明文件（*https://oreil.ly/RzXDz*）所述：「適用於你有一個疊代器，該疊代器內有一群疊代器或該疊代器內有可以轉為一群疊代器的物件，而且你要移除一層間接取值（indirection）時」：

```
fn extract_chars(line: &str, char_pos: &[Range<usize>]) -> String {
    let chars: Vec<_> = line.chars().collect();
    char_pos
        .iter()
        .cloned()
        .map(|range| range.filter_map(|i| chars.get(i))) ❶
        .flatten() ❷
        .collect()
}
```

❶ 使用 `Iterator::map`（*https://oreil.ly/cfevE*）處理每個 `Range`（選擇字元）。

❷ 使用 `Iterator::flatten` 移除巢狀結構。

若無 `Iterator::flatten`，Rust 將顯示下列錯誤：

```
error[E0277]: a value of type `String` cannot be built from an iterator
over elements of type `FilterMap<std::ops::Range<usize>,
```

第 7 章的 finder 程式使用 `Iterator::filter_map` 組合 `filter` 與 `map` 的作業。同樣的，目前這個函式最終版（也是最簡短版），可用 `Iterator::flat_map`（*https://oreil.ly/zHoNC*）將 `flatten` 和 `map` 的作業組合：

```
fn extract_chars(line: &str, char_pos: &[Range<usize>]) -> String {
    let chars: Vec<_> = line.chars().collect();
    char_pos
        .iter()
        .cloned()
        .flat_map(|range| range.filter_map(|i| chars.get(i)))
        .collect()
}
```

選取字串裡的位元組

位元組的選擇做法非常類似，但我必須處理一件事，即 `String::from_utf8_lossy` 需要一份位元組切片，這與之前的示例（可以將字元參考的疊代器集結到一個 `String` 中）不同。如同 `extract_chars`，目標是回傳一個新字串，不過若位元組選擇截斷 Unicode 字元，因而產生無效的 UTF-8 字串，則會有潛在的問題：

```
fn extract_bytes(line: &str, byte_pos: &[Range<usize>]) -> String {
    let bytes = line.as_bytes(); ❶
    let selected: Vec<_> = byte_pos
        .iter()
        .cloned()
        .flat_map(|range| range.filter_map(|i| bytes.get(i)).copied()) ❷
        .collect();
    String::from_utf8_lossy(&selected).into_owned() ❸
}
```

❶ 將該行文字拆成一個位元組向量。

❷ 使用 `Iterator::flat_map` 選擇所需位置的位元組以及複製所選位元組。

❸ 使用 `String::from_utf8_lossy`（*https://oreil.ly/Bs4Zl*）針對所選位元組產生可能無效的 UTF-8 字串。若需要的話，則使用 `Cow::into_owned`（*https://oreil.ly/Jpdd0*）複製資料。

上述的程式碼使用 `Iterator::get` 選擇位元組。此函式回傳位元組參考的向量（`&Vec<&u8>`），不過 `String::from_utf8_lossy` 需要一份位元組切片（`&[u8]`）。為了解決這個問題，我使用 `std::iter::Copyd`（*https://oreil.ly/5SvXY*）建立元素副本，避免下列錯誤：

```
error[E0308]: mismatched types
   --> src/lib.rs:215:29
    |
215 |     String::from_utf8_lossy(&selected).into_owned()
    |                             ^^^^^^^^^ expected slice `[u8]`,
    |                                       found struct `Vec`
    |
    = note: expected reference `&[u8]`
               found reference `&Vec<&u8>`
```

最後，我要說明函式結尾使用 `Cow::into_owned` 的必要性。若沒有這樣做的話，會出現編譯錯誤，編譯器建議使用替代方案將 `Cow` 值轉成 `String`：

```
error[E0308]: mismatched types
   --> src/lib.rs:178:5
    |
171 | fn extract_bytes(line: &str, byte_pos: &[Range<usize>]) -> String {
    |                                                            ------
    |                               expected `String` because of return type
...
178 |     String::from_utf8_lossy(&selected)
    |     ^^^^^^^^^^^^^^^^^^^^^^^^^^^^^^^^^^- help: try using a conversion
    |     |                                  method: `.to_string()`
    |     |
    |     expected struct `String`, found enum `Cow`
    |
    = note: expected struct `String`
                 found enum `Cow<'_, str>`
```

雖然 Rust 編譯器相當嚴格，不過我對於 Rust 錯誤訊息賦予的資訊性與輔助性有所領會。

選取 csv::StringRecord 裡的欄位

由 `csv::StringRecord` 選擇欄位與從一行文字中取出字元的方式幾乎雷同：

```
fn extract_fields(
    record: &StringRecord,
    field_pos: &[Range<usize>],
) -> Vec<String> {
    field_pos
        .iter()
        .cloned()
        .flat_map(|range| range.filter_map(|i| record.get(i))) ❶
        .map(String::from) ❷
        .collect()
}
```

❶ 使用 `StringRecord::get`（*https://oreil.ly/UTCtd*）嘗試取得索引位置處的欄位。

❷ 使用 `Iterator::map` 將 `&str` 值轉成 `String` 值。

還能用另一種方式編寫此函式，讓它回傳 Vec<&str>，如此做法可稍微提高記憶體使用效率，即不做字串副本。代價是我必須指明生命週期。首先，容我純粹地試著寫成以下這樣：

```
// 無法編譯
fn extract_fields(
    record: &StringRecord,
    field_pos: &[Range<usize>],
) -> Vec<&str> {
    field_pos
        .iter()
        .cloned()
        .flat_map(|range| range.filter_map(|i| record.get(i)))
        .collect()
}
```

若我執意編譯這個程式碼，Rust 編譯器會回應生命週期的錯誤：

```
error[E0106]: missing lifetime specifier
   --> src/lib.rs:203:10
    |
201 |     record: &StringRecord,
    |             -------------
202 |     field_pos: &[Range<usize>],
    |                ---------------
203 | ) -> Vec<&str> {
    |          ^ expected named lifetime parameter
    = help: this function's return type contains a borrowed value, but the
      signature does not say whether it is borrowed from `record` or `field_pos`
```

此錯誤訊息持續提供如何修改該程式碼（加入生命週期）的說明：

```
help: consider introducing a named lifetime parameter
200 ~ fn extract_fields<'a>(
201 ~     record: &'a StringRecord,
202 ~     field_pos: &'a [Range<usize>],
203 ~ ) -> Vec<&'a str> {
```

這個建議實際上過度限制生命週期。回傳的字串切片涉及 `StringRecord` 擁有的值，因此只有 `record` 與回傳值需要有相同的生命週期。下列是具有妥善生命週期的版本：

```
fn extract_fields<'a>(
    record: &'a StringRecord,
    field_pos: &[Range<usize>],
) -> Vec<&'a str> {
    field_pos
        .iter()
        .cloned()
        .flat_map(|range| range.filter_map(|i| record.get(i)))
        .collect()
}
```

回傳 `Vec<String>` 與回傳 `Vec<&'a str>` 兩種版本皆可通過 `test_extract_fields` 單元測試。後者的效率稍微好一點，內容更簡短，不過也有較多的認知負擔（cognitive overhead）。選用你認為六週後還能夠理解的那個版本。

最後一關

對於隨後所示的程式碼，務必將下列這一行的匯入內容加入 *src/lib.rs* 中：

```
use csv::{ReaderBuilder, StringRecord, WriterBuilder};
```

以下是我的 `run` 函式，它可通過顯示需求範圍之字元、位元組，以及紀錄的所有測試：

```
pub fn run(config: Config) -> MyResult<()> {
    for filename in &config.files {
        match open(filename) {
            Err(err) => eprintln!("{}: {}", filename, err),
            Ok(file) => match &config.extract {
                Fields(field_pos) => {
                    let mut reader = ReaderBuilder::new() ❶
                        .delimiter(config.delimiter)
                        .has_headers(false)
                        .from_reader(file);

                    let mut wtr = WriterBuilder::new() ❷
                        .delimiter(config.delimiter)
                        .from_writer(io::stdout());
```

```
                for record in reader.records() { ❸
                    let record = record?;
                    wtr.write_record(extract_fields( ❹
                        &record, field_pos,
                    ))?;
                }
            }
            Bytes(byte_pos) => {
                for line in file.lines() { ❺
                    println!("{}", extract_bytes(&line?, byte_pos));
                }
            }
            Chars(char_pos) => {
                for line in file.lines() { ❻
                    println!("{}", extract_chars(&line?, char_pos));
                }
            }
        },
    }
}
Ok(())
}
```

❶ 若使用者需求分隔檔中的欄位，則使用 `csv::ReaderBuilder` 建立可變的 reader（搭配已知的分隔符號），而不要將第一列視為標題。

❷ 使用 csv::WriterBuilder 正確逸出輸出中的分隔符號。

❸ 疊代處理紀錄。

❹ 將以取出的欄位寫入輸出中。

❺ 疊代處理每行文字，顯示取出的位元組。

❻ 疊代處理每行文字，顯示取出的字元。

`csv::Reader` 預設試著剖析欄名的第一列。對於這個程式，我不需要對這些值做任何特殊動作，所以不會將第一行文字剖析為標題列（row）。若採用預設行為，則必須將標頭與其他紀錄分開。

注意，我正在使用 `csv` crate 剖析輸入與寫進輸出，因此該程式將正確處理分隔文字檔，我認為這是對 `cut` 原版程式的改進。以下將依然使用 *tests/inputs/books.csv* 證明 `cutr` 會正確選擇包含分隔符號的欄位，建立可正確逸出分隔符號的輸出：

```
$ cargo run -- -d , -f 1,3 tests/inputs/books.csv
Author,Title
Émile Zola,La Confession de Claude
Samuel Beckett,Waiting for Godot
Jules Verne,"20,000 Leagues Under the Sea"
```

這是一個相當複雜的程式，有很多選項，但我發現 Rust 編譯器的嚴謹讓我專注於編寫解決方案。

進階挑戰

對於你可以如何擴展這個程式，我有幾個想法。更改程式支援指定部分範圍（如 `-3` 表示 `1-3` 或 `5-` 表示 5 至末尾）。可考慮用 `std::ops::RangeTo`（*https://oreil.ly/ZniC2*）為 `-3` 這類建模，用 `std::ops::RangeFrom`（*https://oreil.ly/azzZY*）處理 `5-` 這種情況。注意，當你執行 **`cargo run -- -f -3 tests/inputs/books.tsv`** 時，`clap` 會嘗試將 `-3` 值解讀成一個選項，因此要改用 `-f=-3`。

挑戰程式最終版使用 `--delimiter` 作為輸入輸出的分隔符號。新增一個選項用於指定為輸出分隔符號，並讓這個選項預設為輸入分隔符號。

支援可指定一個輸出檔名，預設為 `STDOUT`。`cut`（BSD、GNU 兩版）的 `-n` 選項可以避免多位元組的字元被拆開，這看來是一個有意思的實作挑戰，我也非常喜歡 `cut` GNU 版的 `--complement` 選項，它將取得所選位元組、字元、欄位集合的補集，得以呈現未選之處。最後，關於分隔文字記錄處理的詳細概念，可參閱 `xsv` crate（*https://oreil.ly/894fA*），這是一個「用 Rust 編寫的快速 CSV 指令列工具套件」。

本章總結

你已得到的本章重點回顧如下：

- 知道如何使用 `*` 運算子對具有參考的變數取值。
- 有時，疊代器的動作會回傳其他疊代器。弄懂 `Iterator::flatten` 如何移除內層結構，將結果攤平呈現。
- 學習 `Iterator::flat_map` 方法如何將 `Iterator::map` 和 `Iterator::flatten` 組合成一個作業，讓程式碼更為簡潔。
- 使用 `get` 函式選擇向量或 `csv::StringRecord` 的位置。該動作可能會失敗，因此使用 `Iterator::filter_map` 僅回傳已被成功擷取的那些值。
- 函式回傳 `String` 或 `&str`，兩者相較，後者需要指明生命週期。
- 能夠剖析與建立分隔文字（採用 `csv` crate）。

下一章將加以說明正規表達式的其他內容與疊代器的鏈接作業。

第九章

關鍵搜尋手

請詮釋你臉上的表情

——明日巨星合唱團〈Unrelated Thing〉(1994)

本章要編寫 Rust 版的 `grep`，該程式用於找出與指定正規表達式匹配的各行輸入。[1] 輸入來源預設為 `STDIN`，而倘若以遞迴選項尋找某些目錄中各個檔案的內容，則可以提供一個或多個檔案（目錄）的名稱。一般的輸出是與指定模式匹配的各行內容，不過你可以反向匹配，找出不符合的各行內容。還可以要求 `grep` 顯示匹配行數（而非整行文字）。模式匹配通常區分大小寫，不過你可以使用一個選項執行不區分大小寫的匹配。雖然原版程式功能不少，但是挑戰程式點到為止。

你將學會如何：

- 使用區分大小寫的正規表達式
- 正規表達式語法的變體
- 表明 trait 界定（bound）的不同語法
- 使用 Rust 的位元 XOR（bitwise exclusive-OR）運算子

1 `grep` 這個名稱源自 `ed` 的指令 `g/re/p`，意思是「全域之正規表達式的顯示」，其中 `ed` 為標準文字編輯器。

grep 的運作方式

首先我要呈現 grepBSD 版的使用手冊，讓你了解該指令支援的諸多選項：

```
GREP(1)                   BSD 一般指令使用手冊                   GREP(1)

名稱
     grep, egrep, fgrep, zgrep, zegrep, zfgrep -- 檔案模式搜尋工具

SYNOPSIS
     grep [-abcdDEFGHhIiJLlmnOopqRSsUVvwxZ] [-A num] [-B num] [-C[num]]
          [-e 模式 ] [-f 檔案 ] [--binary-files=value] [--color[=when]]
          [--colour[=when]] [--context[=num]] [--label] [--line-buffered]
          [--null] [ 模式 ] [ 檔案 ...]

描述
     grep 工具程式搜尋任何給定的輸入檔，選擇匹配一個或多個模式的行內容。預設情況下，
     如果模式中的正規表達式（RE）與輸入行（無結尾換行）匹配，表該模式與輸入行匹配。空
     表達式匹配每一行。與至少一個模式匹配的每個輸入行都會寫入標準輸出。

     grep 用於簡單模式和基本的正規表達式（BREs）；egrep 可以處理擴充的正規表達式
     （ERE）。參閱 re_format(7) 以獲取有關正規表達式的更多資訊。fgrep 比 grep、egrep
     兩者都快，但只能處理固定模式（即它不解讀正規表達式）。模式可以由一行或多行組成，
     容許多行模式內容與輸入的一部分匹配。
```

GNU 版的功能相當類似：

```
GREP(1)                     一般指令使用手冊                     GREP(1)

名稱
       grep, egrep, fgrep - 顯示與模式匹配的行內容

概述
       grep [ 選項 ] 模式 [ 檔案 ...]
       grep [ 選項 ] [-e 模式 | -f 檔案 ] [ 檔案 ...]

描述
       grep 搜尋具名的輸入檔（如果沒有具名檔案或以單一連接號（-）指定檔名，那麼搜尋標
       準輸入），尋找與指定模式匹配的行內容。預設情況下，grep 顯示匹配的行內容。
```

為了舉例說明挑戰程式預期實作的 `grep` 功能，我將使用本書 GitHub 儲存庫中的某些檔案。若你要跟著操作，請切換到 *09_grepr/tests/inputs* 目錄：

```
$ cd 09_grepr/tests/inputs
```

以下是我採用的檔案：

- *empty.txt*：無內容
- *fox.txt*：內有單行文字
- *bustle.txt*：狄更生（Emily Dickinson）的詩（包含八行文字及一個空白行）
- 《The Belle of Amherst》裡的一首詩（內含八行文字及一個空白行）

首先，請自行驗證 **`grep fox empty.txt`** 對於顯示部分是否空無一物（指定空的檔案時）。如 `grep` 的用法所示，其第一個位置引數為正規表達式，其餘部分則選擇性的指定一些輸入檔。注意，若正規表達式空白，將匹配輸入的每行內容（所有內容），此處我使用 *fox.txt* 輸入檔，其內有一行文字：

```
$ grep "" fox.txt
The quick brown fox jumps over the lazy dog.
```

下列狄更生（Emily Dickinson）的詩中，注意 *Nobody* 的開頭皆為大寫：

```
$ cat nobody.txt
I'm Nobody! Who are you?
Are you-Nobody-too?
Then there's a pair of us!
Don't tell! they'd advertise-you know!

How dreary-to be-Somebody!
How public-like a Frog-
To tell one's name-the livelong June-
To an admiring Bog!
```

若搜尋 *Nobody*，結果顯示內有該字串的兩行文字：

```
$ grep Nobody nobody.txt
I'm Nobody! Who are you?
Are you-Nobody-too?
```

若以 **`grep nobody nobody.txt`** 搜尋小寫的 *nobody*，結果並無顯示任何文字。然而改用 `-i|--ignore-case` 即可顯示剛剛那兩行文字：

```
$ grep -i nobody nobody.txt
I'm Nobody! Who are you?
Are you-Nobody-too?
```

我可以使用 `-v|--invert-match` 選項找尋與模式不匹配的各行文字：

```
$ grep -v Nobody nobody.txt
Then there's a pair of us!
Don't tell! they'd advertise-you know!

How dreary-to be-Somebody!
How public-like a Frog-
To tell one's name-the livelong June-
To an admiring Bog!
```

`-c|--count` 選項產生的輸出是匹配發生次數一覽：

```
$ grep -c Nobody nobody.txt
2
```

將 `-v`、`-c` 組合可計數不匹配的行數：

```
$ grep -vc Nobody nobody.txt
7
```

若搜尋多個輸入檔，每行輸出包含對應的來源檔檔名：

```
$ grep The *.txt
bustle.txt:The bustle in a house
bustle.txt:The morning after death
bustle.txt:The sweeping up the heart,
fox.txt:The quick brown fox jumps over the lazy dog.
nobody.txt:Then there's a pair of us!
```

處理多個檔案的計數輸出也包含對應的來源檔檔名：

```
$ grep -c The *.txt
bustle.txt:3
empty.txt:0
fox.txt:1
nobody.txt:1
```

位置引數通常是檔案，若其中指定諸如 *$HOME* 之類的目錄將使得 `grep` 顯示警告：

```
$ grep The bustle.txt $HOME fox.txt
bustle.txt:The bustle in a house
bustle.txt:The morning after death
bustle.txt:The sweeping up the heart,
grep: /Users/kyclark: Is a directory
fox.txt:The quick brown fox jumps over the lazy dog.
```

僅在用 `-r|--recursive` 選項找尋某目錄中各個檔案內容（是否包含匹配文字）時，才能指定該目錄名。就此指令而言，以 `.` 表示目前工作目錄：

```
$ grep -r The .
./nobody.txt:Then there's a pair of us!
./bustle.txt:The bustle in a house
./bustle.txt:The morning after death
./bustle.txt:The sweeping up the heart,
./fox.txt:The quick brown fox jumps over the lazy dog.
```

可以將 `-r`、`-i` 短旗標組合，對一個或多個目錄執行不區分大小寫的遞迴搜尋：

```
$ grep -ri the .
./nobody.txt:Then there's a pair of us!
./nobody.txt:Don't tell! they'd advertise-you know!
./nobody.txt:To tell one's name-the livelong June-
./bustle.txt:The bustle in a house
./bustle.txt:The morning after death
./bustle.txt:The sweeping up the heart,
./fox.txt:The quick brown fox jumps over the lazy dog.
```

若未指定輸入的位置引數，`grep` 將讀取 `STDIN` 的內容：

```
$ cat * | grep -i the
The bustle in a house
The morning after death
The sweeping up the heart,
The quick brown fox jumps over the lazy dog.
Then there's a pair of us!
Don't tell! they'd advertise-you know!
To tell one's name-the livelong June-
```

以上是此挑戰程式要實作的部分。

挑戰入門

本章挑戰程式的名稱 `grepr`（讀作 `grep-er`），即 Rust 版的 `grep`。首先執行 **`cargo new grepr`**，然後將本書的 *09_grepr/tests* 目錄複製到你的新專案中。修改 *Cargo.toml*，加入下列的依賴套件：

```
[dependencies]
clap = "2.33"
regex = "1"
walkdir = "2"
sys-info = "0.9" ❶

[dev-dependencies]
assert_cmd = "2"
predicates = "2"
rand = "0.8"
```

❶ 這些測試使用此 crate 確定它們的執行環境是否為 Windows。

你可以執行 **`cargo test`** 進行初始建置與測試，所有測試應該都會失敗。

定義引數

將 *src/main.rs* 內容改為之前程式採用的標準程式碼：

```
fn main() {
    if let Err(e) = grepr::get_args().and_then(grepr::run) {
        eprintln!("{}", e);
        std::process::exit(1);
    }
}
```

以下是我的 *src/lib.rs* 初始內容。注意，所有布林值選項都預設為 `false`：

```
use clap::{App, Arg};
use regex::{Regex, RegexBuilder};
use std::error::Error;

type MyResult<T> = Result<T, Box<dyn Error>>;
```

```
#[derive(Debug)]
pub struct Config {
    pattern: Regex, ❶
    files: Vec<String>, ❷
    recursive: bool, ❸
    count: bool, ❹
    invert_match: bool, ❺
}
```

❶ `pattern` 選項是已編譯的正規表達式。

❷ `files` 選項是字串向量。

❸ `recursive` 選項是布林值，代表是否遞迴搜尋目錄。

❹ `count` 選項是布林值，代表是否顯示匹配計數。

❺ `invert_match` 選項是布林值，代表是否找尋不符合模式的各行內容。

該程式會有一個 `insensitive` 選項，不過你可能會注意到我的 `Config` 並沒有這項。我改用 `regex::RegexBuilder`（*https://oreil.ly/ks2Qg*）以 `case_insensitive` 方法（*https://oreil.ly/P3fXc*）建立 regex。

以下是我的 `get_args` 函式初始內容。你應該補充其中不足的部分：

```
pub fn get_args() -> MyResult<Config> {
    let matches = App::new("grepr")
        .version("0.1.0")
        .author("Ken Youens-Clark <kyclark@gmail.com>")
        .about("Rust grep")
        // 這邊要放什麼？
        .get_matches();

    Ok(Config {
        pattern: ...
        files: ...
        recursive: ...
        count: ...
        invert_match: ...
    })
}
```

run 的開頭可以顯示 config：

```
pub fn run(config: Config) -> MyResult<()> {
    println!("{:#?}", config);
    Ok(())
}
```

下一個目標是更新你的 get_args，讓程式可以產生以下的用法說明：

```
$ cargo run -- -h
grepr 0.1.0
Ken Youens-Clark <kyclark@gmail.com>
Rust grep

USAGE:
    grepr [FLAGS] <PATTERN> [FILE]...

FLAGS:
    -c, --count           Count occurrences
    -h, --help            Prints help information
    -i, --insensitive     Case-insensitive
    -v, --invert-match    Invert match
    -r, --recursive       Recursive search
    -V, --version         Prints version information

ARGS:
    <PATTERN>    Search pattern ❶
    <FILE>...    Input file(s) [default: -] ❷
```

❶ 搜尋模式是必要的引數。

❷ 輸入檔案是非必要的，預設為一個連接號（代表 STDIN）。

若指定一個模式而無指明輸入檔案，則你的程式應該能夠顯示如下所示的 Config：

```
$ cargo run -- dog
Config {
    pattern: dog,
    files: [
        "-",
    ],
    recursive: false,
    count: false,
```

```
    invert_match: false,
}
```

顯示正規表達式，就是呼叫 Regex::as_str 方法（*https://oreil.ly/qW1c2*）。RegexBuilder::build（*https://oreil.ly/3BqDT*）註明，如此「將產生逐字供給 new 的模式。值得注意的是，它不會包含此建置器（builder）上設置的任何旗標。」

該程式應該能夠處置一個或多個輸入檔以及處理旗標：

```
$ cargo run -- dog -ricv tests/inputs/*.txt
Config {
    pattern: dog,
    files: [
        "tests/inputs/bustle.txt",
        "tests/inputs/empty.txt",
        "tests/inputs/fox.txt",
        "tests/inputs/nobody.txt",
    ],
    recursive: true,
    count: true,
    invert_match: true,
}
```

你的程式應該拒絕處理無效的正規表達式，以及可以再用第 7 章 finder 的程式碼處理這個問題。例如，* 表示零個或多個上述模式。就其本身而言，這是不完整的，應該會產生錯誤訊息：

```
$ cargo run -- \*
Invalid pattern "*"
```

就此暫停閱讀後續章節，請編寫你的 get_args 符合之前的描述。另外你的程式應該要通過 **cargo test dies** 測試。

以下是我的引數宣告內容：

```
pub fn get_args() -> MyResult<Config> {
    let matches = App::new("grepr")
        .version("0.1.0")
        .author("Ken Youens-Clark <kyclark@gmail.com>")
```

```
        .about("Rust grep")
        .arg(
            Arg::with_name("pattern") ❶
                .value_name("PATTERN")
                .help("Search pattern")
                .required(true),
        )
        .arg(
            Arg::with_name("files") ❷
                .value_name("FILE")
                .help("Input file(s)")
                .multiple(true)
                .default_value("-"),
        )
        .arg(
            Arg::with_name("insensitive") ❸
                .short("i")
                .long("insensitive")
                .help("Case-insensitive")
                .takes_value(false),
        )
        .arg(
            Arg::with_name("recursive") ❹
                .short("r")
                .long("recursive")
                .help("Recursive search")
                .takes_value(false),
        )
        .arg(
            Arg::with_name("count") ❺
                .short("c")
                .long("count")
                .help("Count occurrences")
                .takes_value(false),
        )
        .arg(
            Arg::with_name("invert") ❻
                .short("v")
                .long("invert-match")
                .help("Invert match")
                .takes_value(false),
        )
        .get_matches();
```

❶ 第一個位置引數對應 pattern。

❷ 其餘的位置引數對應的是輸入檔檔名。預設為一個連接號。

❸ insensitive 旗標處理不區分大小寫選項。

❹ recursive 旗標處理目錄的檔案搜尋。

❺ count 旗標讓程式顯示計數結果。

❻ invert 旗標搜尋與模式不匹配的各行文字。

在此，位置參數的宣告順序很重要，因為第一個定義的將對應第一個位置引數。你可以在位置參數之前或之後定義非必要引數。

接著，我使用這些引數建立一個正規表達式，該表達式將包含 insensitive 選項：

```
    let pattern = matches.value_of("pattern").unwrap(); ❶
    let pattern = RegexBuilder::new(pattern) ❷
        .case_insensitive(matches.is_present("insensitive")) ❸
        .build() ❹
        .map_err(|_| format!("Invalid pattern \"{}\"", pattern))?; ❺

    Ok(Config { ❻
        pattern,
        files: matches.values_of_lossy("files").unwrap(),
        recursive: matches.is_present("recursive"),
        count: matches.is_present("count"),
        invert_match: matches.is_present("invert"),
    })
}
```

❶ pattern 是必要的，因此解出該值應該是安全的。

❷ RegexBuilder::new 方法（*https://oreil.ly/bpzFh*）建立一個新的正規表達式。

❸ RegexBuilder::case_insensitive 方法（*https://oreil.ly/P3fXc*）在選定 insensitive 旗標時將使得該 regex 於比較中忽略大小寫差別。

❹ RegexBuilder::build 方法（*https://oreil.ly/3BqDT*）會編譯該 regex。

❺ 若 build 回傳一個錯誤，則用 Result::map_err（*https://oreil.ly/4izCX*）建立一個錯誤訊息，提示指定的模式無效。

❻ 回傳該 Config。

RegexBuilder::build 拒絕處理無效正規表達式的模式，如此衍生出一個有意思的觀點。有許多正規表達式編寫語法。若仔細查看 grep 使用手冊，你會注意到下列這些選項：

```
-E, --extended-regexp
        將模式解讀為擴充的正規表達式（即讓 grep 強制為 egrep 的行為）。

-e pattern, --regexp=pattern
        指定在輸入內容的搜尋期間使用的模式：如果與任何指定模式匹配，那麼選擇該輸入行。
        當有多個 -e 選項用於指定多個模式，或者當模式以連接號 ('-') 開頭時，該選項相
        當有用。
```

這些選項功能相反的選項是：

```
-G, --basic-regexp
        將模式解讀為基本的正規表達式（即讓 grep 具有傳統的 grep 行為）。
```

正規表達式於 1950 年代就有了，當時是由美國數學家史蒂芬（Stephen Cole Kleene）發明的。[2] 從那時以來，語法已被諸多群體修改、擴充，其中最著名的也許是 Perl 社群，他們建立 Perl 相容正規表達式（Perl Compatible Regular Expressions 或 PCRE）。grep 預設只剖析基本的 regex，不過上述旗標容許程式使用其他變體。例如，我可以使用模式 ee 搜尋內含連續兩個 *e* 的各行文字。注意，下列輸出內容中以粗體字表示被找到的模式：

```
$ grep \'ee' tests/inputs/*
tests/inputs/bustle.txt:The sweeping up the heart,
```

若我想找連續出現兩次相同字元的結果，則模式為 (.)\1，其中點（.）表示任意字元，而擷取括號讓我可以使用反向參考（backreference）\1 參考到第一組擷取處。這是表達式的擴展示例，因此需要指定 -E 旗標：

```
$ grep -E \'(.)\1' tests/inputs/*
tests/inputs/bustle.txt:The sweeping up the heart,
tests/inputs/bustle.txt:And putting love away
tests/inputs/bustle.txt:We shall not want to use again
tests/inputs/nobody.txt:Are you—Nobody—too?
tests/inputs/nobody.txt:Don't tell! they'd advertise—you know!
tests/inputs/nobody.txt:To tell one's name—the livelong June—
```

2 若你想知道關於 regex 的更多資訊，我推薦 Jeffrey E. F. Friedl 的《Mastering Regular Expressions》第三版（O' Reilly）。

Rust 的 regex crate 說明（*https://oreil.ly/VYPhC*）指出，它的「語法類似 Perl 形式的正規表達式，但少了某些功能，如環顧（look around）、反向參考（backreference）。」（**環顧**斷言讓表達式判斷一個模式必須跟在另一個模式之後或之前，而**反向參考**讓該模式參考以前取得的值。）即這個挑戰程式對於擴展正規表達式的預設處理，比較像是 egrep 的作業方式。然而，這也表示程式將無法處理之前的模式（原因是需要使用反向參考）。不過，這仍然是一個相當吸引人編寫的程式，所以讓我們持續進行吧。

找出待搜尋的檔案

我需要找出待搜尋的所有檔案。回想一下，使用者可能會同時指定目錄名稱與 --recursive 選項，用於搜尋每個目錄中各個檔案的內容；否則，只指定目錄名稱應會在 STDERR 顯示警告。我決定編寫一個 find_files 函式，該函式接納一個字串向量，向量內容可能是檔名或目錄名，另外有一個布林值表示是否遞迴搜尋目錄。此函式回傳 MyResult 值向量，其內容儲存的字串是有效檔的名稱或錯誤訊息：

```
fn find_files(paths: &[String], recursive: bool) -> Vec<MyResult<String>> {
    unimplemented!();
}
```

為了測試上述內容，我可以在 *src/lib.rs* 加入一個 tests 模組。注意，這會用到 randcrate，該 crate 應該列於 *Cargo.toml* 的 [dev-dependencies] 段落中，如本章稍早所述：

```
#[cfg(test)]
mod tests {
    use super::find_files;
    use rand::{distributions::Alphanumeric, Rng};

    #[test]
    fn test_find_files() {
        // 驗證該函式是否找到已知存在的檔
        let files =
            find_files(&["./tests/inputs/fox.txt".to_string()], false);
        assert_eq!(files.len(), 1);
        assert_eq!(files[0].as_ref().unwrap(), "./tests/inputs/fox.txt");

        // 該函式應拒絕處理沒有遞迴選項的目錄
        let files = find_files(&["./tests/inputs".to_string()], false);
        assert_eq!(files.len(), 1);
```

```
        if let Err(e) = &files[0] {
            assert_eq!(e.to_string(), "./tests/inputs is a directory");
        }

        // 驗證函式遞迴找尋該目錄中四個檔案的內容
        let res = find_files(&["./tests/inputs".to_string()], true);
        let mut files: Vec<String> = res
            .iter()
            .map(|r| r.as_ref().unwrap().replace("\\", "/"))
            .collect();
        files.sort();
        assert_eq!(files.len(), 4);
        assert_eq!(
            files,
            vec![
                "./tests/inputs/bustle.txt",
                "./tests/inputs/empty.txt",
                "./tests/inputs/fox.txt",
                "./tests/inputs/nobody.txt",
            ]
        );

        // 產生一個隨機字串用於表示不存在的檔
        let bad: String = rand::thread_rng()
            .sample_iter(&Alphanumeric)
            .take(7)
            .map(char::from)
            .collect();

        // 驗證函式是否將有問題的檔案視為一個錯誤而回傳
        let files = find_files(&[bad], false);
        assert_eq!(files.len(), 1);
        assert!(files[0].is_err());
    }
}
```

就此暫停閱讀後續章節，請編寫可通過 **cargo test test_find_files** 測試的程式碼。

以下是我在程式碼中使用 find_files 的做法：

```
pub fn run(config: Config) -> MyResult<()> {
    println!("pattern \"{}\"", config.pattern);

    let entries = find_files(&config.files, config.recursive);
    for entry in entries {
        match entry {
            Err(e) => eprintln!("{}", e),
            Ok(filename) => println!("file \"{}\"", filename),
        }
    }

    Ok(())
}
```

我的解決方案使用 WalkDir（*https://oreil.ly/ahe7k*），這是第 7 章介紹的內容。確認你是否可以讓挑戰程式呈現下列的輸出。首先，預設輸入應為一個連接號（-），表示讀取 STDIN 的內容：

```
$ cargo run -- fox
pattern "fox"
file "-"
```

直接列出一個連接號作為輸入，應會產生相同的輸出：

```
$ cargo run -- fox -
pattern "fox"
file "-"
```

該程式應可處理多個輸入檔案：

```
$ cargo run -- fox tests/inputs/*
pattern "fox"
file "tests/inputs/bustle.txt"
file "tests/inputs/empty.txt"
file "tests/inputs/fox.txt"
file "tests/inputs/nobody.txt"
```

應拒絕處理無搭配 --recursive 選項的目錄名稱指定：

```
$ cargo run -- fox tests/inputs
pattern "fox"
tests/inputs is a directory
```

採用 `--recursive` 旗標，要找尋目錄裡各個檔案的內容：

```
$ cargo run -- -r fox tests/inputs
pattern "fox"
file "tests/inputs/empty.txt"
file "tests/inputs/nobody.txt"
file "tests/inputs/bustle.txt"
file "tests/inputs/fox.txt"
```

在處理每個細目的過程中，應在 STDERR 顯示無效的檔案引數。在下面的示例中，*blargh* 表示不存在的檔案：

```
$ cargo run -- -r fox blargh tests/inputs/fox.txt
pattern "fox"
blargh: No such file or directory (os error 2)
file "tests/inputs/fox.txt"
```

找出匹配的各行輸入內容

此時可讓你的程式開啟檔案，搜尋匹配的各行文字。建議你繼續用前面幾章提及的 `open` 函式，開啟與讀取現存檔案或 STDIN，後者是以一個連接號（-）為指定檔名：

```
fn open(filename: &str) -> MyResult<Box<dyn BufRead>> {
    match filename {
        "-" => Ok(Box::new(BufReader::new(io::stdin()))),
        _ => Ok(Box::new(BufReader::new(File::open(filename)?))),
    }
}
```

在此你需要用下列的程式碼擴充專案的匯入內容：

```
use std::{
    error::Error,
    fs::{self, File},
    io::{self, BufRead, BufReader},
};
```

讀取每行內容時，務必保留行尾換行符號，以因應其中一個輸入檔（內有 Windows 版的 CRLF 結尾）。我的解決方案使用 `find_lines` 函式，你可以參考以下內容開始編寫此函式：

```
fn find_lines<T: BufRead>(
    mut file: T, ❶
    pattern: &Regex, ❷
    invert_match: bool, ❸
) -> MyResult<Vec<String>> {
    unimplemented!();
}
```

❶ file 選項必須實作 std::io::BufRead trait (*https:// oreil.ly/c5fGP*)。

❷ pattern 選項是對應已編譯正規表達式的參考。

❸ invert_match 選項是一個布林值，表示是否進行反向匹配作業。

第 5 章的 wcr 程式使用 impl BufRead 表明某值必須實作 BufReadtrait。而上述程式碼使用 <T: BufRead> 表明該 trait 界定在型別 T。兩者所做的事完全相同，但我在上面示範的是另一種常見寫法。

為了測試這個函式，我擴充 tests 模組，加入以下的 test_find_lines 函式，該函式也是使用 std::io::Cursor 建立一個 filehandle（實作測試用的 BufRead）：

```
#[cfg(test)]
mod test {
    use super::{find_files, find_lines};
    use rand::{distributions::Alphanumeric, Rng};
    use regex::{Regex, RegexBuilder};
    use std::io::Cursor;

    #[test]
    fn test_find_files() {} // 一如既往，在此不贅述

    #[test]
    fn test_find_lines() {
        let text = b"Lorem\nIpsum\r\nDOLOR";

        // _or_ 模式應與「Lorem」這一行匹配
        let re1 = Regex::new("or").unwrap();
        let matches = find_lines(Cursor::new(&text), &re1, false);
        assert!(matches.is_ok());
        assert_eq!(matches.unwrap().len(), 1);

        // 反向匹配時，函式應與其他兩行匹配
```

```
        let matches = find_lines(Cursor::new(&text), &re1, true);
        assert!(matches.is_ok());
        assert_eq!(matches.unwrap().len(), 2);

        // 此 regex 將不區分大小寫
        let re2 = RegexBuilder::new("or")
            .case_insensitive(true)
            .build()
            .unwrap();

        //「Lorem」和「DOLOR」這兩行應會匹配
        let matches = find_lines(Cursor::new(&text), &re2, false);
        assert!(matches.is_ok());
        assert_eq!(matches.unwrap().len(), 2);

        // 反向匹配時，剩餘一行應會匹配
        let matches = find_lines(Cursor::new(&text), &re2, true);
        assert!(matches.is_ok());
        assert_eq!(matches.unwrap().len(), 1);
    }
}
```

就此暫停閱讀後續章節，請編寫可通過 **cargo test test_find_lines** 測試的函式。

接著，建議你將這些概念融入你的 run 中：

```
pub fn run(config: Config) -> MyResult<()> {
    let entries = find_files(&config.files, config.recursive); ❶
    for entry in entries {
        match entry {
            Err(e) => eprintln!("{}", e), ❷
            Ok(filename) => match open(&filename) { ❸
                Err(e) => eprintln!("{}: {}", filename, e), ❹
                Ok(file) => {
                    let matches = find_lines( ❺
                        file,
                        &config.pattern,
                        config.invert_match,
                    );
```

```
                    println!("Found {:?}", matches);
                }
            },
        }
    }

    Ok(())
}
```

❶ 尋找輸入檔案。

❷ 處理尋找輸入檔時出現的錯誤。

❸ 嘗試（以檔名）開啟有效檔。

❹ 處理開檔錯誤。

❺ 使用開啟的 filehandle 找尋符合（或不符合）該 regex 的各行內容。

此時，程式應該會顯示下列的輸出：

```
$ cargo run -- -r fox tests/inputs/*
Found Ok([])
Found Ok([])
Found Ok(["The quick brown fox jumps over the lazy dog.\n"])
Found Ok([])
```

修改此版內容，以符合程式條件。先從簡單的開始，也許可用一個空白正規表達式確認，結果應該會與輸入的每行內容匹配：

```
$ cargo run -- "" tests/inputs/fox.txt
The quick brown fox jumps over the lazy dog.
```

確定預設讀取 `STDIN` 的內容：

```
$ cargo run -- "" < tests/inputs/fox.txt
The quick brown fox jumps over the lazy dog.
```

執行程式，指定數個輸入檔案以及一個區分大小寫的模式：

```
$ cargo run -- The tests/inputs/*
tests/inputs/bustle.txt:The bustle in a house
```

```
tests/inputs/bustle.txt:The morning after death
tests/inputs/bustle.txt:The sweeping up the heart,
tests/inputs/fox.txt:The quick brown fox jumps over the lazy dog.
tests/inputs/nobody.txt:Then there's a pair of us!
```

試著顯示匹配行數而非整行內容：

```
$ cargo run -- --count The tests/inputs/*
tests/inputs/bustle.txt:3
tests/inputs/empty.txt:0
tests/inputs/fox.txt:1
tests/inputs/nobody.txt:1
```

包含 `--insensitive` 選項：

```
$ cargo run -- --count --insensitive The tests/inputs/*
tests/inputs/bustle.txt:3
tests/inputs/empty.txt:0
tests/inputs/fox.txt:1
tests/inputs/nobody.txt:3
```

接著嘗試反向匹配：

```
$ cargo run -- --count --invert-match The tests/inputs/*
tests/inputs/bustle.txt:6
tests/inputs/empty.txt:0
tests/inputs/fox.txt:0
tests/inputs/nobody.txt:8
```

確定你的 `--recursive` 選項能正常運作：

```
$ cargo run -- -icr the tests/inputs
tests/inputs/empty.txt:0
tests/inputs/nobody.txt:3
tests/inputs/bustle.txt:3
tests/inputs/fox.txt:1
```

依序處理檔案，適時處理檔案錯誤，例如不存在的檔案 *blargh*：

```
$ cargo run -- fox blargh tests/inputs/fox.txt
blargh: No such file or directory (os error 2)
tests/inputs/fox.txt:The quick brown fox jumps over the lazy dog.
```

還有個潛在問題應該妥善處理，即無法開啟某個檔，原因可能是權限不足：

```
$ touch hammer && chmod 000 hammer
$ cargo run -- fox hammer tests/inputs/fox.txt
hammer: Permission denied (os error 13)
tests/inputs/fox.txt:The quick brown fox jumps over the lazy dog.
```

我論述到此，該適可而止了。挑戰越來越難，因此你對需求感到有些不知所措也無妨。按部就班處理每項工作，三不五時執行 **cargo test**，確認你的程式可以通過多少測試。當遭遇困難時，執行 grep，輸入測試用的引數，仔細確認輸出結果。然後搭配相同引數執行你的程式，試著找出差異之處。

解決方案

我會一直強調，只要你的解決方案通過指定的測試套件，就可以按照你偏好的方式編寫。下列的 find_files 函式，我選用指令式做法自行推入一個向量而不是用疊代器收集。該函數將收集因錯誤路徑而生的單一錯誤，或者攤平可疊代的 WalkDir 而遞迴取得檔案。針對下列的程式碼，務必加入 use std::fs、walkdir::WalkDir：

```
fn find_files(paths: &[String], recursive: bool) -> Vec<MyResult<String>> {
    let mut results = vec![]; ❶

    for path in paths { ❷
        match path.as_str() {
            "-" => results.push(Ok(path.to_string())), ❸
            _ => match fs::metadata(path) { ❹
                Ok(metadata) => {
                    if metadata.is_dir() { ❺
                        if recursive { ❻
                            for entry in WalkDir::new(path) ❼
                                .into_iter()
                                .flatten() ❽
                                .filter(|e| e.file_type().is_file())
                            {
                                results.push(Ok(entry
                                    .path()
                                    .display()
                                    .to_string()));
                            }
```

```
                } else {
                    results.push(Err(From::from(format!( ❾
                        "{} is a directory",
                        path
                    ))));
                }
            } else if metadata.is_file() { ❿
                results.push(Ok(path.to_string()));
            }
        }
        Err(e) => { ⓫
            results.push(Err(From::from(format!("{}: {}", path, e))))
        }
    },
  }
}

results
}
```

❶ 初始化一個空向量（用於儲存 `results`）。

❷ 疊代處理每個指定路徑。

❸ 首先接納一個連接號（`-`）作為路徑（代表 `STDIN`）。

❹ 試著取得路徑的元資料（metadata）。

❺ 確認該路徑是否為目錄。

❻ 確認使用者是否要遞迴搜尋目錄。

❼ 將指定目錄中的所有檔案加入 `results`。

❽ `Iterator::flatten`（*https://oreil.ly/RzXDz*）對 `Result` 與 `Option` 型別帶入 `Ok` 或 `Some` 變體，而忽略 `Err` 和 `None` 變體，即它會忽略以遞迴搜尋目錄所得檔案相關的任何錯誤。

❾ 註明錯誤：指定細目為一個目錄。

❿ 若路徑為一個檔案，將它加入 `results`。

⓫ 處理不存在的檔案會觸發此 arm。

接著，我要分享自己的 find_lines 函式。對於下列的程式碼，你需要在匯入的部分加 use std::mem。這裡大量借用之前逐行讀檔的函式，因此對之前程式碼的運用不再贅述：

```
fn find_lines<T: BufRead>(
    mut file: T,
    pattern: &Regex,
    invert_match: bool,
) -> MyResult<Vec<String>> {
    let mut matches = vec![]; ❶
    let mut line = String::new();

    loop {
        let bytes = file.read_line(&mut line)?;
        if bytes == 0 {
            break;
        }
        if pattern.is_match(&line) ^ invert_match { ❷
            matches.push(mem::take(&mut line)); ❸
        }
        line.clear();
    }

    Ok(matches) ❸
}
```

❶ 初始化一個可變的向量（用於儲存匹配的各行內容）。

❷ 使用 BitXor 位元 *XOR*（*https://oreil.ly/fwIFt*）運算子（^）確認是否應包含該行。

❸ 使用 std::mem::take（*https://oreil.ly/bKZz9*）取得該行的所有權。我可以使用 clone（*https://oreil.ly/NkRmp*）複製字串並將它加入 matches 中，而 take 可以避免非必要的複製作業。

上述的函式中，位元的 *XOR* 比較（^）也可以使用邏輯運算子 *AND*（&&）、*OR*（||）組合表示，如下所示：

```
if (pattern.is_match(&line) && !invert_match) ❶
    || (!pattern.is_match(&line) && invert_match) ❷
{
    matches.push(line.clone());
}
```

❶ 確認該行匹配而且使用者不要反向匹配。

❷ 或者確認該行不匹配而且使用者想要反向匹配。

`run` 函式的開頭要建立一個閉包，用於處理輸出內容的呈現（基於輸入檔的數量決定是否顯示對應檔名）：

```
pub fn run(config: Config) -> MyResult<()> {
    let entries = find_files(&config.files, config.recursive); ❶
    let num_files = entries.len(); ❷
    let print = |fname: &str, val: &str| { ❸
        if num_files > 1 {
            print!("{}:{}", fname, val);
        } else {
            print!("{}", val);
        }
    };
```

❶ 尋得所有輸入內容。

❷ 得到輸入個數。

❸ 建立 `print` 閉包，此閉包使用輸入個數決定是否顯示輸出檔案的名稱。

接著，程式試圖從各個細目（檔案）找出匹配的各行內容：

```
    for entry in entries {
        match entry {
            Err(e) => eprintln!("{}", e), ❶
            Ok(filename) => match open(&filename) { ❷
                Err(e) => eprintln!("{}: {}", filename, e), ❸
                Ok(file) => {
                    match find_lines( ❹
                        file,
                        &config.pattern,
                        config.invert_match,
                    ) {
                        Err(e) => eprintln!("{}", e), ❺
                        Ok(matches) => {
                            if config.count { ❻
                                print(
                                    &filename,
```

```
                            &format!("{}\n", matches.len()),
                        );
                    } else {
                        for line in &matches {
                            print(&filename, line);
                        }
                    }
                }
            }
        }
    },
  }
}
Ok(())
}
```

❶ 在 STDERR 顯示錯誤（如：檔案不存在）。

❷ 試圖開啟一個檔案。可能因為權限而無法開啟。

❸ 在 STDERR 顯示一個錯誤。

❹ 試圖找出匹配的各行文字。

❺ 將一個錯誤送給 STDERR 呈現。

❻ 決定是要顯示匹配行數還是匹配內容。

此時，這各程式應通過所有測試。

進階挑戰

Rust 的 ripgrep 工具（*https://oreil.ly/oqlzw*）實作 grep 的諸多功能，值得研究。你可以按其中描述的指引安裝此程式，然後執行 rg。如圖 9-1 所示，輸出的呈現會特別突顯匹配文字。試著將該功能加入你的程式中，可運用 Regex::find（*https://oreil.ly/MzvvZ*）找出匹配模式的開始與結尾位置，以及利用像 termcolor（*https://oreil.ly/QRuAE*）之類的 crate 突顯匹配內容。

```
$ rg The tests/inputs
tests/inputs/nobody.txt
3:Then there's a pair of us!

tests/inputs/bustle.txt
1:The bustle in a house
2:The morning after death
6:The sweeping up the heart,

tests/inputs/fox.txt
1:The quick brown fox jumps over the lazy dog.
```

圖 9-1 ripgrep 工具會突顯匹配文字

ripgrep 的作者有一篇論述詳盡的部落格貼文（*https://oreil.ly/JfnB8*），內容涉及程式編寫的設計決策。在〈Repeat After Me: Thou Shalt Not Search Line by Line〉（跟我重複一次：你不應該逐行搜尋）一節中，作者討論搜尋各行文字（其中大多數內容皆不匹配）所導致的效能影響。

本章總結

本章的挑戰讓你延續第 7 章所學的技能，例如遞迴的找尋目錄中各個檔案的內容以及運用正規表達式，進而將這些技能組合以找出與特定 regex 匹配（或不匹配）的檔案內容。此外，你已學到的本章重點回顧如下：

- 利用 `RegexBuilder` 建立較複雜的正規表達式，例如使用不區分大小寫的選項匹配字串（不考慮字串的大小寫）。
- 針對不同工具認得的正規表達式，其編寫的語法多元，例如 PCRE。Rust 的 `regex` 引擎沒有實作 PCRE 的某些功能，例如環顧斷言或反向參考。
- （以 `BufRead` 為例）在函式的 signature（標記）中用 `impl BufRead` 或 `<T: BufRead>` 表明 trait 界定。
- Rust 的位元 *XOR* 運算子可以取代較複雜的邏輯運算（將 *AND* 比較與 *OR* 比較兩者組合的邏輯運算）。

下一章將加以論述疊代處理檔案各行內容，以及說明如何比較字串以及如何建立更複雜的 `enum` 型別。

第十章

同中求異

以前從未用

常理看著你

——明日巨星合唱團〈Circular Karate Chop〉(2013)

本章要編寫 Rust 版的 `comm`(*common*)工具程式(比較共同 之處的程式),該程式將讀取兩個檔案,回應兩者共同的各行文字以及各自特有的各行文字。這些是集合運算,其中共有的部分是兩個檔案的交集運算(*intersection*),特有的部分是兩這的差集運算(*difference*)。若你熟悉資料庫,則還可以將其視為 *join*(連接)運算類型。

你將學習如何:

- 使用 `Iterator::next` 自行疊代處理 filehandle 的各行內容
- 對(以元組表示)可能組合的 `match`
- 運用 `std::cmp::Ordering` 比較字串

comm 的運作方式

為了說明本章挑戰程式的需求,我首先呈現 `comm`BSD 版的使用手冊部分內容,說明該工具的運作方式:

```
COMM(1)                    BSD 一般指令使用手冊                    COMM(1)

名稱
     comm -- 選擇或隱藏兩個檔共有的行

概述
     comm [-123i] file1 file2

描述
     comm 工具程式讀取 file1 和 file2，它們應按字典順序排序，並產成三個文字欄作為輸出：
     僅出現在 file1 中之行、僅出現在 file2 中之行，以及兩個檔中皆有之行。

     檔名 "-" 表示標準輸入。

     下列選項可供使用：

     -1        隱藏顯示欄位 1。

     -2        隱藏顯示欄位 2。

     -3        隱藏顯示欄位 3。

     -i        不區分大小寫的行比較。

     每欄前面會附加一些 tab 字元，數量與要顯示的低號碼欄數相同。例如如果欄位二要被隱
     藏，那麼在欄一顯示的行之前不會有任何 tab，而欄三顯示的行之前會有一個 tab。

     comm 工具程式假定檔案是按詞彙排序的；所有字元都參與行內容比較。
```

GNU 版則多了一些選項，但少了不區分大小寫的選項：

```
$ comm --help
用法：comm [ 選項 ]... 檔案 1 檔案 2
逐行比較已排序的 檔案 1 和 檔案 2。

如果 <檔案 1> 或 <檔案 2> 是 "-" 時（不含兩者均為 "-" 的情況），將從標準輸入讀取。

如果不附加選項，程式會產生三欄輸出。第一欄包含 <檔案 1> 特有的行，第二欄包含 <檔案 2> 特
有的行，而第三欄包含兩個檔案共有的行。

  -1                 不輸出 檔案 1 特有的行
  -2                 不輸出 檔案 2 特有的行
```

```
  -3                 不輸出兩個檔案共有的行

  --check-order      檢查輸入是否被正確排序（即使所有輸入行均成對）
  --nocheck-order    不檢查輸入是否被正確排序
  --output-delimiter=STR  依照 STR 分列
  --total            輸出一份摘要訊息
  -z, --zero-terminated    以 NUL 字元而非換行符號作為行尾分隔符號
      --help      顯示此說明訊息並退出
      --version   顯示版本訊息並退出

注意，比較操作遵循「LC_COLLATE」所指定的規則。

範例：
  comm -12 檔案 1 檔案 2  只列印在 檔案 1 和 檔案 2 中都有的行
  comm -3  檔案 1 檔案 2  列印在 檔案 1 中有，而 檔案 2 中沒有的行。反之亦然。
```

就此，你可能想知道為何用它。假設你有一個檔案，內有你最愛的樂團在上次巡演的城市列表：

```
$ cd 10_commr/tests/inputs/
$ cat cities1.txt
Jackson
Denton
Cincinnati
Boston
Santa Fe
Tucson
```

另一個檔案列出目前巡演的城市：

```
$ cat cities2.txt
San Francisco
Denver
Ypsilanti
Denton
Cincinnati
Boston
```

你可以使用 comm 找出兩集合皆出現的城市，即隱藏欄 1（第一個檔案特有的各行內容）、欄 2（第二個檔案特有的各行內容），僅顯示欄 3（兩個檔共有的各行內容）。這就像 SQL 中的 *inner join*（內部連接），其中只顯示兩組輸入內容中出現的資料。注意，這兩個檔案皆需要事先排序：

```
$ comm -12 <(sort cities1.txt) <(sort cities2.txt)
Boston
Cincinnati
Denton
```

若只想要樂團第一次巡演的城市，則可以隱藏欄 2、欄 3：

```
$ comm -23 <(sort cities1.txt) <(sort cities2.txt)
Jackson
Santa Fe
Tucson
```

最後，若只要他們第二次巡演的城市，可以隱藏欄 1、欄 3：

```
$ comm -13 <(sort cities1.txt) <(sort cities2.txt)
Denver
San Francisco
Ypsilanti
```

第一個檔或第二個檔可以是 STDIN，以一個連接號（-）代表檔名：

```
$ sort cities2.txt | comm -12 <(sort cities1.txt) -
Boston
Cincinnati
Denton
```

如同 GNU 版的 comm，挑戰程式只有一個輸入可能是以一個連接號表示。注意，BSD 版的 comm 搭配 -i 旗標時，就可以執行不區分大小寫的比較。例如，我可以將第一次巡演的城市以小寫字母呈現：

```
$ cat cities1_lower.txt
jackson
denton
cincinnati
boston
santa fe
tucson
```

而第二次巡演的程式以大寫字母表示：

```
$ cat cities2_upper.txt
SAN FRANCISCO
DENVER
YPSILANTI
DENTON
CINCINNATI
BOSTON
```

然後使用 -i 旗標找出兩次巡演的共同城市：

```
$ comm -i -12 <(sort cities1_lower.txt) <(sort cities2_upper.txt)
boston
cincinnati
denton
```

我明白巡演城市示例是簡單的範例，所以會另外多舉一個例子，源自我在生物資訊學的經驗，生物資訊學是電腦科學與生物學的交集。有一個蛋白質序列檔，讓我可以執行一個分析，對相似的序列分群。使用 comm 將已分群的蛋白質與原序列相比，找出無法分群的蛋白質。這些未能分群的蛋白質可能有一些獨特內容值得進一步分析。

上述是本章挑戰程式需要實作的內容。其與 BSD 版的一個差異是，採用 GNU 版的非必要輸出欄分隔符號（預設為一個 tab 字元），此為 comm 的正常輸出。

挑戰入門

本章挑戰程式的名稱是 commr（讀作 *comm-er*，該發音基本上與英國人對 *comma* 的唸法雷同），即 Rust 版的 comm。建議你用 **cargo new commr** 開始作業，然後將下列的依賴套件加入 *Cargo.toml* 檔案中：

```
[dependencies]
clap = "2.33"

[dev-dependencies]
assert_cmd = "2"
predicates = "2"
rand = "0.8"
```

將 *10_commr/tests* 目錄複製到你的專案中，接著執行 **cargo test** 進行測試，這些測試應該都會失敗。

定義引數

一如既往，不過還是建議你的 *src/main.rs* 可用下列內容：

```
fn main() {
    if let Err(e) = commr::get_args().and_then(commr::run) {
        eprintln!("{}", e);
        std::process::exit(1);
    }
}
```

關於 *src/lib.rs*，一開始可用下列的程式碼：

```
use clap::{App, Arg};
use std::error::Error;

type MyResult<T> = Result<T, Box<dyn Error>>;

#[derive(Debug)]
pub struct Config {
    file1: String, ❶
    file2: String, ❷
    show_col1: bool, ❸
    show_col2: bool, ❹
    show_col3: bool, ❺
    insensitive: bool, ❻
    delimiter: String, ❼
}
```

❶ 第一個輸入檔案的名稱是一個 `String`。

❷ 第二個輸入檔案的名稱是一個 `String`。

❸ 布林值，代表是否顯示輸出的第一欄。

❹ 布林值，代表是否顯示輸出的第二欄。

❺ 布林值，代表是否顯示輸出的第三欄。

❻ 布林值，代表是否執行不區分大小寫的比較。

❼ 輸出欄分隔符號，預設為一個 tab。

通常，我會對 Config 欄位與引數採取相同名稱，但是我不喜歡隱藏這個否定動詞，反而偏愛具肯定氛圍的顯示一詞。我認為如此使得程式碼更有可讀性，如同稍後舉例說明的那樣。

以下作為 `get_args` 函式初始內容，你可以補充其中不足的部分：

```
pub fn get_args() -> MyResult<Config> {
    let matches = App::new("commr")
        .version("0.1.0")
        .author("Ken Youens-Clark <kyclark@gmail.com>")
        .about("Rust comm")
        // 這邊要放什麼？
        .get_matches();

    Ok(Config {
        file1: ...
        file2: ...
        show_col1: ...
        show_col2: ...
        show_col3: ...
        insensitive: ...
        delimiter: ...
    })
}
```

`run` 函式一開始可以顯示 `config`：

```
pub fn run(config: Config) -> MyResult<()> {
    println!("{:#?}", config);
    Ok(())
}
```

你的程式應該能夠產生下列的用法說明：

```
$ cargo run -- -h
commr 0.1.0
Ken Youens-Clark <kyclark@gmail.com>
```

```
Rust comm

USAGE:
    commr [FLAGS] [OPTIONS] <FILE1> <FILE2>

FLAGS:
    -h, --help       Prints help information
    -i               Case-insensitive comparison of lines
    -1               Suppress printing of column 1
    -2               Suppress printing of column 2
    -3               Suppress printing of column 3
    -V, --version    Prints version information

OPTIONS:
    -d, --output-delimiter <DELIM>    Output delimiter [default: ]

ARGS:
    <FILE1>    Input file 1
    <FILE2>    Input file 2
```

若執行程式時無輸入引數，則應該有錯誤表示必須指定兩個檔案引數：

```
$ cargo run
error: The following required arguments were not provided:
    <FILE1>
    <FILE2>

USAGE:
    commr <FILE1> <FILE2> --output-delimiter <DELIM>

For more information try --help
```

倘若有指定兩個位置引數，則應該會得到下列輸出：

```
$ cargo run -- tests/inputs/file1.txt tests/inputs/file2.txt
Config {
    file1: "tests/inputs/file1.txt", ❶
    file2: "tests/inputs/file2.txt",
    show_col1: true, ❷
    show_col2: true,
    show_col3: true,
    insensitive: false,
```

```
    delimiter: "\t",
}
```

❶ 兩個位置引數被剖析至 file1、file2 中。

❷ 其餘值則採取預設值，即布林值預設為 true，而輸出分隔符號預設值為 tab 字元。

驗證是否也可以設定其他引數：

```
$ cargo run -- tests/inputs/file1.txt tests/inputs/file2.txt -123 -d , -i
Config {
    file1: "tests/inputs/file1.txt",
    file2: "tests/inputs/file2.txt",
    show_col1: false, ❶
    show_col2: false,
    show_col3: false,
    insensitive: true, ❷
    delimiter: ",", ❸
}
```

❶ -123 表示將每個顯示 值設為 false。

❷ -i 表示將 insensitive 設為 true。

❸ -d 選項將輸出分隔符號設為逗號（,）。

就此暫停閱讀後續章節，請讓你的程式符合上述的輸出結果。

以下是我的 get_args 所定義的引數。因為內容與以前的程式相當類似，所以就此不再贅述：

```
pub fn get_args() -> MyResult<Config> {
    let matches = App::new("commr")
        .version("0.1.0")
        .author("Ken Youens-Clark <kyclark@gmail.com>")
        .about("Rust comm")
        .arg(
            Arg::with_name("file1")
                .value_name("FILE1")
                .help("Input file 1")
                .takes_value(true)
```

```
            .required(true),
    )
    .arg(
        Arg::with_name("file2")
            .value_name("FILE2")
            .help("Input file 2")
            .takes_value(true)
            .required(true),
    )
    .arg(
        Arg::with_name("suppress_col1")
            .short("1")
            .takes_value(false)
            .help("Suppress printing of column 1"),
    )
    .arg(
        Arg::with_name("suppress_col2")
            .short("2")
            .takes_value(false)
            .help("Suppress printing of column 2"),
    )
    .arg(
        Arg::with_name("suppress_col3")
            .short("3")
            .takes_value(false)
            .help("Suppress printing of column 3"),
    )
    .arg(
        Arg::with_name("insensitive")
            .short("i")
            .takes_value(false)
            .help("Case-insensitive comparison of lines"),
    )
    .arg(
        Arg::with_name("delimiter")
            .short("d")
            .long("output-delimiter")
            .value_name("DELIM")
            .help("Output delimiter")
            .default_value("\t")
            .takes_value(true),
    )
    .get_matches();
```

```
    Ok(Config {
        file1: matches.value_of("file1").unwrap().to_string(),
        file2: matches.value_of("file2").unwrap().to_string(),
        show_col1: !matches.is_present("suppress_col1"),
        show_col2: !matches.is_present("suppress_col2"),
        show_col3: !matches.is_present("suppress_col3"),
        insensitive: matches.is_present("insensitive"),
        delimiter: matches.value_of("delimiter").unwrap().to_string(),
    })
}
```

驗證與開啟輸入檔

下一步是檢查與開啟輸入檔。我建議採取前幾章所用的 `open` 函式修改而成：

```
fn open(filename: &str) -> MyResult<Box<dyn BufRead>> {
    match filename {
        "-" => Ok(Box::new(BufReader::new(io::stdin()))),
        _ => Ok(Box::new(BufReader::new(
            File::open(filename)
                .map_err(|e| format!("{}: {}", filename, e))?, ❶
        ))),
    }
}
```

❶ 將 `filename` 納入錯誤訊息中。

就此需要加入下列程式碼擴充你的匯入內容：

```
use std::{
    error::Error,
    fs::File,
    io::{self, BufRead, BufReader},
};
```

如之前所述，對於 STDIN，只能有一個輸入是針對 `STDIN`（以一個連接號表示）。你可以使用下列程式碼，讓 `run` 能夠檢查檔名以及開啟檔案：

```
pub fn run(config: Config) -> MyResult<()> {
    let file1 = &config.file1;
    let file2 = &config.file2;
```

```
    if file1 == "-" && file2 == "-" { ❶
        return Err(From::from("Both input files cannot be STDIN (\"-\")"));
    }

    let _file1 = open(file1)?; ❷
    let _file2 = open(file2)?;
    println!("Opened {} and {}", file1, file2); ❸

    Ok(())
}
```

❶ 檢查兩個檔名是否皆為連接號（-）。

❷ 嘗試開啟兩個輸入檔案。

❸ 顯示訊息讓你知道發生什麼事。

你的程式應該要拒絕處理同時指定兩個 `STDIN` 引數：

```
$ cargo run -- - -
Both input files cannot be STDIN ("-")
```

對於指定兩個正常的輸入檔案，程式應該能夠顯示下列內容：

```
$ cargo run -- tests/inputs/file1.txt tests/inputs/file2.txt
Opened tests/inputs/file1.txt and tests/inputs/file2.txt
```

也應該拒絕處理任一引數所指定的有問題檔案，例如不存在的 *blargh* 檔案：

```
$ cargo run -- tests/inputs/file1.txt blargh
blargh: No such file or directory (os error 2)
```

此時，你的程式應可通過 **`cargo test dies`** 的所有測試，檢查缺漏或錯誤的輸入引數：

```
running 4 tests
test dies_both_stdin ... ok
test dies_no_args ... ok
test dies_bad_file1 ... ok
test dies_bad_file2 ... ok
```

處理檔案

你的程式此刻可以驗證所有引數與開啟輸入檔（其中一個可能是 `STDIN`）。接著需要疊代處理每個檔案各行文字（比較作業）。測試使用 *10_commr/tests/inputs* 中的檔案，如下所示：

- *empty.txt*：無內容
- *blank.txt*：內有一個空白行
- *file1.txt*：內有四行文字
- *file2.txt*：內有兩行文字

可以使用 `BufRead::lines`（*https://oreil.ly/KhmCp*）讀取檔案（即在此不必保留行尾換行符號）。先從簡單的開始，也許使用 *empty.txt* 檔與 *file1.txt*。試著讓你的程式呈現源自 `comm` 的輸出結果：

```
$ cd tests/inputs/
$ comm file1.txt empty.txt
a
b
c
d
```

然後讓引數順序顛倒，確保獲得相同的輸出，不過此時的輸出位於欄 2，如下所示：

```
$ comm empty.txt file1.txt
	a
	b
	c
	d
```

接下來，輸入 *file1.txt*、*file2.txt* 檢視 `comm` BSD 版的輸出。以下指令呈現的各行順序是挑戰程式的預期輸出：

```
$ comm file1.txt file2.txt
	B
a
b
		c
d
```

GNU 版的 `comm` 在內容不相等時對先顯示的行序有所不同。注意，*B* 行在 *b* 行之後：

```
$ comm file1.txt file2.txt
a
b
        B
                c
d
```

接著要探究如何處理內有一個空白行的 *blank.txt* 檔。注意，以下的輸出首先顯示空白行，接著是 *file2.txt* 的兩行文字：

```
$ comm tests/inputs/blank.txt tests/inputs/file2.txt

        B
        c
```

建議你試著從每個檔案檔中讀取一行文字開始。`BufRead::lines` 的說明表示，當到達檔案結尾時，將回傳 `None`。起初其中一個引數指定為空的檔案將讓你得處理行數參差不齊的情況，你必須對其中一個 filehandle 往前推進，而另一個 filehandle 則維持不變。而當使用兩個非空的檔案時，你必須考量如何讀取這些檔，直到找到匹配的各行文字，否則單獨移動取得的各行文字。

就此暫停說明，請使用測試套件協助完成你的程式。寫完你的解決方案之後，回頭見。

解決方案

一如既往，我要強調的是，挑戰程式的唯一要求是通過測試套件。我懷疑你會像我一樣寫同樣的程式碼，但這就是我認為編程如此有意思、有創意之處。我的解決方案選擇建立疊代器，透過 filehandle 擷取各行內容。這些疊代器加上一個閉包處理不區分大小寫的比較：

```
pub fn run(config: Config) -> MyResult<()> {
    let file1 = &config.file1;
    let file2 = &config.file2;

    if file1 == "-" && file2 == "-" {
        return Err(From::from("Both input files cannot be STDIN (\"-\")"));
```

```
    }

    let case = |line: String| { ❶
        if config.insensitive {
            line.to_lowercase()
        } else {
            line
        }
    };

    let mut lines1 = open(file1)?.lines().filter_map(Result::ok).map(case); ❷
    let mut lines2 = open(file2)?.lines().filter_map(Result::ok).map(case);

    let line1 = lines1.next(); ❸
    let line2 = lines2.next();
    println!("line1 = {:?}", line1); ❹
    println!("line2 = {:?}", line2);

    Ok(())
}
```

❶ 建立閉包，可將每行文字改小寫（適用 `config.insensitive` 為 `true` 時）。

❷ 開啟檔案，建立疊代器（移除錯誤，透過 `case` 閉包映射各行內容）。

❸ `Iterator::next` 方法（*https://oreil.ly/7yJEJ*）對疊代器往前推進而回傳下一個值。在此，將透過 filehandle 擷取第一行。

❹ 顯示前兩個值。

上述程式碼使用 `Result::ok` 函式，而不是編寫 `|line| line.ok()` 閉包。兩者所做的工作一模一樣，不過前者內容較短。

如之前建議的，我一開始會用空的檔案。進入本章的根目錄，使用下列輸入檔案執行該程式：

```
$ cd ../..
$ cargo run -- tests/inputs/file1.txt tests/inputs/empty.txt
line1 = Some("a")
line2 = None
```

這讓我開始思考如何根據 Some(line)、None（源自兩個疊代器得到的結果）四種不同組合，移動每個疊代器的處理內容行次。下列的程式碼將這些可能組合放到一個元組中（*https://oreil.ly/Cmywl*），這是一個用括號括起來的有限異質序列（finite heterogeneous sequence）：

```
let mut line1 = lines1.next(); ❶
let mut line2 = lines2.next();

while line1.is_some() || line2.is_some() { ❷
    match (&line1, &line2) { ❸
        (Some(_), Some(_)) => { ❹
            line1 = lines1.next();
            line2 = lines2.next();
        }
        (Some(_), None) => { ❺
            line1 = lines1.next();
        }
        (None, Some(_)) => { ❻
            line2 = lines2.next();
        }
        _ => (), ❼
    };
}
```

❶ 將 line1、line2 變數設為可變的。

❷ 只要有任一個 filehandle 還能生出一行文字，持續執行這個迴圈。

❸ 針對兩個變體，比較 line1、line2 變數的所有可能組合。

❹ 當兩者皆為 Some 值，使用 Iterator::next 透過雙方的 filehandle 各自擷取下一行內容。

❺ 若只有第一個檔的值，則透過第一個 filehandle 求取其下一行內容。

❻ 依樣畫葫蘆的處理第二個 filehandle。

❼ 若屬於上述之外的情況，則不執行任何動作。

當某值僅源自第一個檔案或第二個檔案時，應該將該值各別顯示在對應的第一欄或第二欄。當源自不同檔案（第一個檔案與第二個檔案）的兩值相同時，則應該在欄 3 顯示這個相同值。對於源自不同檔案的兩值，其中第一個值小於第二個值時，則應該在欄 1 顯示第一個值；否則，應該在欄 2 顯示第二個值。為了理解最後這一項，考量下列兩個輸入檔（以並排呈現，讓你可以想像程式碼讀取這些行內容的方式）：

```
$ cat tests/inputs/file1.txt          $ cat tests/inputs/file2.txt
a                                     B
b                                     c
c
d
```

為了協助你了解 commBSD 版的輸出，我將輸出用管線接到 sed（*stream editor*）此串流編輯器中，以 ---> 字串替換當中的每個 tab 字元（\t），明確呈現各欄的內容：

```
$ comm tests/inputs/file1.txt tests/inputs/file2.txt | sed "s/\t/--->/g" ❶
--->B
a
b
--->--->c
d
```

❶ sed 指令的 s//（*substitute*）會替代值，將第一對斜線之間的字串換成第二對斜線之間的字串。最後一個 g（*global*）是全域旗標，表示要替代符合條件的每次所現內容。

此刻想像一下，你的程式碼讀取每個輸入的第一行，其中 *a* 源自 *file1.txt*、*B* 源自 *file2.txt*。兩者不相等，而問題是要顯示哪一個。目標是仿效 BSD 版的 comm，因此 *B* 應該排在第一位，並顯示在第二欄。當比較 *a* 與 *B* 時，若按編碼位置（*code point*）或數值順序，得到的結果是 *B* 小於 *a*。為了協助你了解這一點，我引入 *util/ascii* 的一個程式，該程式將 ASCII 表（範圍從第一個可顯示字元開始）。注意，*B* 的值為 66，而 *a* 的值為 97：

```
33: ! 52: 4 71: G 90: Z109: m
34: " 53: 5 72: H 91: [110: n
35: # 54: 6 73: I 92: \111: o
36: $ 55: 7 74: J 93: ]112: p
37: % 56: 8 75: K 94: ^113: q
38: & 57: 9 76: L 95: _114: r
39: ' 58: : 77: M 96: `115: s
40: ( 59: ; 78: N 97: a116: t
41: ) 60: < 79: O 98: b117: u
42: * 61: = 80: P 99: c118: v
43: + 62: > 81: Q100: d119: w
44: , 63: ? 82: R101: e120: x
45: - 64: @ 83: S102: f121: y
46: . 65: A 84: T103: g122: z
47: / 66: B 85: U104: h123: {
```

```
48: 0 67: C 86: V105: i124: |
49: 1 68: D 87: W106: j125: }
50: 2 69: E 88: X107: k126: ~
51: 3 70: F 89: Y108: l127: DEL
```

為了仿效 BSD 版的 `comm`，我應該先顯示較小的值（*B*），然後為下一次的疊代作業從該檔中取出另一個值；GNU 版的顯示順序完全相反。對於下列的程式碼，我僅關注順序議題，至於縮排內容留待後續處理。注意，你應該將 `use std::cmp::Ordering::*` 加入程式碼的匯入內容中：

```
let mut line1 = lines1.next();
let mut line2 = lines2.next();

while line1.is_some() || line2.is_some() {
    match (&line1, &line2) {
        (Some(val1), Some(val2)) => match val1.cmp(val2) { ❶
            Equal => { ❷
                println!("{}", val1);
                line1 = lines1.next();
                line2 = lines2.next();
            }
            Less => { ❸
                println!("{}", val1);
                line1 = lines1.next();
            }
            Greater => { ❹
                println!("{}", val2);
                line2 = lines2.next();
            }
        },
        (Some(val1), None) => {
            println!("{}", val1); ❺
            line1 = lines1.next();
        }
        (None, Some(val2)) => {
            println!("{}", val2); ❻
            line2 = lines2.next();
        }
        _ => (),
    }
}
```

❶ 使用 `Ord::cmp`（*https://oreil.ly/cTw3P*）將第一個值與第二個值相比。這會回傳源自 `std::cmp::Ordering` 的變體（*https://oreil.ly/ytvJ9*）。

❷ 當兩個值相等時，顯示第一個值並從每個檔案中取值。

❸ 當第一個檔的值小於第二個檔的值時，顯示第一個檔的值，並求取第一個檔的下一個值。

❹ 當第一個檔的值大於第二個檔的值時，顯示第二個檔的值，並求取第二個檔的下一個值。

❺ 只出現在第一個檔的值，顯示該值並繼續從第一個檔求取下一個值。

❻ 只出現在第二個檔的值時，顯示該值並繼續從第二個檔求取下一個值。

若執行這個程式，輸入一個非空的檔案與一個空的檔案，則該程式運作無礙：

```
$ cargo run -- tests/inputs/file1.txt tests/inputs/empty.txt
a
b
c
d
```

若改用 *file1.txt*、*file2.txt*，則該程式的執行結果與預期輸出差不多：

```
$ cargo run -- tests/inputs/file1.txt tests/inputs/file2.txt
B
a
b
c
d
```

我決定建立 `Column` 這個 `enum`，用於表示應將值顯示在哪一欄。每個變體帶有一個 `&str`，如此需要一個生命週期註記。你可以將下列內容放在 *src/lib.rs* 的頂端，靠近 `Config` 宣告之處。務必在匯入內容中新增 `use crate::Column::*`，讓你可以引用 `Col1` 而非 `Column::Col1`：

```
enum Column<'a> {
    Col1(&'a str),
    Col2(&'a str),
    Col3(&'a str),
}
```

接下來建立 `print` 閉包，處理輸出內容的顯示部分。下列是 `run` 函式的程式碼：

```
let print = |col: Column| {
    let mut columns = vec![]; ❶
    match col {
        Col1(val) => {
            if config.show_col1 { ❷
                columns.push(val);
            }
        }
        Col2(val) => {
            if config.show_col2 { ❸
                if config.show_col1 {
                    columns.push("");
                }
                columns.push(val);
            }
        }
        Col3(val) => {
            if config.show_col3 { ❹
                if config.show_col1 {
                    columns.push("");
                }
                if config.show_col2 {
                    columns.push("");
                }
                columns.push(val);
            }
        }
    };

    if !columns.is_empty() { ❺
        println!("{}", columns.join(&config.delimiter));
    }
};
```

❶ 建立一個可變的向量，用於保存輸出欄。

❷ 鑒於欄 1 的文字，只有在該欄要顯示時才加這個值。

❸ 鑒於欄 2 的文字，只有兩欄要顯示時才加這兩欄的值。

❹ 鑒於欄 3 的文字，只有三欄要顯示時才加這三欄的值。

❺ 若要顯示這些欄的內容，用輸出分隔符號連接這些內容。

原本我使用 suppress_col1 欄位，編寫 if !config.suppress_col1，這是一個很難充分理解的雙重否定。一般而言，建議使用像 *do_something* 這類的正向名稱取代 *dont_do_something*。

以下加上 print 閉包：

```
let mut line1 = lines1.next(); ❶
let mut line2 = lines2.next();

while line1.is_some() || line2.is_some() {
    match (&line1, &line2) {
        (Some(val1), Some(val2)) => match val1.cmp(val2) {
            Equal => {
                print(Col3(val1)); ❷
                line1 = lines1.next();
                line2 = lines2.next();
            }
            Less => {
                print(Col1(val1)); ❸
                line1 = lines1.next();
            }
            Greater => {
                print(Col2(val2)); ❹
                line2 = lines2.next();
            }
        },
        (Some(val1), None) => {
            print(Col1(val1)); ❺
            line1 = lines1.next();
        }
        (None, Some(val2)) => {
            print(Col2(val2)); ❻
            line2 = lines2.next();
        }
        _ => (),
    }
}
```

❶ 從兩個輸入檔案取得初始值。

❷ 若兩值相同，將其一顯示於欄 3。

❸ 若第一個值小於第二個值，將第一個值顯示於欄 1。

❹ 若第一個值大於第二個值，將第二個值顯示於欄 2。

❺ 只出現在第一個檔案的值，將其顯示於欄 1。

❻ 只出現在第二個檔案的值，將其顯示於欄 2。

我喜歡有一個選項，可將輸出分隔符號 tab 改成可顯示的記號：

```
$ cargo run -- -d="--->" tests/inputs/file1.txt tests/inputs/file2.txt
--->B
a
b
--->--->c
d
```

加入這些變更，所有測試都會過關。

進階挑戰

我呈現的程式仿效 BSD 版的 `comm`。請更改這個程式，讓它符合 GNU 版的輸出，另外加入這個版本所支援的其他選項。務必更新測試套件與測試檔案，驗證你的程式是否確實如同 GNU 版的運作結果。

將欄隱藏的旗標改成選擇旗標，因此 `-12` 表示**僅顯示前兩欄**。若無選定任何一欄，則應顯示所有欄。這與 `wcr` 程式的運作方式類似，預設顯示所有的行、單字、字元這些欄，而選定要顯示的欄同時會隱藏未選定的欄內容。更新測試，驗證程式是否能正常運作。

如本章開頭介紹所述，`comm` 執行兩個檔案的基本 join 運算，這與 `join` 程式的功能類似。執行 **`man join`**，閱讀該程式的使用手冊，利用你對 `commr` 的編寫經驗撰寫 Rust 版的 `join`。建議對它取個精巧的名稱—— `joinr`。產生輸入檔，然後使用 `join` 建立輸出檔（用於驗證你的版本與原版工具是否維持一致）。

本章總結

對於 comm 工具程式，在我編寫自己的版本之前，每次使用這個程式，都必須查看該程式的使用手冊，追朔旗標的含意。我還誤以為它是一個非常複雜的程式，然而我發現自己的解決方案非常簡單明瞭。你已學到的本章重點回顧如下：

- 使用 `Iterator::next` 適時推進疊代器的進展。例如，搭配 filehandle 一起運用時，可以自行選取下一行。
- 將可能組合群聚於一個元組中，對這個元組使用 `match`。
- 使用 `Ord`trait 的 `cmp` 方法比較兩個值。結果是 `std::cmp::Ordering` 的變體。
- 建立 `Column` 這個 `enum`，其中只要加上生命週期註記，其變體就可以保存 `&str` 值。

下一章將說明如何移動位置到檔案的特定一行或一個位元組。

第十一章

「指」始至終

從胚胎鯨到無尾猴

——明日巨星合唱團〈Mammal〉(1992)

本章的挑戰是編寫 Rust 版的 `tail`，這與第 4 章 `head` 的功能相反。該程式顯示一個（或多個）檔案或 `STDIN` 後面幾個位元組或幾行文字，通常預設為最後 10 行內容。該程式依然得處理有問題的輸入，而且可能截斷 Unicode 字元。因為 Rust 目前對 `STDIN` 的處理方式存在某些限制，所以挑戰程式只會讀取一般檔案。

你將學習如何：

- 初始化一個全域的靜態計算值
- 尋求（seek）filehandle 中的某行或某位元組位置
- 以 `where` 子句（clause）指明某型別的多個 trait 界定
- 用 Cargo 建置釋出版（release）的可執行二進位檔
- 執行期效能比較的效能測試程式

tail 的運作方式

為了舉例說明挑戰程式的運作方式，我首先呈現 `tail` BSD 版的使用手冊部分內容。注意，挑戰程式僅實作其中的某些功能：

```
TAIL(1)                    BSD 一般指令使用手冊                    TAIL(1)

名稱
     tail -- 顯示檔案的結尾部分

SYNOPSIS
     tail [-F | -f | -r] [-q] [-b number | -c number | -n number] [ 檔案 ...]

概述
     tail 工具程式將檔案（或預設情況下的標準輸入）內容顯示到標準輸出。

     顯示從輸入中的位元組、行或 512- 位元組區塊位置開始。前面有正號（'+'）的數值對應於輸
     入的開頭，例如，''-c +2'' 從輸入的第二個位元組處開始顯示。前面有負號（'-'）或沒有
     顯示正負號的數值對應於輸入的結尾，例如，''-n2'' 顯示輸入的最後兩行。預設起始位置為
     ''-n 10''，即輸入的最後 10 行。
```

BSD 版支援許多選項，而與挑戰程式相關的僅有下列項目：

```
     -c number
             位置是第 number 個位元組。

     -n number
             位置是第 number 行。

     -q      檢查多個檔案時隱藏顯示標頭。

     如果指定多個檔案，那麼每個檔案前面都有一個標頭由字串 ''==> XXX <=='' 組成，其中 XXX
     是檔名（除非指定 -q 旗標才不顯示標頭）。
```

以下是 tailGNU 版的使用手冊頁部分內容，其中包含長選項：

```
TAIL(1)                         使用者指令                        TAIL(1)

名稱
    tail - 輸出檔案的結尾部分

概述
    tail [ 選項 ]... [ 檔案 ]...

描述
    在標準輸出顯示每個檔案的最後 10 行。對於多個檔案，在每個檔案前面加上一個指定檔名的標
    頭。如果沒有檔案，或者檔案為 - 時，那麼讀取標準輸入。

    必要引數對長短選項皆適用。
```

```
-c, --bytes=K
        輸出最後 K 個位元組；或使用 -c +K 輸出每個檔案中從第 K 個位元組開始的內容

-n, --lines=K
        輸出最後 K 行，而不是最後 10 行；或使用 -n +K 從第 K 行開始輸出
```

我將使用本書 *11_tailr/tests/inputs* 目錄的檔案，舉例說明挑戰程式要實作的 `tail` 功能。與前面的章節一樣，有些示例採用 Windows 版的行尾換行符號，這些內容必須留在輸出中。我會用到下列的檔案：

- *empty.txt*：無內容
- *one.txt*：有一行 UTF-8 Unicode 文字
- *two.txt*：有兩行 ASCII 文字
- *three.txt*：有三行 ASCII 文字（結尾換行符號是 CRLF）
- *ten.txt*：有 10 行 ASCII 文字

換到本章的目錄：

```
$ cd 11_tailr
```

`tail` 預設顯示一個檔案的最後 10 行，以下是搭配 *test/inputs/ten.txt* 輸入檔的結果：

```
$ tail tests/inputs/ten.txt
one
two
three
four
five
six
seven
eight
nine
ten
```

若指定 `-n 4` 則會顯示是後四行：

```
$ tail -n 4 tests/inputs/ten.txt
seven
eight
nine
ten
```

使用 `-c 8` 選擇檔案的最後八個位元組。在下列輸出中，字元占六個位元組，而換行符號占兩個位元組，總共八個位元組。將輸出以管線接到 `cat -e`，在每行結尾顯示錢字號（`$`）：

```
$ tail -c 8 tests/inputs/ten.txt | cat -e
ine$
ten$
```

輸入多個輸入檔，`tail` 會在每個檔案之間顯示區隔符號。任何開檔錯誤（例如不存在或不可讀的檔案）都在 `STDERR` 顯示出來（不會有檔案標頭）。例如，下列指令指定內容的 *blargh* 表示不存在的檔案：

```
$ tail -n 1 tests/inputs/one.txt blargh tests/inputs/three.txt
==> tests/inputs/one.txt <==
Öne line, four wordś.
tail: blargh: No such file or directory

==> tests/inputs/three.txt <==
four words.
```

`-q` 旗標會隱藏檔案標頭：

```
$ tail -q -n 1 tests/inputs/*.txt
Öne line, four wordś.
ten
four words.
Four words.
```

tests/inputs/one.txt 結尾有一個特別的 Unicode ś，可供適當衡量，這是一個多位元組 Unicode 字元。若需求該檔的最後四個位元組，則有兩個表示 .，一個是句點，一個則為最後一的換行符號：

```
$ tail -c 4 tests/inputs/one.txt
ś.
```

若只要求三個位元組，則 ´ 會被切掉，而應該會看到 Unicode 的未知字元：

```
$ tail -c 3 tests/inputs/one.txt
�.
```

需求超過檔案內含的行數或位元組數並非錯誤，反而會讓 `tail` 顯示整個檔案內容：

```
$ tail -n 1000 tests/inputs/one.txt
Öne line, four wordś.
$ tail -c 1000 tests/inputs/one.txt
Öne line, four wordś.
```

如使用手冊所述，`-n` 或 `-c` 值可以用正號開頭，表示從檔案**開頭**（而非結尾）某一行或某一個位元組位置開始。指定的起始位置超出檔尾並非錯誤，`tail` 不會顯示任何內容，你可以執行 **`tail -n +1000 tests/inputs/one.txt`** 確認一下。下列指令使用 `-n +8` 表示從第 8 行開始顯示：

```
$ tail -n +8 tests/inputs/ten.txt
eight
nine
ten
```

位元組的選擇有可能拆開多位元組字元。例如，*tests/inputs/one.txt* 檔案開頭是 Unicode 字元 *Ö*，該字元長度為兩個位元組。下列的指令使用 `-c +2` 從第二個位元組開始顯示，就會把此多位元組字元拆開，而產生未知字元：

```
$ tail -c +2 tests/inputs/one.txt
�ne line, four wordś.
```

若要從第二個**字元**開始顯示，必須用 `-c +3` 從第三個**位元組**開始顯示：

```
$ tail -c +3 tests/inputs/one.txt
ne line, four wordś.
```

BSD、GNU 兩種版本對於 `-n`、`-c` 都可接受 `0`、`-0` 值。對此情況，GNU 版不顯示任何輸出，而 BSD 版在指定單一輸入檔案時不會顯示任何輸出，但指定多個輸入檔時，仍會顯示檔頭。挑戰程式應支援 BSD 版的行為：

```
$ tail -n 0 tests/inputs/*
==> tests/inputs/empty.txt <==

==> tests/inputs/one.txt <==

==> tests/inputs/ten.txt <==
```

```
==> tests/inputs/three.txt <==

==> tests/inputs/two.txt <==
```

兩個版本將 `+0` 值解讀成從第零行或第零個位元組開始，因而顯示整個檔案內容：

```
$ tail -n +0 tests/inputs/one.txt
Öne line, four wordś.
$ tail -c +0 tests/inputs/one.txt
Öne line, four wordś.
```

兩版對於 `-n`、`-c` 拒絕處理無法剖析成整數的指定值：

```
$ tail -c foo tests/inputs/one.txt
tail: illegal offset -- foo
```

雖然 `tail` 有不少功能，不過僅上述內容是你的挑戰程式需要實作的部分：

挑戰入門

本章挑戰程式的名稱是 `tailr`（讀作 *tay-ler*）。建議你從 cargo new tailr 開始，然後將以下依賴套件加入 *Cargo.toml* 中：

```
[dependencies]
clap = "2.33"
num = "0.4"
regex = "1"
once_cell = "1" ❶

[dev-dependencies]
assert_cmd = "2"
predicates = "2"
rand = "0.8"
```

❶ `once_cell` crate（*https://oreil.ly/MO87l*）用於建立靜態的計算值。

將本書的 *11_tailr/tests* 目錄複製到你的專案中，然後執行 **`cargo test`**，下載所需的 crate，建置挑戰程式，確保所有測試尚未過關。

定義引數

對於 *src/main.rs*，採用與前幾章雷同的結構：

```
fn main() {
    if let Err(e) = tailr::get_args().and_then(tailr::run) {
        eprintln!("{}", e);
        std::process::exit(1);
    }
}
```

本章挑戰程式應具有類似 `headr` 的選項，不過本章這個程式需要處理行數或位元組數的正負值。而 `headr` 使用 `usize` 型別，此為無號整數，只能表示正值。在此的程式會使用 `i64`（*https://oreil.ly/7grA6*），即 64 位元的有號整數型別，也能儲存負數。此外，需要某些方式區分 `0`（表示全部不選）與 `+0`（表示全部皆選）。我決定建立 `TakeValue enum` 表示之，不過你可以選擇不同方式表達。若你要採取我的做法，可以用下列內容開始撰寫 *src/lib.rs*：

```
use crate::TakeValue::*; ❶
use clap::{App, Arg};
use std::error::Error;

type MyResult<T> = Result<T, Box<dyn Error>>;

#[derive(Debug, PartialEq)] ❷
enum TakeValue {
    PlusZero, ❸
    TakeNum(i64), ❹
}
```

❶ 如此讓程式碼可採用 `PlusZero`，而不必用 `TakeValue::PlusZero`。

❷ 這些測試需要 `PartialEq` 比較內容值。

❸ 該變體表示 `+0` 引數。

❹ 該變體表示有效的整數值。

以下是建議你建立的 Config，用於表示該程式的引數數：

```
#[derive(Debug)]
pub struct Config {
    files: Vec<String>, ❶
    lines: TakeValue, ❷
    bytes: Option<TakeValue>, ❸
    quiet: bool, ❹
}
```

❶ files 是一個字串向量。

❷ lines 是一個 TakeValue，預設為 TakeNum(-10)，表示最後 10 行。

❸ bytes 是一個非必要的 TakeValue，表示要選擇的位元組數。

❹ quiet 旗標是一個布林值，代表是否隱藏多個檔案之間的標頭。

以下是供你補充填寫的 get_args 架構：

```
pub fn get_args() -> MyResult<Config> {
    let matches = App::new("tailr")
        .version("0.1.0")
        .author("Ken Youens-Clark <kyclark@gmail.com>")
        .about("Rust tail")
        // 這邊要放什麼？
        .get_matches();

    Ok(Config {
        files: ...
        lines: ...
        bytes: ...
        quiet: ...
    })
}
```

建議你的 run 一開始可以顯示 config：

```
pub fn run(config: Config) -> MyResult<()> {
    println!("{:#?}", config);
    Ok(())
}
```

首先讓你的程式顯示下列的用法：

```
$ cargo run -- -h
tailr 0.1.0
Ken Youens-Clark <kyclark@gmail.com>
Rust tail

USAGE:
    tailr [FLAGS] [OPTIONS] <FILE>...

FLAGS:
    -h, --help       Prints help information
    -q, --quiet      Suppress headers
    -V, --version    Prints version information

OPTIONS:
    -c, --bytes <BYTES>    Number of bytes
    -n, --lines <LINES>    Number of lines [default: 10]

ARGS:
    <FILE>...    Input file(s)
```

若執行該程式而沒有輸入任何引數，則應該會執行失敗，有一個錯誤表示至少需要輸入一個檔案引數，原因是此程式並非預設讀取 STDIN 的內容：

```
$ cargo run
error: The following required arguments were not provided:
    <FILE>...

USAGE:
    tailr <FILE>... --lines <LINES>

For more information try --help
```

執行該程式，輸入一個檔案引數，確認是否可以得到下列的輸出：

```
$ cargo run -- tests/inputs/one.txt
Config {
    files: [
        "tests/inputs/one.txt", ❶
    ],
    lines: TakeNum( ❷
```

```
            -10,
        ),
        bytes: None, ❸
        quiet: false, ❹
    }
```

❶ files 所屬的位置引數。

❷ lines 引數應預設為 TakeNum(-10)，表示取得最後 10 行。

❸ bytes 引數應預設為 None。

❹ quiet 選項應預設為 false。

執行該程式，輸入多個檔案引數與指定 -c 選項，確保獲得下列輸出：

```
$ cargo run -- -q -c 4 tests/inputs/*.txt
Config {
    files: [
        "tests/inputs/empty.txt", ❶
        "tests/inputs/one.txt",
        "tests/inputs/ten.txt",
        "tests/inputs/three.txt",
        "tests/inputs/two.txt",
    ],
    lines: TakeNum( ❷
        -10,
    ),
    bytes: Some( ❸
        TakeNum(
            -4,
        ),
    ),
    quiet: true, ❹
}
```

❶ 位置引數被剖析為 files。

❷ lines 引數也是設定預設值。

❸ bytes 目前被置為 Some(TakeNum(-4))，表示應該取最後四個位元組。

❹ -q 旗標讓 quiet 選項為 true。

你可能會注意到，值 4 雖然是正值，但卻被剖析為負數。lines、bytes 的數值應該是負數，表示程式將從檔案的結尾取值。需要用正號表示起始位置是源自檔案的開頭：

```
$ cargo run -- -n +5 tests/inputs/ten.txt ❶
Config {
    files: [
        "tests/inputs/ten.txt",
    ],
    lines: TakeNum(
        5, ❷
    ),
    bytes: None,
    quiet: false,
}
```

❶ +5 引數表示程式應該從第五行開始顯示。

❷ 該值被記錄成正整數。

-n 和 -c 都容許用 0 值，表示不會顯示任何行或位元組：

```
$ cargo run -- tests/inputs/empty.txt -c 0
Config {
    files: [
        "tests/inputs/empty.txt",
    ],
    lines: TakeNum(
        -10,
    ),
    bytes: Some(
        TakeNum(
            0,
        ),
    ),
    quiet: false,
}
```

如同原版，+0 值表示起點是檔案開頭，所以會顯示所有內容：

```
$ cargo run -- tests/inputs/empty.txt -n +0
Config {
    files: [
        "tests/inputs/empty.txt",
    ],
```

```
        lines: PlusZero, ❶
        bytes: None,
        quiet: false,
    }
```

❶ PlusZero 變體表示 +0。

應拒絕處理 -n 和 -c 的任何非整數值：

```
$ cargo run -- tests/inputs/empty.txt -n foo
illegal line count -- foo
$ cargo run -- tests/inputs/empty.txt -c bar
illegal byte count -- bar
```

挑戰程式應認定 -n 和 -c 兩者為互斥：

```
$ cargo run -- tests/inputs/empty.txt -n 1 -c 1
error: The argument '--lines <LINES>' cannot be used with '--bytes <BYTES>'
```

就此暫停說明，請依上述內容實作這個程式。若在 bytes 和 lines 對應的數值引數驗證方面需要某些指引，我會在下一節論述。

剖析正負數值引數

第 4 章的挑戰程式使用 parse_positive_int 函式驗證數值引數，拒絕處理非正整數值。本章的程式則必須接納任意整數值，也要處理非必要的 +、- 號。以下為 parse_num 函式開頭，希望你能編寫程式碼讓該函式接受一個 &str 而回傳 TakeValue 或錯誤：

```
fn parse_num(val: &str) -> MyResult<TakeValue> {
    unimplemented!();
}
```

將以下單元測試加入 *src/lib.rs* 的 tests 模組中：

```
#[cfg(test)]
mod tests {
    use super::{parse_num, TakeValue::*};

    #[test]
    fn test_parse_num() {
        // 所有整數都該被解讀成負數
```

```
let res = parse_num("3");
assert!(res.is_ok());
assert_eq!(res.unwrap(), TakeNum(-3));

// 開頭的「+」應將數值視為正數
let res = parse_num("+3");
assert!(res.is_ok());
assert_eq!(res.unwrap(), TakeNum(3));

// 明顯的「-」應將數值視為負數
let res = parse_num("-3");
assert!(res.is_ok());
assert_eq!(res.unwrap(), TakeNum(-3));

// 零就是零
let res = parse_num("0");
assert!(res.is_ok());
assert_eq!(res.unwrap(), TakeNum(0));

//「加零」是特定的
let res = parse_num("+0");
assert!(res.is_ok());
assert_eq!(res.unwrap(), PlusZero);

// 測試邊際
let res = parse_num(&i64::MAX.to_string());
assert!(res.is_ok());
assert_eq!(res.unwrap(), TakeNum(i64::MIN + 1));

let res = parse_num(&(i64::MIN + 1).to_string());
assert!(res.is_ok());
assert_eq!(res.unwrap(), TakeNum(i64::MIN + 1));

let res = parse_num(&format!("+{}", i64::MAX));
assert!(res.is_ok());
assert_eq!(res.unwrap(), TakeNum(i64::MAX));

let res = parse_num(&i64::MIN.to_string());
assert!(res.is_ok());
assert_eq!(res.unwrap(), TakeNum(i64::MIN));

// 不支援浮點數
let res = parse_num("3.14");
```

```
        assert!(res.is_err());
        assert_eq!(res.unwrap_err().to_string(), "3.14");

        // 不支援非整數字串
        let res = parse_num("foo");
        assert!(res.is_err());
        assert_eq!(res.unwrap_err().to_string(), "foo");
    }
}
```

建議你就此暫停閱讀後續章節，花一點時間編寫這個函式。通過 **cargo test test_parse_num** 的測試之後，才往後繼續學習。下一節將分享我的解決方案。

以正規表達式匹配可能帶有正負號的整數

以下是通過測試的 parse_num 函式版本。就此，我選用正規表達式確認輸入值是否與預期文字模式匹配。若要在你的程式中納入此一版本，務必加上 use regex::Regex：

```
fn parse_num(val: &str) -> MyResult<TakeValue> {
    let num_re = Regex::new(r"^([+-])?(\d+)$").unwrap(); ❶

    match num_re.captures(val) {
        Some(caps) => {
            let sign = caps.get(1).map_or("-", |m| m.as_str()); ❷
            let num = format!("{}{}", sign, caps.get(2).unwrap().as_str()); ❸
            if let Ok(val) = num.parse() { ❹
                if sign == "+" && val == 0 { ❺
                    Ok(PlusZero) ❻
                } else {
                    Ok(TakeNum(val)) ❼
                }
            } else {
                Err(From::from(val)) ❽
            }
        }
        _ => Err(From::from(val)), ❾
    }
}
```

❶ 建立一個 regex，匹配一個可有可無的 + （或 - ）號，隨後接一個（或多個）數字。

❷ 若該 regex 匹配，則此可有可無的正負號會是首先取得的。若無匹配，則假定使用負號。

❸ 該數值的各個數字會是僅次正負號之後所得的。將正負號與這些數字格式化成一個字串。

❹ 嘗試將數值剖析為 `i64`（Rust 基於函式回傳型別推斷）。

❺ 檢查該符號是否為正號，而且剖析的值為 `0`。

❻ 若是的話，回傳 `PlusZero` 變體。

❼ 否則，回傳該剖析的值。

❽ 以錯誤回傳不能剖析的數值。

❾ 以錯誤回傳無效的引數。

正規表達式語法對於新手來說可能望而卻步。圖 11-1 顯示上述函式所用模式的每個元素。

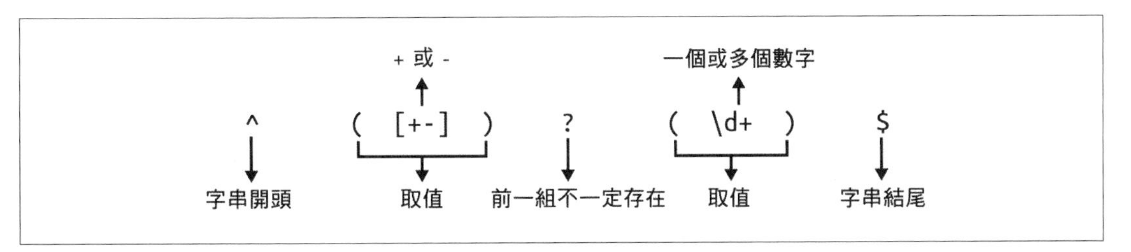

圖 11-1 匹配正負整數的正規表達式

之前的程式中已多次呈現過這種語法。以下是上述 regex 各個部分的細說：

- `^` 表示字串的開頭。若無指定，則該模式可於字串的任意處匹配。
- 以括號括起來，成為可取值的群組，透過 `Regex::captures`（*https://oreil.ly/O6frw*）處理。
- 中括號（`[]`）建立一個*字元類別*，可匹配其中包含的任意值。字元類別中的連接號（`-`）用於表示範圍，例如 `[0-9]` 表示從 0 到 9 的所有字元。[1] 若要表明字面常數的連接號，則應將它擺在最後面。

1 此處的*範圍*表示這兩個編碼位置之間的所有字元。請參考第 10 章 `ascii` 程式的輸出，其中從 0 到 9 的連續內容值皆為數字。與此有明顯對比的是，從 *A* 到 *z* 的內容值，其中有各種標點符號字元位在中間，這就是經常會看到以 `[A-Za-z]` 範圍選擇 ASCII 字母字元的原因。

- ? 表示前一模式不一定存在（可有可無）。
- \d 是字元類別 [0-9] 的簡寫，因此用於匹配任何數字。後置的 + 表示前一模式可有一個或多個。
- $ 表示字串結尾。若無指定，即使成功匹配的內容隨後還有其他字元，則該正規表達式仍然屬於匹配的狀態。

我希望程式對該 regex 的編譯作業只做一次。前面的測試已經說明如何使用 const 建立常數值。

```
fn parse_num(val: &str) -> MyResult<TakeValue> {
    let num_re = Regex::new(r"^([+-])?(\d+)$").unwrap();
    ...
}
```

通常會以 ALL_CAPS（全部大寫）為全域常數命名，並將它們放在 crate 的頂端，如下所示：

```
// 無法編譯
const NUM_RE: Regex = Regex::new(r"^([+-])?(\d+)$").unwrap();
```

若嘗試再次執行測試，會發生以下錯誤，表示常數不能使用計算值：

```
error[E0015]: calls in constants are limited to constant functions, tuple
structs and tuple variants
  --> src/lib.rs:10:23
   |
10 | const NUM_RE: Regex = Regex::new(r"^([+-])?(\d+)$").unwrap();
   |                       ^^^^^^^^^^^^^^^^^^^^^^^^^^^^^^
```

輸入 once_cell，它提供一個機制，可建立延遲求值的靜態內容。要用這個機制，必須先將依賴套件加到 *Cargo.toml* 中，即本章一開始加入的內容。為了在程式中只建立一次延遲求值的正規表達式，我將以下內容加到 *src/lib.rs* 的頂端：

```
use once_cell::sync::OnceCell;

static NUM_RE: OnceCell<Regex> = OnceCell::new();
```

parse_num 函式的唯一變更是在第一次呼叫該函式時初始化 NUM_RE：

```
fn parse_num(val: &str) -> MyResult<TakeValue> {
    let num_re =
```

```
        NUM_RE.get_or_init(|| Regex::new(r"^([+-])?(\d+)$").unwrap());
    // 一如既往，在此不贅述
}
```

並非得用正規表達式剖析數值引數。以下是只利用 Rust 內部剖析功能的做法：

```
fn parse_num(val: &str) -> MyResult<TakeValue> {
    let signs: &[char] = &['+', '-']; ❶
    let res = val
        .starts_with(signs) ❷
        .then(|| val.parse())
        .unwrap_or_else(|| val.parse().map(i64::wrapping_neg)); ❸

    match res {
        Ok(num) => {
            if num == 0 && val.starts_with('+') { ❹
                Ok(PlusZero)
            } else {
                Ok(TakeNum(num))
            }
        }
        _ => Err(From::from(val)), ❺
    }
}
```

❶ 型別註記是必要的，因為 Rust 會推斷 `&[char; 2]` 型別，此為陣列的參考，不過我想將該值強制（coerce）轉成切片。

❷ 若指定的值以正負號開頭，則使用 `str::parse`，以該符號對應建立正數或負數。

❸ 否則，剖析數值並使用 `i64::wrapping_neg`（*https://oreil.ly/H2gWn*）計算負值；即回傳數值時，正值將被視為負值，而負值則維持負值本身。

❹ 若結果是成功剖析的 `i64`，則確認數值為 `0`（且指定值以正號開頭）時是否會回傳 `PlusZero`；否則，回傳剖析後的值。

❺ 以錯誤回傳無否剖析的值。

對於這個議題，你可能已有另外的解法，這就是函式與測試的重點。只要函式通過測試，函式的編寫**方式**並不重要。函式是黑盒子，有輸入有輸出，以能說服自己的程度編寫讓該函數能正常運作的測試。

既然你已有驗證數值引數的方式，那麼就此暫停說明，請先完成你的 get_args 函式。

剖析與驗證指令列引數

以下是我編寫的 get_args 函式。首先，用 clap 宣告所有的引數：

```
pub fn get_args() -> MyResult<Config> {
    let matches = App::new("tailr")
        .version("0.1.0")
        .author("Ken Youens-Clark <kyclark@gmail.com>")
        .about("Rust tail")
        .arg(
            Arg::with_name("files") ❶
                .value_name("FILE")
                .help("Input file(s)")
                .required(true)
                .multiple(true),
        )
        .arg(
            Arg::with_name("lines") ❷
                .short("n")
                .long("lines")
                .value_name("LINES")
                .help("Number of lines")
                .default_value("10"),
        )
        .arg(
            Arg::with_name("bytes") ❸
                .short("c")
                .long("bytes")
                .value_name("BYTES")
                .conflicts_with("lines")
                .help("Number of bytes"),
        )
        .arg(
            Arg::with_name("quiet") ❹
                .short("q")
                .long("quiet")
                .help("Suppress headers"),
        )
        .get_matches();
```

❶ files 是必要的位置引數，至少要指定一個值。

❷ lines 引數的預設值為 10。

❸ bytes 為非必要引數，而與 lines 引數互斥。

❹ quiet 是非必要旗標。

接著驗證 lines、bytes，以及回傳 Config：

```
    let lines = matches
        .value_of("lines")
        .map(parse_num)
        .transpose()
        .map_err(|e| format!("illegal line count -- {}", e))?; ❶

    let bytes = matches
        .value_of("bytes")
        .map(parse_num)
        .transpose()
        .map_err(|e| format!("illegal byte count -- {}", e))?; ❷

    Ok(Config { ❸
        files: matches.values_of_lossy("files").unwrap(),
        lines: lines.unwrap(),
        bytes,
        quiet: matches.is_present("quiet"),
    })
}
```

❶ 嘗試將 lines 剖析為整數，若剖析不成，則建立有益的錯誤訊息。

❷ 依樣畫葫蘆的處理 bytes 引數。

❸ 回傳 Config。

此時，該程式可通過 **cargo test dies** 的所有測試：

```
running 4 tests
test dies_no_args ... ok
test dies_bytes_and_lines ... ok
test dies_bad_lines ... ok
test dies_bad_bytes ... ok
```

處理檔案

你可以擴充 run 函式，疊代處理指定檔，嘗試開啟這些檔案。由於挑戰程式並不支援讀取 STDIN，因此只需為以下程式碼加上 use std::fs::File：

```
pub fn run(config: Config) -> MyResult<()> {
    for filename in config.files {
        match File::open(&filename) {
            Err(err) => eprintln!("{}: {}", filename, err),
            Ok(_) => println!("Opened {}", filename),
        }
    }
    Ok(())
}
```

執行你的程式，輸入正常檔名與有問題的檔名，驗證程式是否能順利運作。此外，目前的程式應該能通過 **cargo test skips_bad_file** 的測試。下列指令的 *blargh* 表示不存在的檔案：

```
$ cargo run -- tests/inputs/one.txt blargh
Opened tests/inputs/one.txt
blargh: No such file or directory (os error 2)
```

計數檔案總行數與位元組總數

此刻要說明如何從特定的位元組或行位置讀取檔案內容。例如，預設情況是顯示檔案的最後 10 行，因此我需要知道檔案中有幾行，才能確定檔案尾端倒數第十行在哪。對於位元組的做法也是如此。另外還需要確定使用者需求的行數或位元組數是否超過檔案內容的行數或位元組數——當需求值為負數時（即使用者想要從檔案開頭位置之後開始），程式應顯示檔案的整個內容；當該值為正數時（即使用者想要從檔案結尾位置之後開始），程式不應顯示任何內容。

我決定建立 count_lines_bytes 函式，該函式要指定一個檔名，而回傳該檔內容的總行數與位元組總數（兩者儲存在一個元組中）。以下是該函式的 signature：

```
fn count_lines_bytes(filename: &str) -> MyResult<(i64, i64)> {
    unimplemented!()
}
```

若要建立此函式，可搭配修改 tests 模組，新增下列的單元測試：

```
#[cfg(test)]
mod tests {
    use super::{count_lines_bytes, parse_num, TakeValue::*};

    #[test]
    fn test_parse_num() {} // 一如既往，在此不贅述

    #[test]
    fn test_count_lines_bytes() {
        let res = count_lines_bytes("tests/inputs/one.txt");
        assert!(res.is_ok());
        assert_eq!(res.unwrap(), (1, 24));

        let res = count_lines_bytes("tests/inputs/ten.txt");
        assert!(res.is_ok());
        assert_eq!(res.unwrap(), (10, 49));
    }
```

你可以擴充 run 顯示這個資訊（暫時的呈現）：

```
pub fn run(config: Config) -> MyResult<()> {
    for filename in config.files {
        match File::open(&filename) {
            Err(err) => eprintln!("{}: {}", filename, err),
            Ok(_) => {
                let (total_lines, total_bytes) =
                    count_lines_bytes(&filename)?;
                println!(
                    "{} has {} lines and {} bytes",
                    filename, total_lines, total_bytes
                );
            }
        }
    }
    Ok(())
}
```

我決定改以檔名（而非 File::open 回傳的 filehandle）傳給 count_lines_bytes 函式，原因是該函式會用到這個 filehandle 存取檔案內容，若不這樣做，會讓此 filehandle 不能用於選位元組或選行。

驗證結果看起來是否無誤：

```
$ cargo run tests/inputs/one.txt tests/inputs/ten.txt
tests/inputs/one.txt has 1 lines and 24 bytes
tests/inputs/ten.txt has 10 lines and 49 bytes
```

找出要顯示的起始行

下一步是編寫一個函式，顯示指定檔的各行內容。以下是我的 `print_lines` 函式 signature。為此務必加上 `use std::io::BufRead`：

```
fn print_lines(
    mut file: impl BufRead, ❶
    num_lines: &TakeValue, ❷
    total_lines: i64, ❸
) -> MyResult<()> {
    unimplemented!();
}
```

❶ `file` 引數應實作 `BufRead` trait。

❷ `num_lines` 引數是一個 `TakeValue`，用於描述要顯示的行數。

❸ `total_lines` 引數是此檔的總行數。

可以利用使用者要顯示的行數與檔案總行數得到起始行的索引。由於還需要相同的邏輯找到起始位元組位置，因此我決定編寫 `get_start_index` 函式，該函式對於一個有效起始位置會回傳 `Some<u64>`，而沒有的話會回傳 `None`。有效的起始位置必須是正數，因此我決定回傳 `u64`。此外，要使用該回傳索引的函式也需要這個型別：

```
fn get_start_index(take_val: &TakeValue, total: i64) -> Option<u64> {
    unimplemented!();
}
```

以下是一個單元測試，可以把它加入 `tests` 模組中，協助你更清楚地檢視所有可能情況。例如，當指定檔為空的檔案或嘗試從檔案結尾之後一行開始讀取時，該函式回傳 `None`。請務必將 `get_start_index` 加入 `super` 匯入內容串列中：

```
#[test]
fn test_get_start_index() {
    // 對空的檔案，即 0 行（位元組），指定 +0 會回傳 None
    assert_eq!(get_start_index(&PlusZero, 0), None);

    // 對非空的檔案，指定 +0 會回傳一個索引
    // 該索引值比行（位元組）數少一
    assert_eq!(get_start_index(&PlusZero, 1), Some(0));

    // 指定 0 行（位元組）會回傳 None
    assert_eq!(get_start_index(&TakeNum(0), 1), None);

    // 對空的檔案，指定任意行（位元組）數會回傳 None
    assert_eq!(get_start_index(&TakeNum(1), 0), None);

    // 指定的行（位元組）數超過實際存在的數量會回傳 None
    assert_eq!(get_start_index(&TakeNum(2), 1), None);

    // 當起始行（位元組）數小於總行（位元組）數時，
    // 回傳值為起始值減一
    assert_eq!(get_start_index(&TakeNum(1), 10), Some(0));
    assert_eq!(get_start_index(&TakeNum(2), 10), Some(1));
    assert_eq!(get_start_index(&TakeNum(3), 10), Some(2));

    // 當起始行（位元組）數為負且小於總行（位元組）數時，
    // 回傳值為總數 - 起始值
    assert_eq!(get_start_index(&TakeNum(-1), 10), Some(9));
    assert_eq!(get_start_index(&TakeNum(-2), 10), Some(8));
    assert_eq!(get_start_index(&TakeNum(-3), 10), Some(7));

    // 當起始行（位元組）數為負且大於總行（位元組）數時，
    // 回傳 0 表示要顯示檔案的全部內容
    assert_eq!(get_start_index(&TakeNum(-20), 10), Some(0));
}
```

得到待顯示的起始行索引之後，在 `print_lines` 函式中使用此資訊疊代處理輸入檔的各行內容，顯示起始索引之後的各行內容（若有的話）。

找出要顯示的起始位元組

我另外編寫 `print_bytes` 函式，其功能與 `print_lines` 非常類似。對於隨後的程式碼，需要先擴充你的匯入部分（加入下列的內容）：

```
use std::{
    error::Error,
    fs::File,
    io::{BufRead, Read, Seek},
};
```

該函式的 signature 表示 `file` 引數必須實作 `Read`trait（*https://oreil.ly/wDxvY*）、`Seek`trait（*https://oreil.ly/vJD1W*），*seek*（尋求）是許多程式設計語言所用的字詞，將所謂的游標（*cursor*）或讀取頭（*read head*）移到串流的特定位置：

```
fn print_bytes<T: Read + Seek>( ❶
    mut file: T, ❷
    num_bytes: &TakeValue, ❸
    total_bytes: i64, ❹
) -> MyResult<()> {
    unimplemented!();
}
```

❶ 泛型類型別 `T` 具有 `Read`、`Seek` 的 trait 界定。

❷ `file` 引數必須實作指定的 trait。

❸ `num_bytes` 引數是表述位元組選擇的 `TakeValue`。

❹ `total_bytes` 引數為檔案的大小（以位元組為單位）。

我還可以使用 `where` 子句（*https://oreil.ly/aM1vI*）編寫泛型型別與界定，讓程式碼較有可讀性：

```
fn print_bytes<T>(
    mut file: T,
    num_bytes: &TakeValue,
    total_bytes: i64,
) -> MyResult<()>
where
    T: Read + Seek,
```

```
{
    unimplemented!();
}
```

你可以使用 `get_start_index` 函式找到檔案開頭的起始位元組位置，然後將游標（cursor）移到該位置。記住，所選的位元組字串可能有無效的 UTF-8，因此我的解決方案是在顯示所選的位元組時使用 `String::from_utf8_lossy`（*https://oreil.ly/Bs4Zl*）。

以大型輸入檔測試程式

本書儲存庫的 *util/biggie* 目錄中有一個程式可產生輸入文字檔案，讓你可以用於挑戰程式的壓力測試。例如，可以用它建立內含一百萬行隨機文字的檔案，對該檔案選用各種範圍的行數、位元組數做測試。以下是 `biggie` 程式的用法：

```
$ cargo run -- --help
biggie 0.1.0
Ken Youens-Clark <kyclark@gmail.com>
Make big text files

USAGE:
    biggie [OPTIONS]

FLAGS:
    -h, --help       Prints help information
    -V, --version    Prints version information

OPTIONS:
    -n, --lines <LINES>     Number of lines [default: 100000]
    -o, --outfile <FILE>    Output filename [default: out]
```

上述提示應該足以讓你編寫解決方案。不用急著完成挑戰程式。有時，你需要從困難的問題抽身出來一兩天，讓你的潛意識運作。當你的解決方案通過 **`cargo test`**，再回過神來。

解決方案

以下將說明我的解決方案做法。該解決方案包含多個依賴套件，因此 *src/lib.rs* 一開始的內容如下：

```
use crate::TakeValue::*;
use clap::{App, Arg};
use once_cell::sync::OnceCell;
use regex::Regex;
use std::{
    error::Error,
    fs::File,
    io::{BufRead, BufReader, Read, Seek, SeekFrom},
};

type MyResult<T> = Result<T, Box<dyn Error>>;

static NUM_RE: OnceCell<Regex> = OnceCell::new();
```

建議編寫本章第一部分的幾個中間函式，因此接下來呈現的是通過我的特定單元測試的版本。

計數檔案的行數與位元組數

首先顯示我的 `count_lines_bytes` 函式，用於計算檔案的總行數和位元組總數。以前的程式有用過 `BufRead::read_line`（*https://oreil.ly/aJFkc*），將內容寫入 `String`。下列的函式使用 `BufRead::read_until`（*https://oreil.ly/7BJaH*）讀取原始位元組，避免字串的建置成本（並不需要的成本）：

```
fn count_lines_bytes(filename: &str) -> MyResult<(i64, i64)> {
    let mut file = BufReader::new(File::open(filename)?); ❶
    let mut num_lines = 0; ❷
    let mut num_bytes = 0;
    let mut buf = Vec::new();
    loop {
        let bytes_read = file.read_until(b'\n', &mut buf)?; ❸
        if bytes_read == 0 { ❹
            break;
        }
        num_lines += 1; ❺
```

```
        num_bytes += bytes_read as i64; ❻
        buf.clear(); ❼
    }
    Ok((num_lines, num_bytes)) ❽
}
```

❶ 建立可變的 filehandle，用於讀取指定檔案的內容（以檔名指定）

❷ 初始化計數器（行數與位元組數）以及緩衝區（儲存所得的各行內容）。

❸ 使用 `BufRead::read_until` 讀取位元組，直到換行符號（位元組）。此函式回傳透過 filehandle 取來的位元組數。

❹ 若讀不到位元組，則離開迴圈。

❺ 增加行數值。

❻ 增加位元組計數值。注意，`BufRead::read_until` 回傳一個 `usize` 值，該值必須轉為 `i64` 型別，才能將它對等的加入 `num_bytes` 計數中。

❼ 讀取下一行內容前先清除緩衝區內容。

❽ 回傳一個元組，內有檔案的行數與位元組數。

找出起始索引

為了取得起始行（位元組）位置，我的程式會用到 `get_start_index` 函式，該函式採取需求位置以及檔案的總行數與位元組數：

```
fn get_start_index(take_val: &TakeValue, total: i64) -> Option<u64> {
    match take_val {
        PlusZero => {
            if total > 0 { ❶
                Some(0)
            } else {
                None
            }
        }
        TakeNum(num) => {
            if num == &0 || total == 0 || num > &total { ❷
                None
            } else {
                let start = if num < &0 { total + num } else { num - 1 }; ❸
```

```
                Some(if start < 0 { 0 } else { start as u64 }) ❹
            }
        }
    }
}
```

❶ 當使用者想要從索引 0 開始時，若該檔不是空的檔案，則回傳 0；否則，回傳 None。

❷ 若使用者不做選擇或選用空的檔案，或使用者選擇的資料多於檔案可用的資料，則回傳 None。

❸ 若需求的行數或位元組數為負數，則結果是總值與該值相加；否則，結果是需求數量減一形成從零開始的索引值。

❹ 若起始索引小於 0，回傳 0；否則，以 u64 型別回傳該起始索引。

顯示各行內容

以下是我的 print_lines 函式，其中大部分的內容與 count_lines_bytes 類似：

```
fn print_lines(
    mut file: impl BufRead,
    num_lines: &TakeValue,
    total_lines: i64,
) -> MyResult<()> {
    if let Some(start) = get_start_index(num_lines, total_lines) { ❶
        let mut line_num = 0; ❷
        let mut buf = Vec::new();
        loop {
            let bytes_read = file.read_until(b'\n', &mut buf)?;
            if bytes_read == 0 {
                break;
            }
            if line_num >= start { ❸
                print!("{}", String::from_utf8_lossy(&buf)); ❹
            }
            line_num += 1;
            buf.clear();
        }
    }

    Ok(())
}
```

❶ 嘗試從可用的總行數內容解讀指定行數時，檢查是否存在有效的起始位置。

❷ 初始化變數，用於檔案的行計數與檔案的各行內容讀取。

❸ 確認指定行位於起始點或位置點之後。

❹ 若是的話，將這些位元組轉成一個字串以及顯示該字串。

以下將上述功能整合到我的 `run` 函式中：

```
pub fn run(config: Config) -> MyResult<()> {
    for filename in config.files {
        match File::open(&filename) {
            Err(err) => eprintln!("{}: {}", filename, err),
            Ok(file) => {
                let (total_lines, _total_bytes) =
                    count_lines_bytes(filename)?; ❶
                let file = BufReader::new(file); ❷
                print_lines(file, &config.lines, total_lines)?; ❸
            }
        }
    }
    Ok(())
}
```

❶ 計數目前檔案的總行數與位元組總數。

❷ 以一個開啟的 filehandle 建立 `BufReader`。

❸ 顯示需求的行數。

速查程式的結果呈現，例如選擇顯示最後三行：

```
$ cargo run -- -n 3 tests/inputs/ten.txt
eight
nine
ten
```

若要求從第八行開始顯示，也能得到相同的結果：

```
$ cargo run -- -n +8 tests/inputs/ten.txt
eight
nine
ten
```

此時執行 **cargo test**，有超過三分之二的測試皆可過關。

顯示位元組

接著要呈現我的 print_bytes 函式：

```
fn print_bytes<T: Read + Seek>(
    mut file: T,
    num_bytes: &TakeValue,
    total_bytes: i64,
) -> MyResult<()> {
    if let Some(start) = get_start_index(num_bytes, total_bytes) { ❶
        file.seek(SeekFrom::Start(start))?; ❷
        let mut buffer = Vec::new(); ❸
        file.read_to_end(&mut buffer)?; ❹
        if !buffer.is_empty() {
            print!("{}", String::from_utf8_lossy(&buffer)); ❺
        }
    }

    Ok(())
}
```

❶ 確認是否存在一個有效的起始位元組位置。

❷ 使用 Seek::seek（*https://oreil.ly/ki8DT*）移到需求的位元組位置，其由 SeekFrom::Start（*https://oreil.ly/Bi8Bp*）定義。

❸ 建立可變的緩衝區（儲存讀取的位元組）。

❹ 讀取範圍從該位元組位置一直到檔案結尾，將讀取的內容放到緩衝區中。

❺ 若緩衝區不是空的，將選用的位元組轉存到一個 String 並顯示之。

以下將上述內容整合到我的 run 函式中：

```
pub fn run(config: Config) -> MyResult<()> {
    for filename in config.files {
        match File::open(&filename) {
            Err(err) => eprintln!("{}: {}", filename, err),
            Ok(file) => {
                let (total_lines, total_bytes) =
                    count_lines_bytes(filename)?;
                let file = BufReader::new(file);
```

```
                if let Some(num_bytes) = &config.bytes { ❶
                    print_bytes(file, num_bytes, total_bytes)?; ❷
                } else {
                    print_lines(file, &config.lines, total_lines)?; ❸
                }
            }
        }
    }
    Ok(())
}
```

❶ 確認使用者是否已需求位元組選擇。

❷ 若是的話，顯示已選擇的位元組。

❸ 否則，顯示行的選擇內容。

快速確認 **cargo test**，結果顯示，我的解決方案離通過所有測試的目標越來越近。此時所有失敗的測試都以 *multiple* 字詞開頭，這些測試之所以會失敗，原因是我的程式沒有顯示標頭將每個檔案的輸出隔開。為此，我將修改第 4 章的程式碼。以下是我的 `run` 函式最終版，此版本可通過所有測試：

```
pub fn run(config: Config) -> MyResult<()> {
    let num_files = config.files.len(); ❶
    for (file_num, filename) in config.files.iter().enumerate() { ❷
        match File::open(&filename) {
            Err(err) => eprintln!("{}: {}", filename, err),
            Ok(file) => {
                if !config.quiet && num_files > 1 { ❸
                    println!(
                        "{}==> {} <==",
                        if file_num > 0 { "\n" } else { "" },
                        filename
                    );
                }

                let (total_lines, total_bytes) =
                    count_lines_bytes(filename)?;
                let file = BufReader::new(file);
                if let Some(num_bytes) = &config.bytes {
                    print_bytes(file, num_bytes, total_bytes)?;
                } else {
                    print_lines(file, &config.lines, total_lines)?;
```

```
                    }
                }
            }
        }
        Ok(())
    }
```

❶ 取得檔案數量。

❷ 使用 `Iterator::enumerate` 疊代處理索引位置與檔名。

❸ 若該 config 的 `quiet` 選項為 `false`，且有同時指定多個檔案，則顯示標頭。

解決方案的效能測試

`tailr` 程式效果與 `tail` 的相同功能子集兩者相差的程度為何？之前有建議你可以使用 `biggie` 程式建立大的輸入檔案，用於測試你的程式。我有建立一個 *1M.txt* 檔案，其中包含隨機產生的一百萬行文字，用於測試我的程式。我可以使用 `time` 指令檢視 `tail` 需要多長時間才能找到 *1M.txt* 的最後 10 行：

```
$ time tail 1M.txt > /dev/null ❶

real    0m0.022s ❷
user    0m0.006s ❸
sys     0m0.015s ❹
```

❶ 我不想看到該指令的輸出，所以將輸出內容重導向 */dev/null*，這是一種可忽略其輸入內容的特殊系統裝置。

❷ `real` 時間是經過時間（*wall clock time*），即計量程序從開始到結束的執行時間。

❸ `user` 時間是 CPU 在核心（kernel）之外的使用者模式（*user* mode）所用的時間。

❹ `sys` 時間是 CPU 在核心內所用的作業時間。

我想建置 `tailr` 的最快版本，盡可能與 `tail` 匹敵，所以我將使用 **`cargo build --release`** 建置釋出版（*https://oreil.ly/A9BMw*）。建置產生的二進位可執行檔會被放在 *target/release/tailr* 中。此一建置版本的 `tailr` 程式看來比 `tail` 慢得多：

```
$ time target/release/tailr 1M.txt > /dev/null

real    0m0.564s
user    0m0.071s
sys     0m0.030s
```

此為效能測試（*benchmarking*）過程的開端，其中試著比較不同程式的運作效能。執行一次疊代作業，緊盯輸出結果，並不是很科學或有效率的做法。幸好 Rust 有 `hyperfine` crate（*https://oreil.ly/ICXBY*）可以把效能測試做得更好。使用 **`cargo install hyperfine`** 安裝該 crate 之後，就可以執行效能測試，得知我的 Rust 程式執行時間約莫是作業系統中 `tail` 執行時間的 10 倍，前者比後者慢（針對顯示 *1M.txt* 檔案最後 10 行的情況而言）：

```
$ hyperfine -i -L prg tail,target/release/tailr '{prg} 1M.txt > /dev/null'
Benchmark #1: tail 1M.txt > /dev/null
  Time (mean ± σ):       9.0 ms ±   0.7 ms    [User: 3.7 ms, System: 4.1 ms]
  Range (min … max):     7.6 ms …  12.6 ms    146 runs

Benchmark #2: target/release/tailr 1M.txt > /dev/null
  Time (mean ± σ):      85.3 ms ±   0.8 ms    [User: 68.1 ms, System: 14.2 ms]
  Range (min … max):    83.4 ms …  86.6 ms    32 runs

Summary
  'tail 1M.txt > /dev/null' ran
    9.46 ± 0.79 times faster than 'target/release/tailr 1M.txt > /dev/null'
```

然而，若我需求最後 100K 行，Rust 版本比 `tail` 快，後者的執行時間大約是前者執行時間的 80 倍：

```
$ hyperfine -i -L prg tail,target/release/tailr '{prg} -n 100000 1M.txt
  > /dev/null'
Benchmark #1: tail -n 100000 1M.txt > /dev/null
  Time (mean ± σ):     10.338 s ±  0.052 s    [User: 5.643 s, System: 4.685 s]
  Range (min … max):   10.245 s … 10.424 s    10 runs

Benchmark #2: target/release/tailr -n 100000 1M.txt > /dev/null
  Time (mean ± σ):     129.1 ms ±   3.8 ms    [User: 98.8 ms, System: 26.6 ms]
  Range (min … max):   127.0 ms … 144.2 ms    19 runs
```

---

2 就此的所有效能測試，我使用的作業系統是 macOS 11.6，執行的硬體為 8 個核心、8 GB RAM 的 MacBook Pro M1。

```
Summary
  'target/release/tailr -n 100000 1M.txt > /dev/null' ran
   80.07 ± 2.37 times faster than 'tail -n 100000 1M.txt > /dev/null'
```

若將指令更改為 `{prg} -c 100 1M.txt`，用於顯示最後 100 個位元組，則 Rust 版本的執行時間約略為 `tail` 執行時間的 9 倍（前者比後者慢）：

```
Summary
  'tail -c 100 1M.txt > /dev/null' ran
    8.73 ± 2.49 times faster than 'target/release/tailr -c 100 1M.txt
    > /dev/null'
```

不過，若需求最後一百萬個位元組，Rust 版本會稍快一些：

```
Summary
  'target/release/tailr -c 1000000 1M.txt > /dev/null' ran
    1.12 ± 0.05 times faster than 'tail -c 1000000 1M.txt > /dev/null'
```

為了提高效能，下一步可能是分析程式碼，找出 Rust 將大部分的時間、記憶體用於何處。程式最佳化（optimization）是極有意思的深度主題，不過已超出本書的討論範圍。

進階挑戰

針對 BSD 與 GNU 兩版，確認你可以實作其中多少個選項，這些包括選項指定之數值隨後的量詞字母處理、`STDIN` 的讀取處理。其中一個較有挑戰性的選項是 *follow*（跟進）檔案。當我開發 Web 應用程式時，經常使用 `tail -f` 觀察 Web 伺服器的存取與錯誤紀錄（error log），查看已經發生的請求與回應。建議你在 `crates.io` 搜尋「tail」（*https://oreil.ly/Lo6rG*），看看其他人是如何實作這些概念的。

本章總結

你已得到的本章重點回顧如下：

- 知道如何用 `once_cell` crate 建立可作為全域靜態變數的正規表達式。
- 了解如何透過 filehandle 尋求檔案的某行（或某位元組）位置。
- 得知如何指明多個 trait 界定（如 `<T: Read + Seek>`），也明白如何用 `where` 編寫出來。
- 學會如何用 Cargo 建置釋出版的二進位可執行檔。
- 使用 `hyperfine` 做程式的效能測試。

下一章將說明如何使用與控制偽亂數產生器（pseudorandom number generator）進行隨機選擇。

第十二章

幸運兒

如今我笑了也發財了

和我折磨的那些人一樣

——明日巨星合唱團〈Kiss Me, Son of God〉(1988)

本章將建立 Rust 版的 `fortune` 程式，該程式從文字檔資料庫中隨機選擇格言、瑣事或有趣的 ASCII 藝術[1]顯示出來。這個程式名稱源自幸運餅乾（fortune cookie），一種脆餅，內藏小紙條，紙條上有一小段文字，可能像是「你很快就會去旅行」的幸運句，或者是一則簡短笑話、諺語。當我在大學時代第一次學習用 Unix 終端機（terminal）時[2]，成功登入之際往往會附加呈現 `fortune` 輸出的內容。

你將學習如何：

- 以 `Paht` 與 `PathBuf` 結構表示系統路徑
- 剖析橫跨多行文字紀錄的檔案
- 利用隨機性並以種子（seed）控制之
- 以 `OsStr`、`OsString` 型別表示檔名

1 *ASCII* 藝術（*ASCII art*）一詞表示僅用 ASCII 文字呈現的圖形。

2 當時是 1990 年代，我想就是現在孩子們所謂的「20 世紀後期」。

fortune 的運作方式

首先要描述 `fortune` 的運作方式，這樣你就會知道自己的版本需要做什麼。因為大多數的作業系統並沒有預先安裝這個程式，所以可能自行安裝才能使用此程式[3]。以下是該程式的使用手冊部分內容，你可以用 **`man fortune`** 讀取這些說明：

```
名稱
       fortune - 隨機顯示一句但願有意思的格言

概述
       fortune [-acefilosuw] [-n 長度 ] [ -m 模式 ] [[n%] file/dir/all]

描述
       當 fortune 在沒有引數的情況下執行時，它會顯示出一個隨機的雋語。雋語分為幾個種類，
       每個種類又被細分為可能尖銳的與和緩的內容。
```

原版程式有很多選項，不過本章的挑戰程式只關注以下內容：

```
  -m 模式
         顯示出與基本的正規表達式模式匹配的所有 fortune。這些表達式的語法取決於你的系統
         如何定義 re_comp(3) 或 regcomp(3)，但它仍然應該類似於 grep(1) 中使用的語法。

         fortune 的輸出內容會在標準輸出顯示，而每個 fortune 源自的檔案之名稱將在標準錯
         誤中顯示。兩者其中一個或兩者都可以被重導向；如果將標準輸出重導向檔案，那麼結果
         是有效的 fortune 資料庫檔案。如果標準錯誤也重導向此檔，那麼結果仍然有效，但括號
         中將出現「虛的」fortune，即檔名本身。如果你希望從原始檔中刪除收集的匹配項，這可
         能很有用，因為每個檔名記錄都將位於其名稱檔中的紀錄之前。

  -i     忽略 -m 模式中的大小寫。
```

若執行 `fortune` 而無輸入引數，則程式會隨機選擇顯示某些文字：

```
$ fortune
Laughter is the closest distance between two people.
              -- Victor Borge
```

3 Ubuntu 的程式安裝指令為 `sudo apt install fortune-mod`，macOS 的安裝指令是 `brew install fortune`。

這段文字出自何處？據使用手冊表示，可以自行提供一個（或多個）檔案（目錄）的文字來源。 若無指定檔案，則這個程式會讀取預設的來源位置。以下是我的筆記本電腦上此程式的使用手冊所述的內容：

```
檔案
        注意：這些是編譯時定義的預設值。

        /opt/homebrew/Cellar/fortune/9708/share/games/fortunes
                和緩的 fortune 目錄。
        /opt/homebrew/Cellar/fortune/9708/share/games/fortunes/off
                尖銳的 fortune 目錄。
```

為了測試目的，我在 *12_fortuner/tests/inputs* 目錄中建立一些有代表性的檔案，還有一個空目錄：

```
$ cd 12_fortuner
$ ls tests/inputs/
ascii-art   empty/      jokes       literature  quotes
```

使用 head 查看檔案結構。一段 fortune 記錄可以跨越多行，而以一個百分號（%）占用一行視為整段的結尾：

```
$ head -n 9 tests/inputs/jokes
Q. What do you call a head of lettuce in a shirt and tie?
A. Collared greens.
%
Q: Why did the gardener quit his job?
A: His celery wasn't high enough.
%
Q. Why did the honeydew couple get married in a church?
A. Their parents told them they cantaloupe.
%
```

你可以要求 fortune 讀取特定檔，如 *tests/inputs/ascii-art*，不過首先需要使用 strfile 程式（*https://oreil.ly/jYa5O*）建立索引檔案（用於隨機選擇文字記錄）。本章的 *12_fortuner* 目錄中有一個 bash script（*mk-dat.sh*），將為 *tests/inputs* 目錄中的檔編索引。執行此 script 後，每個輸入檔應該配有一個檔名以 *.dat* 結尾的附加檔：

```
$ ls -1 tests/inputs/
ascii-art
ascii-art.dat
empty/
jokes
jokes.dat
literature
literature.dat
quotes
quotes.dat
```

此刻，你應該能夠執行以下指令，例如，隨機選擇 ASCII 藝術。也許能（也許不能）看到一隻可愛的青蛙：

```
$ fortune tests/inputs/ascii-art
```

也可以提供 *tests/input* 目錄，告知 `fortune` 從其內的任何檔案中選擇某紀錄：

```
$ fortune tests/inputs
A classic is something that everyone wants to have read
and nobody wants to read.
            -- Mark Twain, "The Disappearance of Literature"
```

若供應的路徑不存在，`fortune` 會視為錯誤而立即停止運作。以下指定一個不存在的檔案 *blargh*：

```
$ fortune tests/inputs/jokes blargh tests/inputs/ascii-art
blargh: No such file or directory
```

特別的是，若輸入源存在卻不能讀取，則有些版本的 `fortune` 會反應該檔不存在，而不會有其他的輸出：

```
$ touch hammer && chmod 000 hammer
$ fortune hammer
hammer: No such file or directory
```

另外的版本則回應該檔不能讀取，告知使用者無 fortune 內容可供選擇：

```
$ fortune hammer
/home/u20/kyclark/hammer: Permission denied
No fortunes found
```

使用 `-m` 選項，可以搜尋與指定字串匹配的所有文字記錄。輸出將包含在 `STDERR` 顯示的標頭，其中列出內有這些記錄的檔名，隨後則是要在 `STDERR` 顯示的記錄。例如，以下是尤吉（Yogi Berra）的語錄：

```
$ fortune -m 'Yogi Berra' tests/inputs/
(quotes)
%
It's like deja vu all over again.
-- Yogi Berra
%
You can observe a lot just by watching.
-- Yogi Berra
%
```

若搜尋 *Mark Twain*（馬克吐溫），並把送至 `STDERR`、`STDOUT` 的內容重導向檔案，會發現他的語錄位於 *literature*、*quotes* 檔案中。注意，在 `STDERR` 顯示的標頭僅包含檔案的 basename，譬如 *literature*，而不包含完整路徑，例如 *tests/inputs/literature*：

```
$ fortune -m 'Mark Twain' tests/inputs/ 1>out 2>err
$ cat err
(literature)
%
(quotes)
%
```

預設的搜尋是區分大小寫的，因此搜尋小寫的 *yogi berra* 不會回傳任何結果。我必須使用 `-i` 旗標執行不區分大小寫的匹配：

```
$ fortune -i -m 'yogi berra' tests/inputs/
(quotes)
%
It's like deja vu all over again.
-- Yogi Berra
%
You can observe a lot just by watching.
-- Yogi Berra
%
```

雖然 `fortune` 還有不少的功能，不過僅有上述內容是這個挑戰程式要複製的部分。

挑戰入門

本章挑戰程式的名稱是 `fortuner`（讀作 *for-chu-ner*），即 Rust 版的 `fortune`。你應該從 cargo new fortuner 開始作業，然後將以下依賴套件加入你的 *Cargo.toml* 中：

```
[dependencies]
clap = "2.33"
rand = "0.8"
walkdir = "2"
regex = "1"

[dev-dependencies]
assert_cmd = "2"
predicates = "2"
```

將本書的 *12_fortuner/tests* 目錄複製到你的專案中。執行 **`cargo test`** 建置該程式與進行測試，此時所有測試應該都會失敗。

定義引數

更新 *src/main.rs* 的內容，如下所示：

```
fn main() {
    if let Err(e) = fortuner::get_args().and_then(fortuner::run) {
        eprintln!("{}", e);
        std::process::exit(1);
    }
}
```

對於你的 *src/lib.rs*，一開始可用下列的程式碼定義程式的引數：

```
use clap::{App, Arg};
use std::error::Error;
use regex::{Regex, RegexBuilder};

type MyResult<T> = Result<T, Box<dyn Error>>;

#[derive(Debug)]
pub struct Config {
    sources: Vec<String>, ❶
    pattern: Option<Regex>, ❷
    seed: Option<u64>, ❸
}
```

❶ `sources` 引數為檔案或目錄的串列。

❷ `pattern` 用於篩選 fortune，為非必要的正規表達式。

❸ `seed` 用於控制隨機的選擇，為非必要的 `u64` 值。

如同第 9 章，我使用 `RegexBuilder` 並搭配 `-i|--insensitive` 旗標，因此我的 `Config` 不會定義這個旗標。

亂數產生器的種子設定

挑戰程式會隨機選擇顯示某些文字，不過電腦一般無法做出完全隨機的選擇。正如羅伯特（Robert R. Coveyou）所言；「亂數（random number）的產生太重要了，不能單憑運氣。」[4] 挑戰程式將使用**偽亂數產生器**（PRNG）——始終基於某個起始值做相同的選擇，這個起始值通常被稱為**種子**（*seed*）。也就是說，就任何特定的種子來說，將遵循相同的「隨機」選擇。如此得以測試偽隨機的程式，即我們可以使用指定的種子驗證該程式是否能夠產生某些預期輸出。我將使用 `rand` crate（*https://oreil.ly/OWYOT*）建立 PRNG，並在有指定 `config.seed` 值時選用該值。若沒有指定種子時，程式將根據其他隨機輸入做出不同的偽隨機選擇，因此實際看來是隨機的情況。若想知道更多相關資訊，可參閱《The Rust Rand Book》（*https://oreil.ly/J7gRz*）。

關於 `get_args`，一開始可套用下列程式碼：

```
pub fn get_args() -> MyResult<Config> {
    let matches = App::new("fortuner")
        .version("0.1.0")
        .author("Ken Youens-Clark <kyclark@gmail.com>")
        .about("Rust fortune")
        // 這邊要放什麼？
        .get_matches();

    Ok(Config {
        sources: ...,
        seed: ...,
        pattern: ...,
    })
}
```

建議你的 `run` 一開始可以顯示 `config`：

```
pub fn run(config: Config) -> MyResult<()> {
    println!("{:#?}", config);
    Ok(())
}
```

4 Robert R. Coveyou, "Random Number Generation Is Too Important to Be Left to Chance", *Studies in Applied Mathematics*3(1969): 70–111.

你的程式應該能夠顯示用法說明，如下所示：

```
$ cargo run -- -h
fortuner 0.1.0
Ken Youens-Clark <kyclark@gmail.com>
Rust fortune

USAGE:
    fortuner [FLAGS] [OPTIONS] <FILE>...

FLAGS:
    -h, --help           Prints help information
    -i, --insensitive    Case-insensitive pattern matching
    -V, --version        Prints version information

OPTIONS:
    -m, --pattern <PATTERN>    Pattern
    -s, --seed <SEED>          Random seed

ARGS:
    <FILE>...    Input files or directories
```

與原版的 fortune 不同，挑戰程式必須指定一個（或多個）輸入檔（或目錄）。執行程式若無指定引數時，程式應該停止作業並顯示用法：

```
$ cargo run
error: The following required arguments were not provided:
    <FILE>...

USAGE:
    fortuner [FLAGS] [OPTIONS] <FILE>...
```

驗證是否能正確剖析引數：

```
$ cargo run -- ./tests/inputs -m 'Yogi Berra' -s 1
Config {
    sources: [
        "./tests/inputs", ❶
    ],
    pattern: Some( ❷
        Yogi Berra,
    ),
```

```
        seed: Some( ❸
            1,
        ),
    }
```

❶ 位置引數應被解讀成 `sources` 內容。

❷ `-m` 選項應被剖析成正規表達式（置於 `pattern`）。

❸ `-s` 選項應被剖析成一個 `u64`（若有的話）。

此時應拒絕處理無效的正規表達式。如第 9 章所述，譬如單獨星號不是有效的 regex：

```
$ cargo run -- ./tests/inputs -m "*"
Invalid --pattern "*"
```

另外，也該拒絕處理無法將 `--seed` 值剖析成 `u64` 的情況：

```
$ cargo run -- ./tests/inputs -s blargh
"blargh" not a valid integer
```

如此表示依然需要某方法，剖析指令列引數與驗證其值是否為整數。而前面幾章已編寫過這類函式，不過第 4 章的 `parse_positive_int` 可能與本章所需的函式最相近。就此而言，`0` 是容許的值。你可以用以下的內容開始編寫：

```
fn parse_u64(val: &str) -> MyResult<u64> {
    unimplemented!();
}
```

將下列的單元測試加入 *src/lib.rs* 中：

```
#[cfg(test)]
mod tests {
    use super::parse_u64;

    #[test]
    fn test_parse_u64() {
        let res = parse_u64("a");
        assert!(res.is_err());
        assert_eq!(res.unwrap_err().to_string(), "\"a\" not a valid integer");
```

```
        let res = parse_u64("0");
        assert!(res.is_ok());
        assert_eq!(res.unwrap(), 0);

        let res = parse_u64("4");
        assert!(res.is_ok());
        assert_eq!(res.unwrap(), 4);
    }
}
```

就此暫停說明，讓你的程式可如目前所述的運作。確保程式可以通過 **cargo test parse_u64** 的測試。

以下是我寫的 parse_u64 函式：

```
fn parse_u64(val: &str) -> MyResult<u64> {
    val.parse() ❶
        .map_err(|_| format!("\"{}\" not a valid integer", val).into()) ❷
}
```

❶ 將該值剖析成 u64（Rust 由回傳型別推斷的結果）。

❷ 於錯誤事件中，用指定的值建立有益的錯誤訊息。

以下是我在 get_args 中定義引數的方式：

```
pub fn get_args() -> MyResult<Config> {
    let matches = App::new("fortuner")
        .version("0.1.0")
        .author("Ken Youens-Clark <kyclark@gmail.com>")
        .about("Rust fortune")
        .arg(
            Arg::with_name("sources")
                .value_name("FILE")
                .multiple(true)
                .required(true)
                .help("Input files or directories"),
        )
        .arg(
            Arg::with_name("pattern")
                .value_name("PATTERN")
```

```
                .short("m")
                .long("pattern")
                .help("Pattern"),
        )
        .arg(
            Arg::with_name("insensitive")
                .short("i")
                .long("insensitive")
                .help("Case-insensitive pattern matching")
                .takes_value(false),
        )
        .arg(
            Arg::with_name("seed")
                .value_name("SEED")
                .short("s")
                .long("seed")
                .help("Random seed"),
        )
        .get_matches();
```

我在 regex::RegexBuilder（*https://oreil.ly/ks2Qg*）搭配使用 --insensitive 旗標，於回傳 Config 之前建立能夠不區分大小寫的正規表達式：

```
    let pattern = matches
        .value_of("pattern") ❶
        .map(|val| { ❷
            RegexBuilder::new(val) ❸
                .case_insensitive(matches.is_present("insensitive")) ❹
                .build() ❺
                .map_err(|_| format!("Invalid --pattern \"{}\"", val)) ❻
        })
        .transpose()?; ❼
```

❶ ArgMatches::value_of 會回傳 Option<&str>。

❷ 使用 Option::map（*https://oreil.ly/JaDYG*）處理 Some(val)。

❸ 呼叫 RegexBuilder::new 傳入特定值。

❹ RegexBuilder::case_insensitive 方法（*https://oreil.ly/P3fXc*）在選定 insensitive 旗標時將使得該 regex 忽略比對內容的大小寫。

❺ `RegexBuilder::build` 方法（*https://oreil.ly/3BqDT*）會編譯該 regex。

❻ 若 `build` 回傳一個錯誤，則用 `Result::map_err`（*https://oreil.ly/4izCX*）建立一個錯誤訊息，提示指定的模式無效。

❼ `Option::map` 的結果是一個 `Option<Result>`，而 `Option::transpose`（*https://oreil.ly/QCi0s*）將把它轉成一個 `Result<Option>`。使用 `?` 因應無效的 regex。

最後回傳 `Config`：

```
        Ok(Config {
            sources: matches.values_of_lossy("sources").unwrap(), ❶
            seed: matches.value_of("seed").map(parse_u64).transpose()?, ❷
            pattern,
        })
    }
```

❶ `sources` 中至少會有一個值，所以呼叫 `Option::unwrap` 應該不會有問題。

❷ 嘗試將 `seed` 值剖析成 `u64`。將結果轉置，使用 `?` 避免有問題的輸入。

找出輸入源

當然你可以隨意編寫自認合宜的解決方案，只要它能通過整合測試即可。這是相當複雜的程式，所以我會把它分成許多可測試的小函式，讓你得以找到某個解決方案。若你想跟著我做，則下一步是從指定來源（可能是檔案或目錄）找出輸入檔案。若來源為目錄時，將取用該目錄中的所有檔案。為了讀取 fortune 檔，`fortune` 程式需要 `strfile` 所建的 **.dat* 檔。這些是二進位檔，內含的資料與隨機存取記錄有關。挑戰程式不會使用這些內容，因此若有這些檔案的話，則應跳過不處理。若你執行 *mk-dat.sh*script，則可將 *tests/inputs* 的 **.dat* 檔案移除，或在你的程式中加入忽略這些檔案的不處理邏輯。

我決定編寫一個函式，找出使用者所供路徑串列中的所有檔案。雖然可以將找到的檔案名稱以字串形式回傳，不過我想介紹 Rust 適用於表示路徑的結構（一對結構）。第一個是 `Path`（*https://oreil.ly/H9eW4*），根據它的說明，其「支援一些用於檢視路徑的作業，其中包括將路徑分成相關元件（Unix 上以 / 分隔，Windows 上則用 / 或 \ 分隔）、擷取檔名、判斷路徑是否為絕對路徑等等。」這聽起來相當有用，所以你可能會認為我的函式應該將結果以 `Path` 物件回傳，不過該說明表示：「這是一個未知大小的（*unsized*）型別，

即它必須都用於像 & 或 Box 這類指標之後。有關此型別自有版（owned version），可參閱 PathBuf。」

進而將焦點轉至 PathBuf（*https://oreil.ly/Mth0r*），對於表示路徑而言，這是第二個實用的模組（結構）。如同 String 是 &str 可更改的自有版，PathBuf 是 Path 可更改的自有版。從我的函式回傳 Path 會發生編譯器錯誤，原因是程式碼將嘗試參考已被清除的值，而回傳 PathBuf 不會有這樣的問題。你不一定要用這些結構，但它們能讓程式可跨作業系統移植，以及大幅減輕為正確剖析路徑所做的工作量。以下是我的 find_files 函式 signature，歡迎你多加利用。務必在你的匯入內容中加入 use std::path::PathBuf：

```
fn find_files(paths: &[String]) -> MyResult<Vec<PathBuf>> {
    unimplemented!();
}
```

以下是 test_find_files 單元測試，你可以將它加入 tests 模組中：

```
#[cfg(test)]
mod tests {
    use super::{find_files, parse_u64}; ❶

    #[test]
    fn test_parse_u64() {} // 一如既往，在此不贅述

    #[test]
    fn test_find_files() {
        // 驗證該函式是否找到已知存在的檔案
        let res = find_files(&["./tests/inputs/jokes".to_string()]);
        assert!(res.is_ok());

        let files = res.unwrap();
        assert_eq!(files.len(), 1);
        assert_eq!(
            files.get(0).unwrap().to_string_lossy(),
            "./tests/inputs/jokes"
        );

        // 找不到有問題的檔案
        let res = find_files(&["/path/does/not/exist".to_string()]);
        assert!(res.is_err());
```

```
        // 找到所有輸入檔，但不包括「.dat」
        let res = find_files(&["./tests/inputs".to_string()]);
        assert!(res.is_ok());

        // 確認檔案數量與順序
        let files = res.unwrap();
        assert_eq!(files.len(), 5); ❷
        let first = files.get(0).unwrap().display().to_string();
        assert!(first.contains("ascii-art"));
        let last = files.last().unwrap().display().to_string();
        assert!(last.contains("quotes"));

        // 測試多個來源，路徑必須唯一且已排序
        let res = find_files(&[
            "./tests/inputs/jokes".to_string(),
            "./tests/inputs/ascii-art".to_string(),
            "./tests/inputs/jokes".to_string(),
        ]);
        assert!(res.is_ok());
        let files = res.unwrap();
        assert_eq!(files.len(), 2);
        if let Some(filename) = files.first().unwrap().file_name() {
            assert_eq!(filename.to_string_lossy(), "ascii-art".to_string())
        }
        if let Some(filename) = files.last().unwrap().file_name() {
            assert_eq!(filename.to_string_lossy(), "jokes".to_string())
        }
    }
}
```

❶ 將 find_files 加入匯入內容中。

❷ *tests/inputs/empty* 目錄包含空的隱藏檔 *.gitkeep*，如此讓 Git 可追蹤此目錄。若你選擇忽略空的檔案，則可以將預期的檔案個數從 5 改為 4。

注意，find_files 函式必須按排序順序回傳路徑。不同作業系統會以不同的順序回傳這些檔案，如此使得 fortune 內容呈現不同的順序，進而導致測試困難。若以一致的排序順序回傳檔案，則可將此問題停在萌芽階段。此外，回傳的路徑應該是唯一的，你可以使用 `Vec::sort`（*https://oreil.ly/ua40G*）與 `Vec::dedup`（*https://oreil.ly/7FvsZ*）兩者的組合。

就此暫停閱讀後續章節，編寫可通過 **cargo test find_files** 測試的函式。

接著，更新 run 函式，顯示找到的檔案：

```
pub fn run(config: Config) -> MyResult<()> {
    let files = find_files(&config.sources)?;
    println!("{:#?}", files);
    Ok(())
}
```

當指定可讀取的現存檔案（串列）時，程式應該按順序顯示這些檔案：

```
$ cargo run tests/inputs/jokes tests/inputs/ascii-art
[
    "tests/inputs/ascii-art",
    "tests/inputs/jokes",
]
```

測試你的程式，確認是否能在 *tests/inputs* 目錄中找到檔案（不包過以 *.dat* 結尾的檔案）：

```
$ cargo run tests/inputs/
[
    "tests/inputs/ascii-art",
    "tests/inputs/empty/.gitkeep",
    "tests/inputs/jokes",
    "tests/inputs/literature",
    "tests/inputs/quotes",
]
```

本書前幾章的挑戰程式遇到不可讀或不存在的檔案會有提示，再處理後續內容，但是若 fortune 遇到一個指定檔無法使用時，該程式會立即停止。若你提供無效檔案（例如不存在的 *blargh*），確保你的程式會有相同的反應：

```
$ cargo run tests/inputs/jokes blargh tests/inputs/ascii-art
blargh: No such file or directory (os error 2)
```

注意，我的 find_files 版本僅嘗試找出檔案，但不會試著開啟這些檔案，即此時若遇到無法讀取的檔案不會觸發失敗事件：

```
$ touch hammer && chmod 000 hammer
$ cargo run -- hammer
[
    "hammer",
]
```

讀取 fortune 檔案

找到輸入檔之後，下一步是從這些檔案中讀取文字紀錄。我編寫一個函數，接受這一串已找到的檔案，以及可能回傳這些檔案內含的 fortune 內容串列。當執行程式，指定 `-m` 選項，找出符合指定模式的所有 fortune 內容時，我將需要「fortune 文字」與「來源檔的檔名」兩者，因此決定建立內含兩者的 `Fortune` 結構。若你想運用這個概念，請將以下內容加入 *src/lib.rs* 中，也許可以放在 `Config` 結構之後：

```
#[derive(Debug)]
struct Fortune {
    source: String, ❶
    text: String, ❷
}
```

❶ `source` 是含有該紀錄之檔案的名稱。

❷ `text` 是記錄的內容，儲存範圍直至百分號（`%`）終止字元（但不包括該百分號）。

我的 `read_fortunes` 函式接受輸入路徑串列，而可能回傳 `Fortune` 結構向量。若出現諸如檔案不可讀取之類的問題，該函式將回傳一個錯誤。若你想寫這樣一個函式，以下是可以套用的函式 signature：

```
fn read_fortunes(paths: &[PathBuf]) -> MyResult<Vec<Fortune>> {
    unimplemented!();
}
```

接著是 `test_read_fortunes` 單元測試，你可以把它加入 `tests` 模組中：

```
#[cfg(test)]
mod tests {
    use super::{find_files, parse_u64, read_fortunes, Fortune}; ❶
    use std::path::PathBuf;

    #[test]
    fn test_parse_u64() {} // 一如既往，在此不贅述
```

```
    #[test]
    fn test_find_files() {} // 一如既往，在此不贅述

    #[test]
    fn test_read_fortunes() {
        // 一個輸入檔
        let res = read_fortunes(&[PathBuf::from("./tests/inputs/jokes")]);
        assert!(res.is_ok());

        if let Ok(fortunes) = res {
            // 正確的數量與排序
            assert_eq!(fortunes.len(), 6); ❷
            assert_eq!(
                fortunes.first().unwrap().text,
                "Q. What do you call a head of lettuce in a shirt and tie?\n\
                A. Collared greens."
            );
            assert_eq!(
                fortunes.last().unwrap().text,
                "Q: What do you call a deer wearing an eye patch?\n\
                A: A bad idea (bad-eye deer)."
            );
        }

        // 多個輸入檔
        let res = read_fortunes(&[
            PathBuf::from("./tests/inputs/jokes"),
            PathBuf::from("./tests/inputs/quotes"),
        ]);
        assert!(res.is_ok());
        assert_eq!(res.unwrap().len(), 11);
    }
}
```

❶ 為了測試而匯入 `read_fortunes`、`Fortune`、`PathBuf`。

❷ *tests/inputs/jokes* 檔包含空的 fortune（預計被刪除的）。

就此暫停說明，請先實作出一版函式，並讓該函式可通過 **`cargo test read_fortunes`** 的測試。

例如，更新 `run`，顯示已找到的其中一筆紀錄：

```
pub fn run(config: Config) -> MyResult<()> {
    let files = find_files(&config.sources)?;
    let fortunes = read_fortunes(&files)?;
    println!("{:#?}", fortunes.last());
    Ok(())
}
```

當傳入無問題的輸入源時，該程式應該顯示一個 fortune，如下所示：

```
$ cargo run tests/inputs
Some(
    Fortune {
        source: "quotes",
        text: "You can observe a lot just by watching.\n-- Yogi Berra",
    },
)
```

當提供不可讀取的檔案（如之前所建的 *hammer* 檔案）時，該程式應會停止運作而顯示有益的錯誤訊息：

```
$ cargo run hammer
hammer: Permission denied (os error 13)
```

隨機選擇 fortune

該程式有兩種可能的輸出。當使用者提供一個 `pattern`（模式），這個程式應顯示與該模式匹配的所有 fortune；否則，此程式應隨機選擇顯示一個 fortune。對於後一個選項，我編寫 `pick_fortune` 函式，該函式帶入某些 fortune 與一個可選的種子，而回傳一個不一定存在的字串：

```
fn pick_fortune(fortunes: &[Fortune], seed: Option<u64>) -> Option<String> {
    unimplemented!();
}
```

我的函式使用 `rand` crate 所建的**亂數產生器**（*random number generator* 或 RNG）選擇 fortune，如本章稍早所述。若沒有指定種子值，則使用 `rand::thread_rng`（*https://oreil.ly/Ufwrb*）建立 RNG（種子由系統決定）。若有指定種子值，則使用 `rand::rngs::`

`StdRng::seed_from_u64`（*https://oreil.ly/NdtDw*）。最後，我使用 `SliceRandom::choose`（*https://oreil.ly/9cEP6*）搭配上述的 RNG 選擇一個 fortune。

接著可以擴充你的 `tests` 模組，加入 `test_read_fortunes` 單元測試：

```
#[cfg(test)]
mod tests {
    use super::{
        find_files, parse_u64, pick_fortune, read_fortunes, Fortune, ❶
    };
    use std::path::PathBuf;

    #[test]
    fn test_parse_u64() {} // 一如既往，在此不贅述

    #[test]
    fn test_find_files() {} // 一如既往，在此不贅述

    #[test]
    fn test_read_fortunes() {} // 一如既往，在此不贅述

    #[test]
    fn test_pick_fortune() {
        // 建立 fortune 切片
        let fortunes = &[
            Fortune {
                source: "fortunes".to_string(),
                text: "You cannot achieve the impossible without \
                      attempting the absurd."
                    .to_string(),
            },
            Fortune {
                source: "fortunes".to_string(),
                text: "Assumption is the mother of all screw-ups."
                    .to_string(),
            },
            Fortune {
                source: "fortunes".to_string(),
                text: "Neckties strangle clear thinking.".to_string(),
            },
        ];
```

```
        // 基於指定的種子選一個 fortune
        assert_eq!(
            pick_fortune(fortunes, Some(1)).unwrap(), ❷
            "Neckties strangle clear thinking.".to_string()
        );
    }
}
```

❶ 為測試而匯入 pick_fortune 函式。

❷ 提供一個種子，用於驗證偽隨機的選擇是否可複製。

就此暫停閱讀後續章節，請編寫可通過 **cargo test pick_fortune** 測試的函式。

你可以將這個函式整合到 run 之中，如下所示：

```
pub fn run(config: Config) -> MyResult<()> {
    let files = find_files(&config.sources)?;
    let fortunes = read_fortunes(&files)?;
    println!("{:#?}", pick_fortune(&fortunes, config.seed));
    Ok(())
}
```

執行程式時，若無指定種子，將沉浸於隨之而來的隨機性渾沌中：

```
$ cargo run tests/inputs/
Some(
    "Q: Why did the gardener quit his job?\nA: His celery wasn't high enough.",
)
```

若有指定種子，該程式應該始終都會選出相同的 fortune：

```
$ cargo run tests/inputs/ -s 1
Some(
    "You can observe a lot just by watching.\n-- Yogi Berra",
)
```

我是基於特定順序的 `fortune` 撰寫測試。其中 find_files 會按排序順序回傳檔案，如此表示傳遞給 pick_fortune 的 fortune 串列先依照其所屬的來源檔案順序，再以其在所屬檔案中的順序排序。若你用不同的資料結構表示 fortune 或以不同的順序剖析這些 fortune，則需要針對你的抉擇更改測試邏輯。重點是要找到一種方法，讓你的偽隨機選擇是可預測的、可測試的。

顯示與模式匹配的記錄

此刻你具有完成挑戰程式的所有片段。最後一步是決定要顯示與指定之正規表達式匹配的所有 fortune，還是隨機選擇顯示一個 fortune。你可以擴充你的 `run` 函式，如下所示：

```
pub fn run(config: Config) -> MyResult<()> {
    let files = find_files(&config.sources)?;
    let fortunes = read_fortunes(&files)?;

    if let Some(pattern) = config.pattern {
        for fortune in fortunes {
            // 顯示與模式匹配的所有 fortune
        }
    } else {
        // 選擇顯示一個
    }

    Ok(())
}
```

別忘了，若沒有 fortune，程式應該適時讓使用者知道，例如使用 *tests/inputs/empty* 目錄時：

```
$ cargo run tests/inputs/empty
No fortunes found
```

至此應該有足夠資訊讓你完成這個程式（利用目前提供的測試）。這是一個不好處理的難題，但別放棄。

解決方案

對於隨後的程式碼，你需要用下列的匯入內容與定義段落以擴充 *src/lib.rs*：

```
use clap::{App, Arg};
use rand::prelude::SliceRandom;
use rand::{rngs::StdRng, SeedableRng};
use regex::{Regex, RegexBuilder};
use std::{
    error::Error,
    ffi::OsStr,
    fs::{self, File},
    io::{BufRead, BufReader},
    path::PathBuf,
};
use walkdir::WalkDir;

type MyResult<T> = Result<T, Box<dyn Error>>;

#[derive(Debug)]
pub struct Config {
    sources: Vec<String>,
    pattern: Option<Regex>,
    seed: Option<u64>,
}

#[derive(Debug)]
pub struct Fortune {
    source: String,
    text: String,
}
```

接著要說明我如何編寫上一節所述的每個函數，從 find_files 函式說起。你會發現到，它使用 OsStr 型別（*https://oreil.ly/CAeUi*）篩選出副檔名為 *.dat* 的檔案，該 Rust 型別是作業系統首選的字串（可能不是有效的 UTF-8 字串）表示方式。借用 OsStr 型別，而其自有版為 OsString（*https://oreil.ly/J3nFa*）。兩者如同 Path 與 PathBuf 的區別。這兩個版本皆把 Windows 和 Unix 平台的檔名處理複雜度封裝起來。下列程式碼使用 Path::extension（*https://oreil.ly/aOffl*），其回傳 Option<&OsStr>：

```
fn find_files(paths: &[String]) -> MyResult<Vec<PathBuf>> {
    let dat = OsStr::new("dat"); ❶
```

```
    let mut files = vec![]; ❷

    for path in paths {
        match fs::metadata(path) {
            Err(e) => return Err(format!("{}: {}", path, e).into()), ❸
            Ok(_) => files.extend( ❹
                WalkDir::new(path)  ❺
                    .into_iter()
                    .filter_map(Result::ok) ❻
                    .filter(|e| {
                        e.file_type().is_file() ❼
                            && e.path().extension() != Some(dat)
                    })
                    .map(|e| e.path().into()), ❽
            ),
        }
    }

    files.sort(); ❾
    files.dedup(); ❿
    Ok(files) ⓫
}
```

❶ 為字串 *dat* 建立 `OsStr` 值。

❷ 為結果建立可變的向量。

❸ 若 `fs::metadata`（*https://oreil.ly/VsRxb*）有問題，則回傳有益的錯誤訊息。

❹ 使用 `Vec::extend`（*https://oreil.ly/nWMcd*）將源自 `WalkDir` 的結果加入此結果中。

❺ 使用 `walkdir::WalkDir`（*https://oreil.ly/ahe7k*）找出起始路徑中的所有細目。

❻ 這會忽略檔案或目錄不可讀取的錯誤，此為原版程式具有的行為。

❼ 只取副檔名非 *.dat* 的一般檔案。

❽ `walkdir::DirEntry::path` 函式（*https://oreil.ly/yQmt4*）回傳一個 `Path`，因此將它轉成 `PathBuf`。

❾ 使用 `Vec::sort`（*https://oreil.ly/ua40G*）排序細目（置於適當位置）。

❿ 使用 `Vec::dedup`（*https://oreil.ly/7FvsZ*）移除連續重複值。

⓫ 回傳已排序的不重複檔案。

前述函式找出的檔案是 read_fortunes 函式的輸入：

```
fn read_fortunes(paths: &[PathBuf]) -> MyResult<Vec<Fortune>> {
    let mut fortunes = vec![]; ❶
    let mut buffer = vec![];

    for path in paths { ❷
        let basename = ❸
            path.file_name().unwrap().to_string_lossy().into_owned();
        let file = File::open(path).map_err(|e| {
            format!("{}: {}", path.to_string_lossy().into_owned(), e)
        })?; ❹

        for line in BufReader::new(file).lines().filter_map(Result::ok) ❺
        {
            if line == "%" { ❻
                if !buffer.is_empty() { ❼
                    fortunes.push(Fortune {
                        source: basename.clone(),
                        text: buffer.join("\n"),
                    });
                    buffer.clear();
                }
            } else {
                buffer.push(line.to_string()); ❽
            }
        }
    }

    Ok(fortunes)
}
```

❶ 為 fortune 與記錄緩衝區建立可變的向量。

❷ 疊代處理指定的檔名。

❸ 將 Path::file_name（*https://oreil.ly/PVqKf*）從 OsStr 轉成 String，使用 *lossy*（缺損）版以防這個字串不是有效的 UTF-8。結果是一個寫時複製的（*clone-on-write*）智慧指標，因而使用 Cow::into_owned（*https://oreil.ly/Jpdd0*）複製資料（若尚未擁有的話）。

❹ 開啟檔案或回傳錯誤訊息。

❺ 疊代處理檔案各行內容。

❻ 單一百分號（%）表示一筆紀錄的結尾。

❼ 若緩衝區不是空的，則將 `text` 設成以換行符號連接的緩衝區行文字，然後清除緩衝區。

❽ 否則將目前這一行加入 `buffer`。 以下是我寫的 `pick_fortune` 函式：

```
fn pick_fortune(fortunes: &[Fortune], seed: Option<u64>) -> Option<String> {
    if let Some(val) = seed { ❶
        let mut rng = StdRng::seed_from_u64(val); ❷
        fortunes.choose(&mut rng).map(|f| f.text.to_string()) ❸
    } else {
        let mut rng = rand::thread_rng(); ❹
        fortunes.choose(&mut rng).map(|f| f.text.to_string())
    }
}
```

❶ 確認使用者是否有提供種子。

❷ 若有的話，使用該指定種子建立 PRNG。

❸ 使用該 PRNG 選擇其中一個 fortune。

❹ 否則使用由系統特定種子產生的 PRNG。

可以將上述這些概念整合到我的 `run` 中，如下所示：

```
pub fn run(config: Config) -> MyResult<()> {
    let files = find_files(&config.sources)?;
    let fortunes = read_fortunes(&files)?;
    if let Some(pattern) = config.pattern { ❶
        let mut prev_source = None; ❷
        for fortune in fortunes ❸
            .iter()
            .filter(|fortune| pattern.is_match(&fortune.text))
        {
            if prev_source.as_ref().map_or(true, |s| s != &fortune.source) { ❹
                eprintln!("({})\n%", fortune.source);
                prev_source = Some(fortune.source.clone()); ❺
            }
            println!("{}\n%", fortune.text); ❻
        }
    } else {
```

```
        println!( ❼
            "{}",
            pick_fortune(&fortunes, config.seed)
                .or_else(|| Some("No fortunes found".to_string()))
                .unwrap()
        );
    }
    Ok(())
}
```

❶ 確認使用者是否指定 `pattern` 選項。

❷ 初始化可變的變數（用於儲存前一個 fortune 來源）。

❸ 疊代處理已找到的 fortune，並篩選出與指定之正規表達式匹配的 fortune。

❹ 若目前來源與前一個來源不同，則顯示來源標頭。

❺ 儲存目前的 fortune 來源。

❻ 顯示 fortune 文字。

❼ 顯示隨機選擇的一個 fortune，如果找不到 fortune，那麼顯示一個訊息提示。

fortune 與嵌入的換行符號一起存放，若熱門的短語跨越多行，則可能導致正規表達式匹配失敗。如此仿效 `fortune` 原版的運作方式，但可能與使用者的預期不符。

此時，挑戰程式將通過已提供的所有測試。因為挑戰程式有許多步驟涉及找尋與讀取檔案，以及顯示所有匹配記錄或使用 PRNG 隨機選擇一筆記錄，所以我提出較多的說明內容。但願你能跟我一樣享受其中。

進階挑戰

閱讀 `fortune` 使用手冊，理解你的程式能夠實作的其他選項。例如，可以增加 `-n length` 選項，限定小於某長度的 fortune（為短的 fortune）。得知 fortune 長度就能便於實作 `-s` 選項，該選項表示僅選擇**短的** fortune。如本章解決方案最終版所述，正規表達式可能會因 fortune 嵌入換行符號而匹配失敗。你能找到一種方法繞過這個限制嗎？

隨機性是讓你可以嘗試編寫許多遊戲的關鍵部分。你也許可以從一個遊戲開始體驗：玩家必須猜測在某範圍內隨機選擇的一個數值；接著可以往更困難的遊戲挑戰，譬如《命運之輪》（Wheel of Fortune）：玩家在隨機選擇的單字、片語中猜測字母。許多系統都有 */usr/share/dict/words* 檔，內容包含數千個英文單字；你可以把這個檔案當作資料來源，也可以自行建立個人的單字片語輸入檔。

本章總結

納入隨機性的程式是我最喜歡的程式類型之一。隨機事件相當適合用於建立遊戲與機器學習程式，因此有必要了解如何控制與測試隨機性。你已學到的本章重點回顧如下：

- fortune 記錄跨越多行，並使用單一百分號表示該筆記錄的結尾。了解如何讀取各行內容，放入緩衝區中，當遇到紀錄或檔案的結尾符號時傾印（dump）緩衝區內容。
- 使用 `rand`crate 做偽隨機選擇，這些選擇內容可用種子值控制。
- 對於處理 Windows 和 Unix 兩系統上的系統路徑，`Path`（借用）與 `PathBuf`（自有）型別是實用的抽象資料結構。這兩個結構類比於處理借用、自有字串的 `&str`、`String` 型別。
- 檔案與目錄的名稱可能是無效的 UTF-8，因此 Rust 使用 `OsStr`（借用）和 `OsString`（自有）型別表示這些字串。
- 使用像 `Path` 和 `OsStr` 這樣的抽象資料結構，讓 Rust 程式碼更能跨作業系統移植。

下一章將建立終端式的日曆程式，說明如何處理日期。

第十三章

刻劃小時光

時間像箭一樣疾行

時鐘指針走得如此之快

讓風吹起

日曆一頁接著一頁飛出窗外

——明日巨星合唱團〈Hovering Sombrero〉(2001)

本章將建立 `cal` 複製版，該程式會在終端機顯示一個文字日曆。我經常不曉得日子是幾月幾號（甚至不知道星期幾），所以我用這個程式（連同 `date`）隱約知道我所在的時空位置。與通常的情況一樣，當你開始參與實作細節時，看似簡單的 app 會變得更加複雜。

你將學習如何：

- 取得今日日期、執行基本的日期作業
- 使用 `Vec::chunks` 為項目分組
- 組合多個疊代器的元素
- 在終端機中產生突顯的文字

cal 的運作方式

我首先會呈現 calBSD 版的使用手冊，探究必要的功能。其中內容相當多，而我只介紹與挑戰程式相關的某些部分：

```
CAL(1)                    BSD 一般指令使用手冊                CAL(1)

名稱
     cal, ncal — 顯示日曆與復活節日期

概述
     cal [-31jy] [-A number] [-B number] [-d yyyy-mm] [[ 月 ] 年 ]
     cal [-31j] [-A number] [-B number] [-d yyyy-mm] -m 月 [ 年 ]
     ncal [-C] [-31jy] [-A number] [-B number] [-d yyyy-mm] [[ 月 ] 年 ]
     ncal [-C] [-31j] [-A number] [-B number] [-d yyyy-mm] -m 月 [ 年 ]
     ncal [-31bhjJpwySM] [-A number] [-B number] [-H yyyy-mm-dd] [-d yyyy-mm]
     [-s country_code] [[ 月 ] 年 ]
     ncal [-31bhJeoSM] [-A number] [-B number] [-d yyyy-mm] [ 年 ]

描述
     cal 工具程式以傳統格式顯示簡單的日曆，ncal 提供另一種佈局，更多選項和復活節日期。
     新格式有點局促，但它可以在 25x80 終端機上容納一年分。如果未指定引數，那麼顯示目
     前月分。

     ...

     單一引數指定要顯示的年分（1-9999）；注意，必須完全指定年分：「cal 89」將不會顯示
     1989。兩個引數表示月分和年分；月分可以是介於 1 和 12 之間的數值，也可以是目前區
     域設置指定的完整名稱或縮寫名稱。月分和年分預設為目前系統時鐘和時區的月分和年分（因
     此 ``cal -m 8'' 將顯示當年 8 月）。
```

cal GNU 版對於 --help 會有反應，選項也支援短選項與長選項兩種。注意，該版本還容許選擇每週從星期日或星期一開始，不過我們的挑戰程式每週是從星期日開始：

```
$ cal --help

用法：
 cal [ 選項 ] [[[ 日 ] 月 ] 年 ]

選項：
 -1, --one        只顯示目前月分（預設）
 -3, --three      顯示上個月、這個月、下個月
 -s, --sunday     以星期日為當週第一日
```

```
-m, --monday      以星期一為當週第一日
-j, --julian      輸出 Julian 日期
-y, --year        顯示目前整個年分
-V, --version     顯示版本訊息並退出
-h, --help        顯示此說明訊息並退出
```

若無指定引數，`cal` 會顯示本月分，並於終端機反白突顯本日（反白顯示即背景與前景的顏色互換）。本書印刷版無法呈現這樣的效果，因此以粗體呈現今天日期，你可以當作是終端機執行該指令看到的樣子：

```
$ cal
    October 2021
Su Mo Tu We Th Fr Sa
                1  2
 3  4  5  6  7  8  9
10 11 12 13 14 15 16
17 18 19 20 21 22 23
24 25 26 27 28 29 30
31
```

指定單一位置引數，會被解讀為年分。若該值是範圍 1 ~ 9999 之內的有效整數，則 `cal` 將顯示該年分的日曆。例如，以下是 1066 年的日曆。注意，下列輸出的年分置於第一行中間：

```
$ cal 1066
                            1066
      January               February               March
Su Mo Tu We Th Fr Sa  Su Mo Tu We Th Fr Sa  Su Mo Tu We Th Fr Sa
 1  2  3  4  5  6  7               1  2  3  4               1  2  3  4
 8  9 10 11 12 13 14   5  6  7  8  9 10 11   5  6  7  8  9 10 11
15 16 17 18 19 20 21  12 13 14 15 16 17 18  12 13 14 15 16 17 18
22 23 24 25 26 27 28  19 20 21 22 23 24 25  19 20 21 22 23 24 25
29 30 31              26 27 28              26 27 28 29 30 31


       April                  May                   June
Su Mo Tu We Th Fr Sa  Su Mo Tu We Th Fr Sa  Su Mo Tu We Th Fr Sa
                   1      1  2  3  4  5  6               1  2  3
 2  3  4  5  6  7  8   7  8  9 10 11 12 13   4  5  6  7  8  9 10
 9 10 11 12 13 14 15  14 15 16 17 18 19 20  11 12 13 14 15 16 17
16 17 18 19 20 21 22  21 22 23 24 25 26 27  18 19 20 21 22 23 24
23 24 25 26 27 28 29  28 29 30 31           25 26 27 28 29 30
```

```
        July                 August                September
Su Mo Tu We Th Fr Sa  Su Mo Tu We Th Fr Sa  Su Mo Tu We Th Fr Sa
                   1            1  2  3  4  5                     1  2
 2  3  4  5  6  7  8   6  7  8  9 10 11 12   3  4  5  6  7  8  9
 9 10 11 12 13 14 15  13 14 15 16 17 18 19  10 11 12 13 14 15 16
16 17 18 19 20 21 22  20 21 22 23 24 25 26  17 18 19 20 21 22 23
23 24 25 26 27 28 29  27 28 29 30 31        24 25 26 27 28 29 30
30 31

       October               November              December
Su Mo Tu We Th Fr Sa  Su Mo Tu We Th Fr Sa  Su Mo Tu We Th Fr Sa
 1  2  3  4  5  6  7            1  2  3  4                     1  2
 8  9 10 11 12 13 14   5  6  7  8  9 10 11   3  4  5  6  7  8  9
15 16 17 18 19 20 21  12 13 14 15 16 17 18  10 11 12 13 14 15 16
22 23 24 25 26 27 28  19 20 21 22 23 24 25  17 18 19 20 21 22 23
29 30 31              26 27 28 29 30        24 25 26 27 28 29 30
                                            31
```

若指定的年分不在可接受的範圍內，BSD、GNU 兩版皆會顯示類似的錯誤訊息：

```
$ cal 0
cal: year `0' not in range 1..9999
$ cal 10000
cal: year `10000' not in range 1..9999
```

若指定兩個整數值，兩版都會把這兩個整數值分別解讀為序數日期值（ordinal value）的月與年。例如，**cal 3 1066** 這個咒語中，3 被解讀成當年的第三個月分，即三月。注意，顯示單一月分時，所屬的年分也會包含在月分名稱當中：

```
$ cal 3 1066
     March 1066
Su Mo Tu We Th Fr Sa
          1  2  3  4
 5  6  7  8  9 10 11
12 13 14 15 16 17 18
19 20 21 22 23 24 25
26 27 28 29 30 31
```

使用 `-y|--year` 旗標顯示今年一整年的內容，我覺得這很實用，原因是我也常常忘記今年是哪一年。若 `-y|--year` 與表年分值的位置引數同時出現，則 `cal` 會採用年分位置引數，不過挑戰程式應將此視為錯誤。特別的是，若將 `-y` 與某月某年的兩位置引數結合，`cal` GNU 版不會認為錯誤，但 `cal` BSD 版會出錯。上述為本章挑戰程式要實作的內容。

挑戰入門

本章挑戰程式的名稱是 `calr`（讀作 *cal-ar*），即 Rust 版的 `cal` 日曆程式。你應該從 `cargo new calr` 開始作業，然後將以下依賴套件加入 *Cargo.toml* 中：

```
[dependencies]
clap = "2.33"
chrono = "0.4" ❶
itertools = "0.10" ❷
ansi_term = "0.12" ❸

[dev-dependencies]
assert_cmd = "2"
predicates = "2"
```

❶ `chrono` crate（*https://oreil.ly/IDbky*）提供日期、時間存取的函式。

❷ `itertools` crate 用於連接各行文字。

❸ `ansi_term` crate 用於突顯今天的日期。

將本書的 *13_calr/tests* 目錄複製到你的專案中。執行 **`cargo test`** 建置該程式與進行測試，此時所有測試應該通通不會過。

定義與驗證引數

建議你用下列的內容更改 *src/main.rs*：

```
fn main() {
    if let Err(e) = calr::get_args().and_then(calr::run) {
        eprintln!("{}", e);
        std::process::exit(1);
    }
}
```

以下的 `Config` 結構使用 `chrono::naïve::NaiveDate`（*https://oreil.ly/Laqtb*），這是一個 ISO 8601 日曆日期，沒有時區，表示範圍從西元前 262145 年 1 月 1 到西元 262143 年 12 月 31 日的日期。因為挑戰程式不需要指定時區，所以單純日期（naive date）就夠了。以下是 *src/lib.rs* 一開始的參考內容：

```
use clap::{App, Arg};
use std::error::Error;
use chrono::NaiveDate;

#[derive(Debug)]
pub struct Config {
    month: Option<u32>, ❶
    year: i32, ❷
    today: NaiveDate, ❸
}

type MyResult<T> = Result<T, Box<dyn Error>>;
```

❶ `month` 是非必要的 `u32` 值。

❷ `year` 是必要的 `i32` 值。

❸ 今天的日期適合用於 `get_args`、主程式中，所以在此儲存該內容。

由於月分的範圍僅有 1 ～ 12，年分的範圍是 0 ～ 9999，因此這些整數的尺寸可能看起來過大。我選擇如此大小的原因是，它們乃是 `chrono` crate 對於月分、年分所採取的型別。我覺得這些是最方便行事的型別，不過歡迎你使用其他內容。

你可以按以下架構完成你的 `get_args` 函式：

```
pub fn get_args() -> MyResult<Config> {
    let matches = App::new("calr")
        .version("0.1.0")
        .author("Ken Youens-Clark <kyclark@gmail.com>")
        .about("Rust cal")
        // 這邊要放什麼？
        .get_matches();

    Ok(Config {
        month: ...,
        year: ...,
        today: ...,
    })
}
```

`run` 的開頭可以顯示 `config`：

```
pub fn run(config: Config) -> MyResult<()> {
    println!("{:?}", config);
    Ok(())
}
```

你的程式應該能夠產生下列的用法說明：

```
$ cargo run -- -h
calr 0.1.0
Ken Youens-Clark <kyclark@gmail.com>
Rust cal

USAGE:
    calr [FLAGS] [OPTIONS] [YEAR]

FLAGS:
    -h, --help       Prints help information
    -y, --year       Show whole current year
    -V, --version    Prints version information

OPTIONS:
    -m <MONTH>        Month name or number (1-12)

ARGS:
    <YEAR>    Year (1-9999)
```

程式執行時若無指定引數，則應預設採用本年本月，即我編寫本書時的 2021 年 10 月。若要取得年月的預設值，建議你使用 `chrono`crate。若把 `use chrono::Local` 加入 *src/lib.rs* 中，則可以呼叫 `chrono::offset::Local::today` 函式（*https://oreil.ly/SKoli*）取得今日的 `chrono::Date` 結構（*https://oreil.ly/sBFBy*），其搭配你的 `local`（*https://oreil.ly/F36yP*）時區設置。然後，可以使用像是 `month`（*https://oreil.ly/9icYK*）、`year`（*https://oreil.ly/Ofjnr*）方法取得表示本月分與年分的整數值。使用以下的程式碼更換你的 *src/lib.rs* 內容：

```
use chrono::{Datelike, Local};

pub fn get_args() -> MyResult<Config> {
    let matches = ...
```

```
    let today = Local::today();

    Ok(Config {
        month: Some(today.month()),
        year: today.year(),
        today: today.naive_local(),
    })
}
```

此時，你應該能夠看到下列的輸出：

```
$ cargo run
Config { month: Some(10), year: 2021, today: 2021-10-10 }
```

chrono crate 還有 chrono::offset::Utc（*https://oreil.ly/msDT9*）能取得以世界標準時間（Coordinated Universal Time 或 UTC）為基礎的時間，世界標準時間（UTC）是格林威治標準時間（Greenwich Mean Time 或 GMT）的後繼者，也是用於調整世界時鐘的時間標準。你可能會問：「為什麼它的縮寫不是 CUT？」據說，這是因為國際電信聯盟（International Telecommunication Union）和國際天文學協會（International Astronomical Union）希望有一個通用的縮寫簡稱。英語母語者提出 CUT（*coordinated universal time* 的縮寫），而法語母語者要求 TUC（*temps universel coordonné* 的縮寫）。彼此運用所羅門的智慧，妥協決定採用 UTC，這並非意味著有什麼特別之處，而是符合世界時間的縮寫慣例。

接著，更新 get_args，剖析指定的引數。例如，單一的整數位置引數應解讀為年分，而月分應為 None 表示顯示整年分的資料：

```
$ cargo run -- 1000
Config { month: None, year: 1000, today: 2021-10-10 }
```

-y|--year 旗標應使得 year 設為本年分，month 設為 None，表示應顯示整年分：

```
$ cargo run -- -y
Config { month: None, year: 2021, today: 2021-10-10 }
```

你的程式應該針對月分和年分而可接受有效整數值：

```
$ cargo run -- -m 7 1776
Config { month: Some(7), year: 1776, today: 2021-10-10 }
```

注意，可用能區別整年月分的開頭子字串指定月分引數，因此指定 *Jul* 或 *July*，程式應可運作：

```
$ cargo run -- -m Jul 1776
Config { month: Some(7), year: 1776, today: 2021-10-10 }
```

Ju 字串不足以表明 *June* 或 *July*：

```
$ cargo run -- -m Ju 1776
Invalid month "Ju"
```

解讀月分名稱也應該不區分大小寫，因此 *s* 足以表示 *September*：

```
$ cargo run -- -m s 1999
Config { month: Some(9), year: 1999, today: 2021-10-12 }
```

確保程式在未指定任何引數時使用本月分與本年分：

```
$ cargo run
Config { month: Some(10), year: 2021, today: 2021-10-10 }
```

應拒絕處理 1 ～ 12 範圍外的月分號碼：

```
$ cargo run -- -m 0
month "0" not in the range 1 through 12
```

應拒絕處理未知的月分名稱：

```
$ cargo run -- -m Fortinbras
Invalid month "Fortinbras"
```

也應拒絕處理 1 ～ 9999 範圍外的年分：

```
$ cargo run -- 0
year "0" not in the range 1 through 9999
```

不能同時指定 `-y|--year` 旗標與月分：

```
$ cargo run -- -m 1 -y
error: The argument '-m <MONTH>' cannot be used with '--year'

USAGE:
    calr -m <MONTH> --year
```

當 -y|--year 旗標與 year 位置引數結合時，程式也應該顯示錯誤：

```
$ cargo run -- -y 1972
error: The argument '<YEAR>' cannot be used with '--year'

USAGE:
    calr --year
```

為了驗證月分、年分，需要能夠將字串剖析成整數值，這在之前我們已實作多次了。就此，月分必須是 u32，而年分必須是 i32，以便符合 chrono crate 所用的型別。我編寫 parse_year、parse_month 函式處理年分與月分的轉型與驗證。兩者都需要 parse_int 函式，該函式的 signature 如隨後所示，其中泛型定義一個回傳型別 T，其會實作 std::str::FromStr（*https://oreil.ly/ArshI*）。如此容許在呼叫該函式時，可依需求指明 u32（月分）或 i32（年分）。若你打算實作此函式，務必將 use std::str::FromStr 加入你的匯入內容中：

```
fn parse_int<T: FromStr>(val: &str) -> MyResult<T> {
    unimplemented!();
}
```

接著對於你的 tests 模組，一開始可以加入此函式的單元測試 test_parse_int：

```
#[cfg(test)]
mod tests {
    use super::parse_int;

    #[test]
    fn test_parse_int() {
        // 剖析正整數、轉成 usize
        let res = parse_int::<usize>("1"); ❶
        assert!(res.is_ok());
        assert_eq!(res.unwrap(), 1usize); ❷

        // 剖析負整數、轉成 i32
        let res = parse_int::<i32>("-1");
        assert!(res.is_ok());
        assert_eq!(res.unwrap(), -1i32);

        // 剖析失敗的字串
        let res = parse_int::<i64>("foo");
        assert!(res.is_err());
```

```
        assert_eq!(res.unwrap_err().to_string(), "Invalid integer \"foo\"");
    }
}
```

❶ 函數呼叫時使用 turbofish 指明回傳型別。

❷ 使用數值字面常數（如 `1usize`）指定內容值為 `1`、型別為 `usize`。

就此暫停說明，請編寫可通過 **`cargo test test_parse_int`** 測試的函式。

我的 `parse_year` 需要帶入一個字串，以及回傳一個 `i32`。該函式一開始的內容如下所示：

```
fn parse_year(year: &str) -> MyResult<i32> {
    unimplemented!();
}
```

使用以下的單元測試擴充你的 `tests` 模組，該單元測試確認是否接受範圍邊界 1、9999，以及是否拒絕處理超出範圍的值：

```
#[cfg(test)]
mod tests {
    use super::{parse_int, parse_year}; ❶

    #[test]
    fn test_parse_int() {} // 一如既往，在此不贅述

    #[test]
    fn test_parse_year() {
        let res = parse_year("1");
        assert!(res.is_ok());
        assert_eq!(res.unwrap(), 1i32);

        let res = parse_year("9999");
        assert!(res.is_ok());
        assert_eq!(res.unwrap(), 9999i32);

        let res = parse_year("0");
        assert!(res.is_err());
        assert_eq!(
            res.unwrap_err().to_string(),
            "year \"0\" not in the range 1 through 9999"
```

```
        );

        let res = parse_year("10000");
        assert!(res.is_err());
        assert_eq!(
            res.unwrap_err().to_string(),
            "year \"10000\" not in the range 1 through 9999"
        );

        let res = parse_year("foo");
        assert!(res.is_err());
    }
}
```

❶ 將 parse_year 加入匯入串中。

就此暫停說明，請編寫可通過 **cargo test test_parse_year** 測試的函式。

接著，可以開始編寫 parse_month，如下所示：

```
fn parse_month(month: &str) -> MyResult<u32> {
    unimplemented!();
}
```

以下的單元測試確認是否可以使用邊界 1、12，以及驗證不區分大小寫的月分案例（譬如 *jan* 是否對到 *January*）是否可行。然後確保拒絕處理 1 ~ 12 以外的值以及未知的月分名稱：

```
#[cfg(test)]
mod tests {
    use super::{parse_int, parse_month, parse_year}; ❶

    #[test]
    fn test_parse_int() {} // 一如既往，在此不贅述

    #[test]
    fn test_parse_year() {} // 一如既往，在此不贅述

    #[test]
    fn test_parse_month() {
        let res = parse_month("1");
```

```
        assert!(res.is_ok());
        assert_eq!(res.unwrap(), 1u32);

        let res = parse_month("12");
        assert!(res.is_ok());
        assert_eq!(res.unwrap(), 12u32);

        let res = parse_month("jan");
        assert!(res.is_ok());
        assert_eq!(res.unwrap(), 1u32);

        let res = parse_month("0");
        assert!(res.is_err());
        assert_eq!(
            res.unwrap_err().to_string(),
            "month \"0\" not in the range 1 through 12"
        );

        let res = parse_month("13");
        assert!(res.is_err());
        assert_eq!(
            res.unwrap_err().to_string(),
            "month \"13\" not in the range 1 through 12"
        );

        let res = parse_month("foo");
        assert!(res.is_err());
        assert_eq!(res.unwrap_err().to_string(), "Invalid month \"foo\"");
    }
}
```

❶ 將 `parse_month` 加入匯入串中。

就此暫停閱讀後續章節，請編寫可通過 **`cargo test test_parse_month`** 測試的函式。

此時，你的程式應可通過 **`cargo test parse`**：

```
running 3 tests
test tests::test_parse_year ... ok
test tests::test_parse_int ... ok
test tests::test_parse_month ... ok
```

以下是我編寫的 `parse_int`，它可以回傳 `i32` 或 `u32`：[1]

```
fn parse_int<T: FromStr>(val: &str) -> MyResult<T> {
    val.parse() ❶
        .map_err(|_| format!("Invalid integer \"{}\"", val).into()) ❷
}
```

❶ 使用 `str::parse`（*https://oreil.ly/1DPIe*）將字串轉成需求的回傳型別。

❷ 於錯誤事件中，建立有益的錯誤訊息。

以下是我寫的 `parse_year`：

```
fn parse_year(year: &str) -> MyResult<i32> {
    parse_int(year).and_then(|num| { ❶
        if (1..=9999).contains(&num) { ❷
            Ok(num) ❸
        } else {
            Err(format!("year \"{}\" not in the range 1 through 9999", year) ❹
                .into())
        }
    })
}
```

❶ Rust 從函式的回傳型別 `i32` 推斷 `parse_int` 的型別。使用 `Option::and_then`（*https://oreil.ly/Fvdz1*）處理來自 `parse_int` 的 `Ok` 結果。

❷ 確認剖析的數值 `num` 是否在落 1 ～ 9999（包含上界）範圍內。

❸ 回傳已剖析且已驗證的數值 `num`。

❹ 回傳資訊型錯誤訊息。

我的 `parse_month` 函式需要有效的月分名稱串列，所以我在 *src/lib.rs* 的頂端宣告一個常數值：

```
const MONTH_NAMES: [&str; 12] = [
    "January",
    "February",
    "March",
    "April",
```

1 事實上，此函式可以剖析有實作 `FromStr` 的任意型別，例如浮點數型別 `f64`。

```
    "May",
    "June",
    "July",
    "August",
    "September",
    "October",
    "November",
    "December",
];
```

以下我使用月分名稱協助推敲指定的月分：

```
fn parse_month(month: &str) -> MyResult<u32> {
    match parse_int(month) { ❶
        Ok(num) => {
            if (1..=12).contains(&num) { ❷
                Ok(num)
            } else {
                Err(format!(
                    "month \"{}\" not in the range 1 through 12", ❸
                    month
                )
                .into())
            }
        }
        _ => {
            let lower = &month.to_lowercase(); ❹
            let matches: Vec<_> = MONTH_NAMES
                .iter()
                .enumerate() ❺
                .filter_map(|(i, name)| {
                    if name.to_lowercase().starts_with(lower) { ❻
                        Some(i + 1) ❼
                    } else {
                        None
                    }
                })
                .collect(); ❽

            if matches.len() == 1 { ❾
                Ok(matches[0] as u32)
            } else {
                Err(format!("Invalid month \"{}\"", month).into())
```

```
            }
        }
    }
}
```

❶ 試圖剖析數值引數。

❷ 若數值 num 的剖析結果落在 1 ～ 12 的範圍內，則回傳該數值。

❸ 否則，建立一個資訊型錯誤訊息。

❹ 若月分的剖析結果並非整數，則將內容改成小寫並與月分名稱比較。

❺ 對月分名稱做列舉，取得索引與對應值。

❻ 確認指定值是否為月分名稱的開頭。

❼ 若是的話，將從零起始的索引位置改為從一開始計數的相對索引，並回傳。

❽ 收集所有可能的月分值，做成 usize 值的向量。

❾ 若確切有一個合適的月分，則以 u32 值將它回傳；否則，回傳資訊型錯誤訊息。

以下是將上述的內容全部整合到我的 get_args 中，用於剖析與驗證指令列引數以及選定預設值：

```
pub fn get_args() -> MyResult<Config> {
    let matches = App::new("calr")
        .version("0.1.0")
        .author("Ken Youens-Clark <kyclark@gmail.com>")
        .about("Rust cal")
        .arg(
            Arg::with_name("month")
                .value_name("MONTH")
                .short("m")
                .help("Month name or number (1-12)")
                .takes_value(true),
        )
        .arg(
            Arg::with_name("show_current_year")
                .value_name("SHOW_YEAR")
                .short("y")
                .long("year")
                .help("Show whole current year")
```

```
                .conflicts_with_all(&["month", "year"])
                .takes_value(false),
        )
        .arg(
            Arg::with_name("year")
                .value_name("YEAR")
                .help("Year (1-9999)"),
        )
        .get_matches();

    let mut month = matches.value_of("month").map(parse_month).transpose()?; ❶
    let mut year = matches.value_of("year").map(parse_year).transpose()?;
    let today = Local::today(); ❷
    if matches.is_present("show_current_year") { ❸
        month = None;
        year = Some(today.year());
    } else if month.is_none() && year.is_none() { ❹
        month = Some(today.month());
        year = Some(today.year());
    }

    Ok(Config {
        month,
        year: year.unwrap_or_else(|| today.year()),
        today: today.naive_local(),
    })
}
```

❶ 剖析與驗證月分、年分。

❷ 取得今天的日期。

❸ 若指定 `-y|--year`，則將年分設為當本年分，將月分設為 `None`。

❹ 否則顯示本月分。

此時，你的程式應可通過 **`cargo test dies`**：

```
running 8 tests
test dies_year_0 ... ok
test dies_invalid_year ... ok
test dies_invalid_month ... ok
test dies_year_13 ... ok
test dies_month_13 ... ok
```

```
test dies_month_0 ... ok
test dies_y_and_month ... ok
test dies_y_and_year ... ok
```

編寫程式

既然你已經有不錯的輸入，就可以開始編寫程式的其餘部分。首先，考量如何顯示整整一個月分，例如 2016 年 4 月（稍後會將這月分內容放在 2017 年同個月分的旁邊）。我會將 `cal` 的輸出用管線接到 `cat -e` 的輸入，因而在每行結尾顯示錢字號（`$`）。以下顯示的內容，每個月分有八行：一行是月分名稱，一行是星期標頭，六行表示該月分的各週。此外，每行必須占用 22 欄的寬度：

```
$ cal -m 4 2016 | cat -e           $ cal -m 4 2017 | cat -e
     April 2016       $                 April 2017       $
Su Mo Tu We Th Fr Sa  $            Su Mo Tu We Th Fr Sa  $
                1  2  $                                1  $
 3  4  5  6  7  8  9  $             2  3  4  5  6  7  8  $
10 11 12 13 14 15 16  $             9 10 11 12 13 14 15  $
17 18 19 20 21 22 23  $            16 17 18 19 20 21 22  $
24 25 26 27 28 29 30  $            23 24 25 26 27 28 29  $
                      $            30                    $
```

我決定建立 `format_month` 函式，用於建立一個月分的輸出內容：

```
fn format_month(
    year: i32, ❶
    month: u32, ❷
    print_year: bool, ❸
    today: NaiveDate, ❹
) -> Vec<String> { ❺
    unimplemented!();
}
```

❶ 該月分所屬的 `year`。

❷ 要格式化的 `month` 數值。

❸ 是否在月分標頭中加註年分。

❹ 今天的日期（用於突顯今日）。

❺ 該函式回傳一個 `Vec<String>`，即八行文字。

你可以擴充 tests 模組，加入下列的單元測試：

```
#[cfg(test)]
mod tests {
    use super::{format_month, parse_int, parse_month, parse_year}; ❶
    use chrono::NaiveDate;

    #[test]
    fn test_parse_int() {} // 一如既往，在此不贅述

    #[test]
    fn test_parse_year() {} // 一如既往，在此不贅述

    #[test]
    fn test_parse_month() {} // 一如既往，在此不贅述

    #[test]
    fn test_format_month() {
        let today = NaiveDate::from_ymd(0, 1, 1);
        let leap_february = vec![
            "   February 2020      ",
            "Su Mo Tu We Th Fr Sa  ",
            "                   1  ",
            " 2  3  4  5  6  7  8  ",
            " 9 10 11 12 13 14 15  ",
            "16 17 18 19 20 21 22  ",
            "23 24 25 26 27 28 29  ",
            "                      ",
        ];
        assert_eq!(format_month(2020, 2, true, today), leap_february); ❷

        let may = vec![
            "        May           ",
            "Su Mo Tu We Th Fr Sa  ",
            "                1  2  ",
            " 3  4  5  6  7  8  9  ",
            "10 11 12 13 14 15 16  ",
            "17 18 19 20 21 22 23  ",
            "24 25 26 27 28 29 30  ",
            "31                    ",
        ];
        assert_eq!(format_month(2020, 5, false, today), may); ❸

        let april_hl = vec![
```

```
            "     April 2021       ",
            "Su Mo Tu We Th Fr Sa  ",
            "             1  2  3  ",
            " 4  5  6 \u{1b}[7m 7\u{1b}[0m  8  9 10  ", ❹
            "11 12 13 14 15 16 17  ",
            "18 19 20 21 22 23 24  ",
            "25 26 27 28 29 30     ",
            "                      ",
        ];
        let today = NaiveDate::from_ymd(2021, 4, 7);
        assert_eq!(format_month(2021, 4, true, today), april_hl); ❺
    }
}
```

❶ 匯入 `format_month` 函式、`chrono::NaiveDate` 結構。

❷ 該二月分結尾應有一行空白行，因為本年為閏年，所以二月有 29 天。

❸ 五月分跨越的行數應與四月分相同。

❹ `ansi_term::Style::reverse`（*https://oreil.ly/F3TpC*）用於突顯這個輸出裡的 4 月 7 日。

❺ 建立 `today`，其屬於該特定月分的當日，驗證輸出是否突顯示該日期。

`Style::reverse` 建立的逸出序列與 `cal` BSD 版的並不完全相同，但效果是雷同的。你可以依偏好選用不同方法突顯今日日期，但務必改用對應的測試。

你的 `format_month` 函式一開始可以對某月分的每一天編號（從該月第一日到該月最後一日）。這不像「thirty days hath September」（三十天是九月）助記詩那麼簡單，原因是二月分可能會有不同天數（基於當年是否為閏年而定）。我編寫 `last_day_in_month` 函式，該函式回傳一個 `NaiveDate`，用於表示各月分的最後一天：

```
fn last_day_in_month(year: i32, month: u32) -> NaiveDate {
    unimplemented!();
}
```

以下是你可加入的單元測試，注意其中包括閏年檢查。務必將 `last_day_in_month` 加入 `tests` 模組頂端的匯入內容中：

```
#[test]
fn test_last_day_in_month() {
    assert_eq!(
        last_day_in_month(2020, 1),
        NaiveDate::from_ymd(2020, 1, 31)
    );
    assert_eq!(
        last_day_in_month(2020, 2),
        NaiveDate::from_ymd(2020, 2, 29)
    );
    assert_eq!(
        last_day_in_month(2020, 4),
        NaiveDate::from_ymd(2020, 4, 30)
    );
}
```

就此暫停閱讀後續章節，請編寫可通過 **cargo test test_format_month** 測試的程式碼。

此時，你應該具備完成該程式的所有部分。挑戰程式僅會顯示單一月分或整年分（12 個月），因此先讓程式顯示本月分以及突顯今天的日期。接著讓程式顯示一年的所有月分（逐月顯示）。然後考量如何建立四列，每一列有三個月並排（一列算一組），仿效 cal 的輸出。因為每個月都是一個行向量，所以你需要組合每列各月分的第一行、第二行……。該作業往往被稱為 *zip*，Rust 疊代器有能讓你覺得好用的 zip 方法（*https://oreil.ly/2zGKh*）。持續進行，直到完全通過 **cargo test** 測試。當你完成挑戰之後，即可參考我的解決方案。

解決方案

我將將說明如何建構我的挑戰程式版本。以下是你所需的全部匯入內容：

```
use ansi_term::Style;
use chrono::{Datelike, Local, NaiveDate};
use clap::{App, Arg};
use itertools::izip;
use std::{error::Error, str::FromStr};
```

我還為行寬增加另一個常數：

```
const LINE_WIDTH: usize = 22;
```

就此將從我的 `last_day_in_month` 函式開始說明，該函式算出下個月的第一天，然後得出它的前一天：

```
fn last_day_in_month(year: i32, month: u32) -> NaiveDate {
    // 下個月的第一天……
    let (y, m) = if month == 12 { ❶
        (year + 1, 1)
    } else {
        (year, month + 1) ❷
    };
    // ... 前一天是本月分的最後一天
    NaiveDate::from_ymd(y, m, 1).pred() ❸
}
```

❶ 若本月是十二月，則將年分前進一年，將月分設為 1 月。

❷ 否則，將月分前進一個月。

❸ 使用 `NaiveDate::from_ymd`（*https://oreil.ly/JxedN*）建立 `NaiveDate`，然後呼叫 `NaiveDate::pred`（*https://oreil.ly/gYgIt*）取得前一日的日期。

你可能很想採行自己的解決方案，而非使用 chrono crate，不過閏年的計算可能會很麻煩。例如，閏年一般必須被 4 整除——世紀末的年分除外，這些年分必須被 400 整除。即 2000 年是閏年，但 1900、2100 年都不是閏年。較適當的做法是堅持使用有良好名聲與經妥善測試的函式庫，而非建立自己的實作。

接下來要分解說明我的 `format_month` 函式，以下式格式化指定的月分：

```
fn format_month(
    year: i32,
    month: u32,
    print_year: bool,
    today: NaiveDate,
) -> Vec<String> {
    let first = NaiveDate::from_ymd(year, month, 1); ❶
    let mut days: Vec<String> = (1..first.weekday().number_from_sunday()) ❷
        .into_iter()
        .map(|_| "  ".to_string()) // 兩空格
        .collect();
```

❶ 為指定月分的第一天建構一個 NaiveDate。

❷ 初始化 Vec<String>，採用一個緩衝區，內容是從星期日到該月第一天為止的這些日子。

例如，days 的初始化處理 2020 年 4 月，實際是從星期三開始。就此案例而言，從星期日到星期二的每一天，我想以兩個空格填充第一週的這些日子。接著說明該函式後續內容：

```
let is_today = |day: u32| { ❶
    year == today.year() && month == today.month() && day == today.day()
};

let last = last_day_in_month(year, month); ❷
days.extend((first.day()..=last.day()).into_iter().map(|num| { ❸
    let fmt = format!("{:>2}", num); ❹
    if is_today(num) { ❺
        Style::new().reverse().paint(fmt).to_string()
    } else {
        fmt
    }
}));
```

❶ 建立閉包，判斷該月的指定日是否為今天。

❷ 算出本月的最後一天。

❸ 就該月的第一天到最後一天，疊代處理每個 chrono::Datelike::day（*https://oreil.ly/UD1pV*）予以提供 days。

❹ 格式化該日，占用兩欄，靠右對齊。

❺ 若指定日是今天，則使用 Style::reverse（*https://oreil.ly/F3TpC*）突顯文字；否則，呈現文字原貌。

以下是該函式最後的部分：

```
let month_name = MONTH_NAMES[month as usize - 1]; ❶
let mut lines = Vec::with_capacity(8); ❷
lines.push(format!( ❸
    "{:^20}  ", // 隨後的兩空格
    if print_year {
        format!("{} {}", month_name, year)
    } else {
        month_name.to_string()
```

```
        }
    ));

    lines.push("Su Mo Tu We Th Fr Sa  ".to_string()); // 隨後的兩空格 ❹

    for week in days.chunks(7) { ❺
        lines.push(format!( ❻
            "{:width$}  ", // 隨後的兩空格
            week.join(" "),
            width = LINE_WIDTH - 2
        ));
    }

    while lines.len() < 8 { ❼
        lines.push(" ".repeat(LINE_WIDTH)); ❽
    }

    lines ❾
}
```

❶ 取得本月分的顯示名稱，這需要將 `month` 型別轉成 `usize`，並調整為從零起始的計數。

❷ 初始化一個空的可變向量（可以容納八行文字）。

❸ 月分標頭的年分呈現可有可無。格式化該標頭，置於 20 個字元寬的空格中間處（20 個字元之後接 2 個空格）。

❹ 加上星期名稱。

❺ 使用 `Vec::chunks`（*https://oreil.ly/wBfGb*）一次取得連續七日。基於稍早的緩衝區，這會從週日開始。

❻ 將日期彼此以一個空格連接起來，格式化整個結果，適當調整寬度。

❼ 讓總行數達到八行，若不滿則以空白行完全塞滿。

❽ 使用 `str::repeat`（*https://oreil.ly/cXKMU*）重複產生單一空格，建立以空格塞滿整行寬度的新 `String`。

❾ 回傳以上各行內容。

最後如下說明我的 run 整合運用上述的內容：

```
pub fn run(config: Config) -> MyResult<()> {
    match config.month {
        Some(month) => { ❶
            let lines = format_month(config.year, month, true, config.today); ❷
            println!("{}", lines.join("\n")); ❸
        }
        None => { ❹
            println!("{:>32}", config.year); ❺
            let months: Vec<_> = (1..=12) ❻
                .into_iter()
                .map(|month| {
                    format_month(config.year, month, false, config.today)
                })
                .collect();

            for (i, chunk) in months.chunks(3).enumerate() { ❼
                if let [m1, m2, m3] = chunk { ❽
                    for lines in izip!(m1, m2, m3) { ❾
                        println!("{}{}{}", lines.0, lines.1, lines.2); ❿
                    }
                    if i < 3 { ⓫
                        println!();
                    }
                }
            }
        }
    }

    Ok(())
}
```

❶ 處理單月分的情況。

❷ 於標頭格式化此一月分（含其所屬年分的呈現）。

❸ 顯示各行內容（每行彼此以換行符號連接）。

❹ 若無指定月分，則顯示整個年分。

❺ 當顯示所有月分時，首先顯示年分（視為第一個標頭）。

❻ 格式化所有的月分，月分標頭去掉年分部分。

❼ 使用 Vec::chunks 以三個月分的切片為一組，並使用 Iterator::enumerate 沿各群組（號碼）逐步作業。

❽ 使用 [m1, m2, m3] 模式匹配，將該切片分解為三個月分。

❾ 使用 itertools::izip（*https://oreil.ly/t00b3*）建立一個疊代器，用於組合三個月分的各行內容。

❿ 顯示三個月分中每一月分的各行內容。

⓫ 若分最後一組月分，則額外顯示一個換行，用以區隔各組。

Rust 疊代器有 zip 函式（*https://oreil.ly/2zGKh*），根據它的說明，其「回傳一個新的疊代器，該疊代器將疊代處理另外兩個疊代器，回傳一個元組（其中第一個元素源自第一個疊代器，第二個元素源自第二個疊代器）。然而，它只能搭配兩個疊代器一起運作。若仔細觀察，你會注意到，呼叫的 izip! 實際上是一個巨集。該函式的說明表示：「這個巨集就一般情況所產生的結果是由重複的 .zip() 與一個 .map() 組合而成的疊代器。」

如此一來，程式將通過所有的測試，此刻你可以在終端機看到日曆的呈現。

進階挑戰

你可以進一步自定此程式的功能。例如，檢查是否存在一個 *$HOME/.calr* 設定檔，其中陳列著特殊日期（假日、生日、週年紀念日等）。使用終端機著色新技術突顯這些日期（以粗體、反白或彩色文字呈現）。

原版使用手冊提及的 ncal 程式，會垂直（而非水平）格式化顯示月分。當顯示整年分時，ncal 顯示三列，每列各有四個月分，而不是像 cal 顯示四列，每列各有三個月分。建立一個選項，用於更改 calr 的輸出，得以符合 ncal 的輸出需求，確保你有為所有可能情況新增對應的測試。

探究如何將輸出內容國際化。通常會有一個 LANG 或 LANGUAGE 環境變數，用於依使用者首選的語言選定月分名稱。或者容許使用者使用上述設定檔自定月分。要如何處理具有不同字母（如中文、日文或西里爾字母）的語言？嘗試製作希伯來文的日曆（閱讀順序：從右往左），蒙古文日曆（閱讀順序：由上往下）。

原版的 `cal` 僅顯示一個月或一整年。容許使用者選擇多個月分，也許可套用 `cutr` 的範圍指定。如此將支援像 `-m 4,1,7-9` 這類的範圍指定，即顯示四月、一月、七月到九月的月分內容。

我在本章開頭提到 `date` 指令。這是一個僅顯示目前日期和時間以及許多其他內容的程式。最後，執行 **`man date`**，閱讀該使用手冊，編寫該程式的 Rust 版本，實作其中讓你覺得誘人的一些選項。

本章總結

你已學到的本章重點回顧如下：

- 有時想要以泛型指明函式的回傳型別（利用 trait 界定）。針對 `parse_int` 的案例，我表明該函式回傳型別 `T` 的內容，其中會實作 `FromStr` trait；這包括指定月分所用的 `u32` 或指定年分所用的 `i32`。
- `chronocrate` 可以取得今日日期，以及執行基本的日期作業，例如算出指定日期的前一天（用於 `last_day_in_month` 中）。
- `Vec::chunks` 方法將元素群組以一個切片形式回傳。挑戰程式以此將整月的日子切成七日一組，將整年的月分切成三個月一組。
- `Iterator::zip` 方法將兩個疊代器裡的元素組合，置於一個新的疊代器中，即新的疊代器內含一個元組，而元組的內容源自原本兩個疊代器。`itertools::izip` 巨集則讓此組合機制套用的疊代器數量無限制。
- `colorize::AnsiColor` 能以各種顏色與樣式建立終端機文字，例如反白顯示文字，用於突顯本日日期（反白即文字顏色與背景顏色互換）。

下一章將說明 Unix 檔案元資料的其他內容以及格式化輸出的文字表。

第十四章

齊聚一堂

現在你知道女孩們只是在彌補

現在你知道男孩們只是碰運氣

現在你知道我的騎行並不存在

我的名字不是真的在那名單上

——明日巨星合唱團〈Prevenge〉（2004）

這一章（也是本書最後一章），要建立 `ls`（讀作 *ell-ess*，即 *list*）指令 Rust 複製版，我認為這或許是 Unix 中運作最頻繁的程式。我每天都會多次用它查看目錄的內容或檢視某些檔案的大小、權限。原版程式有三十多個選項，不過挑戰程式只會實作某些功能，例如顯示目錄內容或檔案列表及其權限、大小、修改時間。注意，此挑戰程式基於 Unix 檔案與所有權的特定概念，因此不適用於 Windows。我建議 Windows 平台的使用者安裝 WSL（Windows Subsystem for Linux），進而在該環境中編寫與測試程式。

你將學習如何：

- 查詢與視覺呈現檔案的權限
- 利用實作將方法加入自定型別
- 在個別檔案中建立模組以組成程式碼
- 用文字表格建立對齊的輸出欄
- 建立說明文件的註解

ls 的運作方式

為了得知挑戰程式的預期內容，首先查看 lsBSD 版的使用手冊。你會看到該程式有 39 個選項。因為說明內容相當長，我只擷取第一部分，但鼓勵你讀完整個內容：

```
LS(1)                       BSD 一般指令使用手冊                      LS(1)

名稱
     ls -- 列出目錄內容

概述
     ls [-ABCFGHLOPRSTUW@abcdefghiklmnopqrstuwx1%] [ 檔案 ...]

描述
     對於目錄類型之外具名檔案的每個運算元，ls 都會顯示其檔案名稱以及任何需求的相關資
     訊。對於目錄類型具名檔案的每個運算元，ls 都會顯示該目錄中包含的檔案名稱，以及任
     何需求的相關資訊。

     如果未指定運算元，那麼顯示當前目錄的內容。如果指定多個運算元，那麼首先顯示非目錄
     運算元；目錄和非目錄運算元按字典順序單獨排序。
```

若你執行 ls 時並無指定選項，則該程式會顯示目前工作目錄的內容。例如，切換到 *14_lsr* 目錄並嘗試輸入該指令：

```
$ cd 14_lsr
$ ls
Cargo.toml          set-test-perms.sh* src/                tests/
```

挑戰程式只會實作兩個選項旗標，即 -l|--long 與 -a|--all 選項。按使用手冊所述：

```
長格式
 如果指定 -l 選項，那麼會為每個檔案顯示以下資訊：檔案模式、連結數、擁有者名稱、群組名
 稱、檔案的位元組數、月分縮寫、檔案上次被修改的日子、小時、分鐘和路徑名。此外，對於顯
 示其內容的每個目錄而言，目錄中的檔案使用的 512- 位元組區塊總數會單獨顯示於一行上，緊
 接在該目錄中檔案資訊之前。
```

於專案原始目錄中執行 ls -l。當然，你看到的元資料（如擁有者、修改時間）與在此顯示的內容會有所不同：

```
$ ls -l
total 16
-rw-r--r--  1 kyclark  staff  217 Aug 11 08:26 Cargo.toml
-rwxr-xr-x  1 kyclark  staff  447 Aug 12 17:56 set-test-perms.sh*
```

```
drwxr-xr-x  5 kyclark  staff  160 Aug 26 09:44 src/
drwxr-xr-x  4 kyclark  staff  128 Aug 17 08:42 tests/
```

-a（*all*）選項會顯示**所有**細目，其中包含平常隱藏的內容。例如，目前目錄（.）、父目錄（..）通常並沒有顯示出來：

```
$ ls -a
./                 Cargo.toml         src/
../                set-test-perms.sh* tests/
```

你可以分別指定這些選項（如：ls -a -l），也可以組合指定（如：ls -la）。這些旗標的指定順序並無限定，因此 -la 與 -al 皆可行：

```
$ ls -la
total 16
drwxr-xr-x   6 kyclark  staff  192 Oct 15 07:52 ./
drwxr-xr-x  24 kyclark  staff  768 Aug 24 08:22 ../
-rw-r--r--   1 kyclark  staff  217 Aug 11 08:26 Cargo.toml
-rwxr-xr-x   1 kyclark  staff  447 Aug 12 17:56 set-test-perms.sh*
drwxr-xr-x   5 kyclark  staff  160 Aug 26 09:44 src/
drwxr-xr-x   4 kyclark  staff  128 Aug 17 08:42 tests/
```

名稱以點（.）開頭的任何細目（目錄或檔案）是隱藏細目，即所謂的 *dotfile*，這些隱藏細目（隱藏目錄或隱藏檔案）往往用於儲存程式狀態、元資料。例如，原始碼儲存庫的根目錄有一個 *.git* 目錄，其中包含 Git 追蹤檔案變更時所需的各種資訊。另外很常建立的 *.gitignore* 檔案，其中包含不讓 Git 管理的檔案和 glob。

你可以提供一個或多個目錄名稱作為位置引數，檢視其中的內容：

```
$ ls src/ tests/
src/:
lib.rs    main.rs   owner.rs

tests/:
cli.rs      inputs
```

位置引數也可以採用檔案：

```
$ ls -l src/*.rs
-rw-r--r--  1 kyclark  staff  8917 Aug 26 09:44 src/lib.rs
-rw-r--r--  1 kyclark  staff   136 Aug  4 14:18 src/main.rs
-rw-r--r--  1 kyclark  staff   313 Aug 10 08:54 src/owner.rs
```

不同的作業系統將以不同的順序回傳執行結果。例如，macOS 中，會先顯示 *.hidden* 檔案才顯示其他檔案：

```
$ ls -la tests/inputs/
total 16
drwxr-xr-x  7 kyclark  staff  224 Aug 12 10:29 ./
drwxr-xr-x  4 kyclark  staff  128 Aug 17 08:42 ../
-rw-r--r--  1 kyclark  staff    0 Mar 19  2021 .hidden
-rw-r--r--  1 kyclark  staff  193 May 31 16:43 bustle.txt
drwxr-xr-x  4 kyclark  staff  128 Aug 10 18:08 dir/
-rw-r--r--  1 kyclark  staff    0 Mar 19  2021 empty.txt
```

而 Linux 中，*.hidden* 則是最後才顯示：

```
$ ls -la tests/inputs/
total 20
drwxr-xr-x. 3 kyclark staff 4096 Aug 21 12:13 ./
drwxr-xr-x. 3 kyclark staff 4096 Aug 21 12:13 ../
-rw-r--r--. 1 kyclark staff  193 Aug 21 12:13 bustle.txt
drwxr-xr-x. 2 kyclark staff 4096 Aug 21 12:13 dir/
-rw-r--r--. 1 kyclark staff    0 Aug 21 12:13 empty.txt
-rw-------. 1 kyclark staff   45 Aug 21 12:13 fox.txt
-rw-r--r--. 1 kyclark staff    0 Aug 21 12:13 .hidden
```

由於這些差異，測試不會檢查任何特定的排序。

注意，檔案不存在的相關錯誤會先被顯示出來，然後才顯示有效引數的結果。一如既往，在此的 *blargh* 代表一個不存在的檔案：

```
$ ls Cargo.toml blargh src/main.rs
ls: blargh: No such file or directory
Cargo.toml   src/main.rs
```

上述為挑戰程式應該實作的部分。`ls` 原版可以追溯到最初的 AT&T Unix，而 BSD、GNU 兩種版本都有幾十年的發展歷程。挑戰程式甚至還不及於 `ls` 取代版的表面程度，而是讓你有機會探究作業系統與資訊儲存中某些相當有意思的部分。

挑戰入門

本章挑戰程式的名稱是 `lsr`（也許讀作 *lesser* 或 *lister* 吧），即 Rust 版的 `ls`。建議你從 `cargo new lsr` 開始。我的解決方案將使用下列的依賴套件，你應該將這些內容加入 *Cargo.toml* 中：

```
[dependencies]
chrono = "0.4" ❶
clap = "2.33"
tabular = "0.1.4" ❷
users = "0.11" ❸

[dev-dependencies]
assert_cmd = "2"
predicates = "2"
rand = "0.8"
```

❶ `chrono` 用於處理檔案修改時間。

❷ `tabular` 用於呈現文字表格（針對長格式的列表）。

❸ `users` 用於取得細目擁有者的使用者名稱與群組名稱。

將 *14_lsr/tests* 複製到你的專案中，執行 **`cargo test`** 建置與測試你的程式。所有測試應該都會失敗。接下來，你必須執行 *14_lsr/set-test-perms.sh* 這個 bash script，將測試輸入的檔案與目錄權限設為特定值。執行此 script 時，指定 `-h|--help` 可得知其用法：

```
$ ./set-test-perms.sh --help
Usage: set-test-perms.sh DIR
```

你應該提供 `lsr` 新路徑給這個 script。例如，若你將專案建立在 *~/rust-solutions/lsr* 之下，則按下列做法執行這個 script：

```
$ ./set-test-perms.sh ~/rust-solutions/lsr
Done, fixed files in "/Users/kyclark/rust-solutions/lsr".
```

定義引數

建議你用下列的內容更改 *src/main.rs*：

```
fn main() {
    if let Err(e) = lsr::get_args().and_then(lsr::run) {
        eprintln!("{}", e);
        std::process::exit(1);
    }
}
```

建議你的 *src/lib.rs* 一開始先定義 Config 結構（用於保存程式引數）以及之前用來表示 MyResult 的其他程式碼：

```
use clap::{App, Arg};
use std::error::Error;

type MyResult<T> = Result<T, Box<dyn Error>>;

#[derive(Debug)]
pub struct Config {
    paths: Vec<String>, ❶
    long: bool, ❷
    show_hidden: bool, ❸
}
```

❶ paths 引數是檔案與目錄的字串向量。

❷ long 選項是布林值，用於決定是否顯示長格式的列表。

❸ show_hidden 選項是布林值，用於決定是否顯示隱藏細目。

針對剖析與驗證引數的部分，此程式並沒有新的概念需要加以論述。以下是你可以運用的 get_args 大致內容：

```
pub fn get_args() -> MyResult<Config> {
    let matches = App::new("lsr")
        .version("0.1.0")
        .author("Ken Youens-Clark <kyclark@gmail.com>")
        .about("Rust ls")
        // 這邊要放什麼？
        .get_matches();
```

```
        Ok(Config {
            paths: ...,
            long: ...,
            show_hidden: ...,
        })
    }
```

run 函式一開始可以顯示引數內容：

```
    pub fn run(config: Config) -> MyResult<()> {
        println!("{:?}", config);
        Ok(())
    }
```

確認你的程式能夠顯示用法說明，如下所示：

```
$ cargo run -- -h
lsr 0.1.0
Ken Youens-Clark &lt;kyclark@gmail.com&gt;
Rust ls

USAGE:
    lsr [FLAGS] [PATH]...

FLAGS:
    -a, --all        Show all files
    -h, --help       Prints help information
    -l, --long       Long listing
    -V, --version    Prints version information

ARGS:
    &lt;PATH&gt;...    Files and/or directories [default: .]
```

執行你的程式，不輸入引數，驗證 paths 的預設值是否為內含點（.）的串列，該點表示目前工作目錄。兩個布林值應該皆為 false：

```
$ cargo run
Config { paths: ["."], long: false, show_hidden: false }
```

試著開啟這兩個旗標，以及指定一個或多個位置引數：

```
$ cargo run -- -la src/*
Config { paths: ["src/lib.rs", "src/main.rs"], long: true, show_hidden: true }
```

就此暫停說明，讓你的程式可如目前所述的運作。

我認為你已經搞定了，而以下是我的 get_args。這與之前的程式所用的內容類似，所以就此不再贅述：

```
pub fn get_args() -> MyResult<Config> {
    let matches = App::new("lsr")
        .version("0.1.0")
        .author("Ken Youens-Clark <kyclark@gmail.com>")
        .about("Rust ls")
        .arg(
            Arg::with_name("paths")
                .value_name("PATH")
                .help("Files and/or directories")
                .default_value(".")
                .multiple(true),
        )
        .arg(
            Arg::with_name("long")
                .takes_value(false)
                .help("Long listing")
                .short("l")
                .long("long"),
        )
        .arg(
            Arg::with_name("all")
                .takes_value(false)
                .help("Show all files")
                .short("a")
                .long("all"),
        )
        .get_matches();

    Ok(Config {
        paths: matches.values_of_lossy("paths").unwrap(),
        long: matches.is_present("long"),
```

```
        show_hidden: matches.is_present("all"),
    })
}
```

尋找檔案

表面上看來，這個程式似乎相當簡單。我想列出指定的檔案與目錄，所以首先要編寫 find_files 函式（如前面幾章所示）。找到的檔可用字串表示（如第 9 章所示），但我選擇使用 PathBuf（就像我在第 12 章所做的那樣）。若你願意採用這個概念，務必將 use std::path::PathBuf 加入你的匯入內容中：

```
fn find_files(
    paths: &[String], ❶
    show_hidden: bool, ❷
) -> MyResult<Vec<PathBuf>> { ❸
    unimplemented!();
}
```

❶ paths 是使用者指定之檔案或目錄名稱的向量。

❷ show_hidden 表明目錄列表是否包含隱藏檔。

❸ 結果可能是 PathBuf 值（*https://oreil.ly/Mth0r*）向量。

我的 find_files 函式將疊代處理所有指定 paths，並使用 std::fs::metadata（*https://oreil.ly/VsRxb*）檢查該值是否存在。若無元資料，則在 STDERR 顯示錯誤訊息，接著處理下一個細目，因此該函式僅回傳現存的檔案與目錄。整合測試將檢查這些錯誤訊息的顯示，因此函式本身應只回傳有效的細目。

元資料可以區別細目是檔案還是目錄。若細目是檔案，則會建立 PathBuf 並將它加入結果中。若細目是目錄，則使用 fs::read_dir（*https://oreil.ly/m95Y5*）讀取目錄內容。除非 show_hidden 為 true，不然該函式應跳過檔名以點（.）開頭的隱藏細目。

檔名在指令列工具中通常稱為 *basename*，其必然的部分是 *dirname*，即路徑資訊未含檔名的前面部分。指令列工具 basename 與 dirname 可回傳上述兩個元素：

```
$ basename 14_lsr/src/main.rs
main.rs
$ dirname 14_lsr/src/main.rs
14_lsr/src
```

以下是 find_files 的兩個單元測試，分別檢查有包含與未包含隱藏檔的兩種列表。如本章前面介紹中所述，依據不同的作業系統，可能會以不一樣的順序回傳檔案，因此測試會對細目排序而忽略特定順序。注意，find_files 函式不支援遞迴處理子目錄。將下列內容加入 *src/lib.rs* 中，開始實作 tests 模組：

```
#[cfg(test)]
mod test {
    use super::find_files;

    #[test]
    fn test_find_files() {
        // 找出目錄中非隱藏的細目
        let res = find_files(&amp;["tests/inputs".to_string()], false); ❶
        assert!(res.is_ok()); ❷
        let mut filenames: Vec&lt;_&gt; = res ❸
            .unwrap()
            .iter()
            .map(|entry| entry.display().to_string())
            .collect();
        filenames.sort(); ❹
        assert_eq! ❺
            filenames,
            [
                "tests/inputs/bustle.txt",
                "tests/inputs/dir",
                "tests/inputs/empty.txt",
                "tests/inputs/fox.txt",
            ]
        );

        // 找出目錄中所有細目
        let res = find_files(&amp;["tests/inputs".to_string()], true); ❻
        assert!(res.is_ok());
        let mut filenames: Vec&lt;_&gt; = res
            .unwrap()
            .iter()
            .map(|entry| entry.display().to_string())
            .collect();
        filenames.sort();
        assert_eq!(
            filenames,
            [
                "tests/inputs/.hidden",
```

```
                "tests/inputs/bustle.txt",
                "tests/inputs/dir",
                "tests/inputs/empty.txt",
                "tests/inputs/fox.txt",
            ]
        );

        // 就算是隱藏檔也該找出現存的檔案
        let res = find_files(&amp;["tests/inputs/.hidden".to_string()], false);
        assert!(res.is_ok());
        let filenames: Vec&lt;_&gt; = res
            .unwrap()
            .iter()
            .map(|entry| entry.display().to_string())
            .collect();
        assert_eq!(filenames, ["tests/inputs/.hidden"]);

        // 測試多個路徑引數
        let res = find_files(
            &amp;[
                "tests/inputs/bustle.txt".to_string(),
                "tests/inputs/dir".to_string(),
            ],
            false,
        );
        assert!(res.is_ok());
        let mut filenames: Vec&lt;_&gt; = res
            .unwrap()
            .iter()
            .map(|entry| entry.display().to_string())
            .collect();
        filenames.sort();
        assert_eq!(
            filenames,
            ["tests/inputs/bustle.txt", "tests/inputs/dir/spiders.txt"]
        );
    }
}
```

❶ 尋找 *tests/inputs* 目錄的細目（忽略隱藏檔案）。

❷ 確保結果為 Ok 變體。

❸ 將要顯示的名稱集中到一個 Vec<String> 中。

❹ 按字母順序排序細目名稱。

❺ 驗證是否找到四個預期的檔案。

❻ 尋找 *tests/inputs* 目錄的細目（包含隱藏檔案）。

以下是針對隱藏檔案的測試：

```
#[cfg(test)]
mod test {
    use super::find_files;

    #[test]
    fn test_find_files() {} // 一如既往，在此不贅述

    #[test]
    fn test_find_files_hidden() {
        let res = find_files(&["tests/inputs".to_string()], true); ❶
        assert!(res.is_ok());
        let mut filenames: Vec<_> = res
            .unwrap()
            .iter()
            .map(|entry| entry.display().to_string())
            .collect();
        filenames.sort();
        assert_eq!(
            filenames,
            [
                "tests/inputs/.hidden", ❷
                "tests/inputs/bustle.txt",
                "tests/inputs/dir",
                "tests/inputs/empty.txt",
                "tests/inputs/fox.txt",
            ]
        );
    }
}
```

❶ 結果內容要包含隱藏檔案。

❷ 結果內容應該包含該 *.hidden* 檔案。

就此暫停說明，請確保 **cargo test find_files** 能通過上述兩個測試。

在 find_files 函式可順利運作之後，把它整合到 run 函式，讓 run 可顯示找到的細目：

```
pub fn run(config: Config) -> MyResult<()> {
    let paths = find_files(&config.paths, config.show_hidden)?; ❶
    for path in paths { ❷
        println!("{}", path.display()); ❸
    }
    Ok(())
}
```

❶ 找尋指定路徑中的檔案，並指明是否顯示隱藏細目。

❷ 疊代處理每個傳回的路徑。

❸ 使用 Path::display（*https://oreil.ly/apWTZ*）安全地顯示路徑（路徑內容可能包含非 Unicode 資料）。

若於專案原始目錄執行該程式，可看到下列的輸出：

```
$ cargo run
./Cargo.toml
./target
./tests
./Cargo.lock
./src
```

挑戰程式的輸出並非完全複製原版的 ls。例如，ls 的預設列表會建立下列各欄：

```
$ ls tests/inputs/
bustle.txt  dir/        empty.txt   fox.txt
```

若你的程式可以產生以下輸出，則表示已實作出基本的目錄列表。注意，檔案的順序並不重要。下列是在 macOS 中顯示的輸出：

```
$ cargo run -- -a tests/inputs/
tests/inputs/.hidden
tests/inputs/empty.txt
tests/inputs/bustle.txt
```

```
tests/inputs/fox.txt
tests/inputs/dir
```

而這是在 Linux 中呈現的結果：

```
$ cargo run -- -a tests/inputs/
tests/inputs/empty.txt
tests/inputs/.hidden
tests/inputs/fox.txt
tests/inputs/dir
tests/inputs/bustle.txt
```

指定一個不存在的檔案，例如依舊可靠的 *blargh*，檢查你的程式是否會在 STDERR 顯示一個訊息：

```
$ cargo run -q -- blargh 2>err
$ cat err
blargh: No such file or directory (os error 2)
```

就此暫停閱讀後續章節，確保 **cargo test** 能通過大約一半的測試。對於所有失敗的測試而言，其名稱中都應該含有 *long* 字詞，如此表示你需要實作長格式的列表。

格式化長格式列表

下一步是處理 -l|--long 列表選項，該選項列出每個細目的元資料。圖 14-1 呈現範例輸出，其中欄的編號以粗體字表示；欄編號不是預期輸出的一部分。注意，程式輸出的擁有者與修改時間會有所不同。

```
$ cargo run -- -l tests/inputs/
- rw-r--r-- 1 kyclark staff   8 Mar 12 21 10:12 tests/inputs/empty.txt
- rw-r--r-- 1 kyclark staff 193 May 31 21 16:43 tests/inputs/bustle.txt
- rw------- 1 kyclark staff  45 Aug 12 21 10:29 tests/inputs/fox.txt
d rwxr-xr-x 4 kyclark staff 128 Aug 10 21 18:08 tests/inputs/dir
1 2         3 4       5     6   7               8
```

圖 14-1 該程式的長格式清單含有八段元資料

輸出顯示的元資料（此處按欄編號列出）如下所示：

1. 細目類型：目錄以 d 表示，其他類型以一個連接號（-）表示
2. 針對使用者、群組、其他人的權限模式：r 表可讀、w 表可寫、x 表可執行
3. 指向該檔的連結數
4. 擁有該檔之使用者的名稱
5. 擁有該檔之群組的名稱
6. 該檔案或目錄的大小（單位：位元組）
7. 該檔最近的修改日期與時間
8. 該檔的路徑

建立輸出表格可能不簡單，所以我決定使用 tabular（*https://oreil.ly/O9Xh0*）處理這個需求。我編寫 format_output 函式，該函式接納 PathBuf 值串列，而可能回傳具有元資料欄的格式化表格。若你想採用我的做法，務必要將 use tabular::{Row, Table} 加入你的匯入內容中。注意，我的函式不會完全複製 lsBSD 版的輸出，不過該函式符合測試套件的預期邏輯：

```
fn format_output(paths: &[PathBuf]) -> MyResult<String> {
    //         1   2     3     4     5     6     7     8
    let fmt = "{:<}{:<}  {:>}  {:<}  {:<}  {:>}  {:<}  {:<}";
    let mut table = Table::new(fmt);

    for path in paths {
        table.add_row(
            Row::new()
                .with_cell("") // 1 "d" 或 "-"
                .with_cell("") // 2 權限
                .with_cell("") // 3 連結數
                .with_cell("") // 4 使用者名稱
                .with_cell("") // 5 群組名稱
                .with_cell("") // 6 大小
                .with_cell("") // 7 修改時間
                .with_cell("") // 8 路徑
        );
    }

    Ok(format!("{}", table))
}
```

利用 `PathBuf::metadata`（*https://oreil.ly/2G3en*）可以找到要填入表中儲存格所需的大量資料。以下是協助你填寫表格各欄內容的一些提示：

- `metadata::is_dir`（*https://oreil.ly/qhXWX*）回傳一個布林值，用於表示該細目是否為目錄。
- `metadata::mode`（*https://oreil.ly/LuKo4*）會回傳一個 `u32`，表示細目的權限。下一節會說明如何將此資訊格式化成一個顯示字串。
- 你可以使用 `metadata::nlink`（*https://oreil.ly/f2RyC*）取得連結數。
- 針對擁有細目的使用者與群組，加入 `use std::os::unix::fs::MetadataExt`，讓你可以呼叫 `metadata::uid`（*https://oreil.ly/P8YpO*）取得擁有該細目的使用者 ID，而使用 `metadata::gid`（*https://oreil.ly/ggddm*）取得群組 ID。使用者 ID、群組 ID 兩者皆為整數值，必須將兩值轉換為實際的使用者名稱與群組名稱。為此，建議你研究 `user` crate（*https://oreil.ly/nuvE8*），內有 `get_user_by_uid`（*https://oreil.ly/gaDwI*）和 `get_group_by_gid`（*https://oreil.ly/qFRSD*）函式。
- 使用 `metadata::len`（*https://oreil.ly/129cs*）取得檔案或目錄的大小。
- 顯示檔案的 `metadata::modified`（*https://oreil.ly/buVC9*）時間並不容易。此方法回傳一個 `std::time::SystemTime` 結構（*https://oreil.ly/GIiqd*），建議你使用 `chrono::DateTime::format`（*https://oreil.ly/TUBOK*）格式化日期，其中使用的是 `strftime` 語法（*https://oreil.ly/075dF*），此為 C、Perl 程式設計師應該熟悉的格式。
- 針對檔案或目錄名稱使用 `Path::display`（*https://oreil.ly/8tnwX*）。

我有編寫這個函式的單元測試，不過首先需要更仔細說明如何顯示權限內容。

顯示八進位權限

檔案類型與權限將使用 10 個字元的字串顯示，如 `drwxr-xr-x`，其中每個字母或連接號表示一段特定資訊。第一個字元 `d` 代表**目錄**，若是其他類別則以連接號表示之。`ls` 標準版還會以 `l` 表示**連結**，不過挑戰程式不會對連結有所區別。

其他九個字元表示細目的權限。在 Unix 中，每個檔案和目錄的共用情況分為三層次：一個**使用者**、一個**群組**與**其他人**。一個檔案的擁有者一次只能有一個使用者與一個群組。對於每個共用層次，皆有讀取、寫入、執行三種權限，如圖 14-2 所示。

使用者	群組	其他人
4 2 1	4 2 1	4 2 1
r w x	r w x	r w x

圖 14-2 每個共用層次（使用者、群組、其他人）都有讀取、寫入、執行的權限

這三個權限不是**打開**就是**關閉**，可用三個位元表示（「打開」與「關閉」分別對應位元 `1` 與 `0`）。如此表示有三個二選一的組合，因而有八種可能的結果，即：$2^3 = 8$。對於二進位編碼而言，每位元對應 2 的冪，因此 `001` 是數值 `1`（2^0），`010` 是數值 `2`（2^1）。為了表示數值 `3`，將上述兩個位元表示值相加，因此對應的二進位版本為 `011`。你可以使用 Rust 驗證上述運算，在二進位編碼前加上 `0b` 表示二進位數值：

```
assert_eq!(0b001 + 0b010, 3);
```

數值 4 是 `100`（2^2），因此 5 是 `101`（4 + 1）。因為三個位元的值只能表示八個數值，因此被稱為**八進位**（*octal*）表示法。你可以使用下列的迴圈觀察前八個數值的二進位表示形式：

```
for n in 0..=7 { ❶
    println!("{} = {:03b}", n, n); ❷
}
```

❶ `..=` 範圍運算子（尾端值有包含在內）

❷ 顯示 `n` 的原值，以及其二進位格式（三個位元，前面位數的位元若無值會補零）。

以下為上述程式碼顯示的結果：

```
0 = 000
1 = 001
2 = 010
3 = 011
4 = 100
5 = 101
6 = 110
7 = 111
```

圖 14-3 顯示三位位元，每位都對應一個權限。4 這位數是**讀取**，2 這位數是**寫入**，1 這位數為**執行**。八進位表示法通常與第二章、第三章所述的 `chmod` 指令搭配使用。例如，指令 `chmod 775` 將為該檔案的使用者、群組打開讀取 / 寫入 / 執行位元，但僅對其他人打開讀取與執行位元。如此可讓任何人執行程式，不過僅擁有的使用者或群組可以修改它。權限 `600`（僅擁有的使用者才能讀寫檔案），這種權限通常用於敏感資料，如 SSH 金鑰。

使用者	群組	其他人	使用者	群組	其他人
4 2 1	4 2 1	4 2 1	4 2 1	4 2 1	4 2 1
r w x	r w x	r - x	r w -	- - -	- - -
7	7	5	6	0	0

圖 14-3 以八進位表示的權限 775、600 描述「使用者 / 群組 / 其他人」的「讀取 / 寫入 / 執行」權限

建議你閱讀 `metadata::mode`（*https://oreil.ly/LuKo4*）的說明，了解檔案權限。該說明文件解釋如何使用像 `0o200` 的值遮罩（mask）權限模式，確認使用者是否有寫入的權限。（前面的 `0o` 是 Rust 的八進位表示方式。即，若你使用位元 AND 運算子 `&` 組合兩個二進位值，則只有那些都已設定（打開）的位元（即其位元值為 `1`）才會產生位元值 `1` 的結果。

如圖 14-4 所示，若將 `0o700`、`0o200` 兩值做 `&` 運算，則兩值的 2 這位數的**寫入**位元皆已設定（打開），因此結果為 `0o200`。無法設定其他位元，即 `0o200` 的位元值零將遮罩（隱藏）那些值，因此該運算以術語**遮罩**稱之。

若將 `0o400` 和 `0o200` 兩值做 `&` 運算，則結果為 `0`，即兩個運算元的三個位數皆沒有同時有位元值 `1` 的位數。

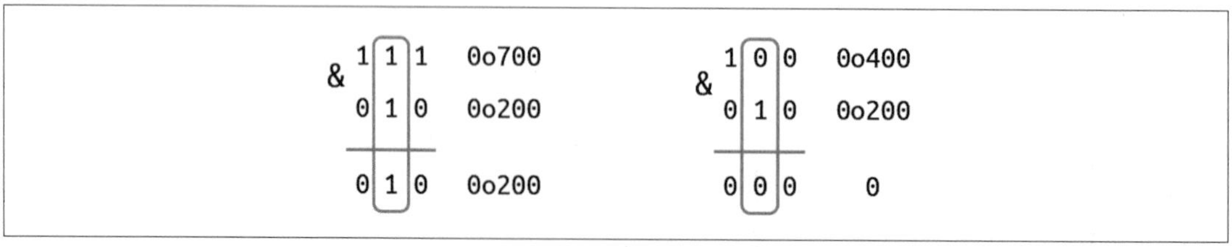

```
  1 1 1   0o700        1 0 0   0o400
& 0 1 0   0o200      & 0 1 0   0o200
  -----                -----
  0 1 0   0o200        0 0 0     0
```

圖 14-4 位元 AND 運算子 & 對於兩運算元的同位位元皆設定（1）時，則結果中此位位元會被設定（1）

我編寫 format_mode 函式，為權限建立所需的輸出。該函式接受 mode 回傳的 u32 值，並回傳內有九個字元的一個 String：

```
/// Given a file mode in octal format like 0o751,（指定八進位格式的檔案模式，如 0o751）
/// return a string like "rwxr-x--x"（回傳一個字串，譬如："rwxr-x--x"）
fn format_mode(mode: u32) -> String {
    unimplemented!();
}
```

上述函式需要使用表 14-1 所示的遮罩值為使用者、群組、其他人建立三組 rwx。

表 14-1 使用者、群組、其他人的讀取 / 寫入 / 執行遮罩值

共用者	讀取	寫入	執行
使用者	0o400	0o200	0o100
群組	0o040	0o020	0o010
其他人	0o004	0o002	0o001

以下可以協助你了解要加入 tests 模組中的內容架構：

```
#[cfg(test)]
mod test {
    use super::{find_files, format_mode}; ❶

    #[test]
    fn test_find_files() {} // 一如既往，在此不贅述

    #[test]
    fn test_find_files_hidden() {} // 一如既往，在此不贅述

    #[test]
    fn test_format_mode() {
        assert_eq!(format_mode(0o755), "rwxr-xr-x"); ❷
        assert_eq!(format_mode(0o421), "r---w---x");

    }
}
```

❶ 匯入 format_mode 函式。

❷ 這是對函式的兩次抽查。若兩者皆過關，則該函式大概沒問題。

就此暫停閱讀後續章節，請編寫可通過 **cargo test format_mode** 測試的程式碼。然後，將 format_mode 的輸出納入 format_output 函式中。

測試長格式

測試 format_output 函式的輸出並不容易，原因是你的系統輸出必然與我的不同。例如，你可能有不同的使用者名稱、群組名稱和檔案修改時間。不過我們應該會有相同的權限值（若你有執行 *set-test-perms.sh*script 的話）、連結數、檔案大小、路徑，因此我編寫測試僅檢查這些相同的資料欄。此外，我不能依據特定的欄寬或分隔字元處理資料，原因是使用者名稱和群組名稱並不固定。我為 format_output 函式所建的單元測試，應該可以協助你編寫可運作的解決方案，同時提供足夠的彈性處理我們系統之間的差異。

下列的輔助函式（可以將它加到 *src/lib.rs* 的 tests 模組中）會檢查任何一個目錄細目的長格式輸出：

```
fn long_match( ❶
    line: &str,
    expected_name: &str,
    expected_perms: &str,
    expected_size: Option<&str>,
) {
    let parts: Vec<_> = line.split_whitespace().collect(); ❷
    assert!(parts.len() > 0 && parts.len() <= 10); ❸

    let perms = parts.get(0).unwrap(); ❹
    assert_eq!(perms, &expected_perms);

    if let Some(size) = expected_size { ❺
        let file_size = parts.get(4).unwrap();
        assert_eq!(file_size, &size);
    }

    let display_name = parts.last().unwrap(); ❻
    assert_eq!(display_name, &expected_name);
}
```

❶ 該函式採用一行輸出以及權限、大小、路徑這些預期值。

❷ 在空格處將該行文字分開。

❸ 驗證該行是否分成某些欄位。

❹ 驗證權限字串（位於第一欄）。

❺ 驗證檔案大小（位於第五欄）。不測試目錄大小，所以此為非必要的引數。

❻ 驗證檔案路徑（位於最後一欄）。

因為「修改日期」這一欄會有空格，所以我使用 `Iterator::last`（*https://oreil.ly/mvd2C*），而不是試圖使用從頭處理的正值索引。

使用以下針對 `format_output` 的單元測試擴充 `tests` 模組，該測試會檢查一個檔案的長格式列表。注意，你需要將 `use std::path::PathBuf` 與 `format_output` 加入你的匯入內容中：

```
#[test]
fn test_format_output_one() {
    let bustle_path = "tests/inputs/bustle.txt";
    let bustle = PathBuf::from(bustle_path); ❶

    let res = format_output(&[bustle]); ❷
    assert!(res.is_ok());

    let out = res.unwrap();
    let lines: Vec<&str> =
        out.split("\n").filter(|s| !s.is_empty()).collect(); ❸
    assert_eq!(lines.len(), 1);

    let line1 = lines.first().unwrap();
    long_match(&line1, bustle_path, "-rw-r--r--", Some("193")); ❹
}
```

❶ 為 *tests/inputs/bustle.txt* 建立一個 `PathBuf` 值。

❷ 執行該函數，輸入一個路徑。

❸ 在換行處將輸出內容分開，並驗證是否只有一行。

❹ 使用輔助函式檢查授權、大小、路徑。

下列單元測試會傳入兩個檔案，並檢查兩者（行）內容是否有正確輸出：

```
#[test]
fn test_format_output_two() {
    let res = format_output(&[ ❶
        PathBuf::from("tests/inputs/dir"),
        PathBuf::from("tests/inputs/empty.txt"),
    ]);
    assert!(res.is_ok());

    let out = res.unwrap();
    let mut lines: Vec<&str> =
        out.split("\n").filter(|s| !s.is_empty()).collect();
    lines.sort();
    assert_eq!(lines.len(), 2); ❷

    let empty_line = lines.remove(0); ❸
    long_match(
        &empty_line,
        "tests/inputs/empty.txt",
        "-rw-r--r--",
        Some("0"),
    );

    let dir_line = lines.remove(0); ❹
    long_match(&dir_line, "tests/inputs/dir", "drwxr-xr-x", None);
}
```

❶ 執行該函式，輸入兩引數，其中一個是目錄。

❷ 驗證是否回傳兩行內容。

❸ 針對 *empty.txt* 檔案驗證預期值。

❹ 驗證目錄資料列表的預期值。不用費心檢查目錄大小，理由是不同的系統會回應不同的大小。

就此暫停閱讀後續章節，請編寫可通過 **`cargo test formatoutput`** 測試的程式碼。完成之後，將長格式輸出的部分納入 `run` 函式中。接受挑戰吧！

解決方案

就此成為一個非常複雜的程式，需要將功能分成幾個較小的函式。接下來要說明我編寫的每個函式，首先從 find_files 開始：

```
fn find_files(paths: &[String], show_hidden: bool) -> MyResult<Vec<PathBuf>> {
    let mut results = vec![]; ❶
    for name in paths {
        match fs::metadata(name) { ❷
            Err(e) => eprintln!("{}: {}", name, e), ❸
            Ok(meta) => {
                if meta.is_dir() { ❹
                    for entry in fs::read_dir(name)? { ❺
                        let entry = entry?; ❻
                        let path = entry.path(); ❼
                        let is_hidden = ❽
                            path.file_name().map_or(false, |file_name| {
                                file_name.to_string_lossy().starts_with('.')
                            });
                        if !is_hidden || show_hidden { ❾
                            results.push(entry.path());
                        }
                    }
                } else {
                    results.push(PathBuf::from(name)); ❿
                }
            }
        }
    }
    Ok(results)
}
```

❶ 為結果初始化一個可變的向量。

❷ 嘗試取得該路徑的元資料。

❸ 對於錯誤事件（譬如不存在的檔案），於 STDERR 顯示錯誤訊息，接著處理下一個檔案。

❹ 檢查該細目是否為目錄。

❺ 若是的話，使用 fs::read_dir 讀取細目。

❻ 解出 Result。

❼ 使用 DirEntry::path（*https://oreil.ly/yQmt4*）取得細目的 Path 值。

❽ 檢查 basename 是否以點開頭，若是的話，則為隱藏細目。

❾ 若應顯示該細目，則將一個 PathBuf 加入結果中。

❿ 將一個 PathBuf（檔案）加入結果中。

接下來要說明如何格式化權限。回顧表 14-1，其中需要九個遮罩處理權限組成的九個位元。為了封裝此資料，我建立 Owner 此一 enum 型別，為 User、Group、Other 定義對應變體。此外，我想為該型別增加一個方法，該方法將回傳建立權限字串所需的遮罩。並將此程式碼集結到 owner 這個單獨模組中，所以將下列程式碼置於 *src/owner.rs* 中：

```
#[derive(Clone, Copy)]
pub enum Owner { ❶
    User,
    Group,
    Other,
}

impl Owner { ❷
    pub fn masks(&self) -> [u32; 3] { ❸
        match self { ❹
            Self::User => [0o400, 0o200, 0o100], ❺
            Self::Group => [0o040, 0o020, 0o010], ❻
            Self::Other => [0o004, 0o002, 0o001], ❼
        }
    }
}
```

❶ 共用者可能是使用者、群組、其他人。

❷ Owner 的實作（impl）區塊。

❸ 定義 masks 方法，該方法會回傳指定共用者的遮罩值陣列。

❹ self 是 該 enum 變體之一。

❺ 這些是 User 的讀取、寫入、執行遮罩。

❻ 這些是 Group 的讀取、寫入、執行遮罩。

❼ 這些是 Other 的讀取、寫入、執行遮罩。

若你有物件導向的程式設計背景，你會發現此語法很像類別定義與物件方法宣告，還搭配 self 參考的叫用。

若要使用此模組，需要把 mod owner 加到 *src/lib.rs* 的頂端，然後將 use owner::Owner 加到導入串中。正如幾乎在每一章都會看到的那樣，mod 關鍵字（*https://oreil.ly/GqfkT*）用於建立新模組，例如用於單元測試的 tests 模組。在這種情況下，新增的 mod owner 會宣告 owner 新模組。由於你尚未在此指定模組內容，因此 Rust 編譯器會到 *src/owner.rs* 找尋模組的程式碼。然後，你可以用 use owner::Owner 將 Owner 型別匯入根模組的作用域中。

隨著程式變得越來越複雜，將程式碼組成模組是有益的。如此將更容易將概念分離與測試概念，以及在其他專案中重用程式碼更為簡單。

以下是我用於完成程式的所有匯入串：

```
mod owner;

use chrono::{DateTime, Local};
use clap::{App, Arg};
use owner::Owner;
use std::{error::Error, fs, os::unix::fs::MetadataExt, path::PathBuf};
use tabular::{Row, Table};
use users::{get_group_by_gid, get_user_by_uid};
```

我將下列的 mk_triple 協助函式加入 *src/lib.rs* 中，該函式根據檔案的 mode、以及 Owner 變體建立權限字串的部分內容：

```
/// Given an octal number like 0o500 and an [`Owner`],（指定一個八進位數，如：0o500 與一個 [`Owner`]，）
/// return a string like "r-x"（回傳一個字串，如："r-x"）
pub fn mk_triple(mode: u32, owner: Owner) -> String { ❶
    let [read, write, execute] = owner.masks(); ❷
    format!(
        "{}{}{}", ❸
        if mode & read == 0 { "-" } else { "r" }, ❹
        if mode & write == 0 { "-" } else { "w" }, ❺
        if mode & execute == 0 { "-" } else { "x" }, ❻
    )
}
```

❶ 函式採用一個權限 mode、一個 Owner。

❷ 針對此 owner 解出三個遮罩值。

❸ 使用 format! 巨集建立要回傳的新 String。

❹ 若 mode 搭配 read 值遮罩回傳 0，則表示未設定讀取位元。未設定時顯示連接號（-），有設定時顯示 r。

❺ 同樣的，mode 搭配 write 值遮罩，若有設定則顯示 w，否則顯示連接號。

❻ mode 搭配 execute 值遮罩，若有設定則顯示 x，否則顯示連接號。

以下是此函式的單元測試，你可以將它加入 tests 模組中。務必將 super::{mk_triple, Owner} 加到匯入串中：

```
#[test]
fn test_mk_triple() {
    assert_eq!(mk_triple(0o751, Owner::User), "rwx");
    assert_eq!(mk_triple(0o751, Owner::Group), "r-x");
    assert_eq!(mk_triple(0o751, Owner::Other), "--x");
    assert_eq!(mk_triple(0o600, Owner::Other), "---");
}
```

最後將這些內容整合到我的 format_mode 函式中：

```
/// Given a file mode in octal format like 0o751,（指定八進位格式的檔案模式，如 0o751，）
/// return a string like "rwxr-x--x"（回傳一個字串，譬如："rwxr-x--x"）
fn format_mode(mode: u32) -> String { ❶
    format!(
        "{}{}{}", ❷
        mk_triple(mode, Owner::User), ❸
        mk_triple(mode, Owner::Group),
        mk_triple(mode, Owner::Other),
    )
}
```

❶ 函式採納一個 u32 值，而回傳一個新字串。

❷ 該回傳字串由三組三合一值（譬如 rwx 三合一值）組成。

❸ 建立使用者、群組、其他人的三合一值。

你在本書中已看到 Rust 使用雙斜線（`//`）表示忽略該行的全部文字。此通常稱為註解（*comment*），即可用於你的程式碼增加註解說明，不過這也是暫時停用某幾行程式碼的便捷方式。在前面的函式中，你可能已經發現利用三斜線（`///`）建立具有 `#[doc]` 屬性的特殊註解（*https://oreil.ly/VP1AV*）。注意，doc 註解應位於函式宣告之前。執行 **`cargo doc --open --document-private-items`**，讓 Cargo 為你的程式碼建立說明文件。這是用 Web 瀏覽器開啟的 HTML 文件，如圖 14-5 所示，而這些三斜線的註解文字會顯示在對應的函式名稱之後。

Crate lsr [-][src]

Modules

owner

Structs

Config

Functions

find_files	
format_mode	Given a file mode in octal format like 0o751, return a string like "rwxr-x--x"
format_output	
get_args	
mk_triple	Given an octal number like 0o500 and an `Owner`, return a string like "r-x"
run	

Type Definitions

MyResult

圖 14-5 Cargo 建立的說明內容包含程式碼裡面以三斜線開頭的註解

以下是我在 `format_output` 函式中使用 `format_mode` 函式的情況：

```
fn format_output(paths: &[PathBuf]) -> MyResult<String> {
    //         1   2     3     4     5     6     7     8
    let fmt = "{:<}{:<}  {:>}  {:<}  {:<}  {:>}  {:<}  {:<}";
    let mut table = Table::new(fmt); ❶

    for path in paths {
        let metadata = path.metadata()?; ❷

        let uid = metadata.uid(); ❸
        let user = get_user_by_uid(uid)
```

```
            .map(|u| u.name().to_string_lossy().into_owned())
            .unwrap_or_else(|| uid.to_string());

        let gid = metadata.gid(); ❹
        let group = get_group_by_gid(gid)
            .map(|g| g.name().to_string_lossy().into_owned())
            .unwrap_or_else(|| gid.to_string());

        let file_type = if path.is_dir() { "d" } else { "-" }; ❺
        let perms = format_mode(metadata.mode()); ❻
        let modified: DateTime<Local> = DateTime::from(metadata.modified()?); ❼

        table.add_row( ❽
            Row::new()
                .with_cell(file_type) // 1
                .with_cell(perms) // 2
                .with_cell(metadata.nlink()) // 3 ❾
                .with_cell(user) // 4
                .with_cell(group) // 5
                .with_cell(metadata.len()) // 6 ❿
                .with_cell(modified.format("%b %d %y %H:%M")) // 7 ⓫
                .with_cell(path.display()), // 8
        );
    }

    Ok(format!("{}", table)) ⓬
}
```

❶ 使用指定的格式字串建立新的 `tabular::Table`（*https://oreil.ly/z73wW*）。

❷ 嘗試取得細目的元資料。因為稍早有使用 `fs::metadata`，這應該沒有問題。此方法是該函式的別名。

❸ 從元資料取得擁有者的使用者 ID。嘗試轉換成使用者名，若轉換失敗則退到該 ID 的字串版本。

❹ 以相同的做法處理群組 ID 與其名稱。

❺ 若細目是目錄則顯示 `d`，否則顯示連接號（-）。

❻ 使用 `format_mode` 函式格式化細目權限。

❼ 使用元資料的 `modified` 值（*https://oreil.ly/buVC9*）建立 `DateTime` 結構。

❽ 使用指定儲存格將新的 `Row`（*https://oreil.ly/573Cv*）加入表格中。

❾ 使用 `metadata::nlink`（*https://oreil.ly/f2RyC*）取得連結數。

❿ 使用 `metadata::len`（*https://oreil.ly/129cs*）得知大小。

⓫ 使用 `strftime` 格式選項（*https://oreil.ly/075dF*）顯示修改時間。

⓬ 將表格轉成要回傳的字串。

最後將所有內容整合到我的 `run` 函式中：

```
pub fn run(config: Config) -> MyResult<()> {
    let paths = find_files(&config.paths, config.show_hidden)?; ❶
    if config.long {
        println!("{}", format_output(&paths)?); ❷
    } else {
        for path in paths { ❸
            println!("{}", path.display());
        }
    }
    Ok(())
}
```

❶ 找出指定檔案與目錄串列中的所有細目。

❷ 若使用者需求長格式列表，則顯示 `format_output` 的結果。

❸ 否則，分行顯示每個路徑。

此時，程式可以通過所有測試，而你已經完成 `ls` 簡易代理版的實作。

測試底下的注意事項

在本書的最後一章，我想要你對於編寫測試能有些挑戰，希望這將成為你編程技能的一部分。例如，`lsr` 程式的輸出**必定**與我建立測試時所看到的輸出不同，因為你會有不同的擁有者與修改時間。我發現不同系統會回應不同的目錄大小，而因為你可能有更短或更長的使用者名稱與群組名稱，輸出的欄列寬就會有所不同。實際上，測試還可以做的是驗證檔名、權限、大小是否為預期值，而基本上假設為適當的排列。

若你閱讀 *tests/cli.rs*，會看到我在整合測試中借用單元測試的某些同樣概念。對於長格式列表，我為特定檔案建立 `run_long` 函式，檢查權限、大小、路徑：

```
fn run_long(filename: &str, permissions: &str, size: &str) -> TestResult { ❶
    let cmd = Command::cargo_bin(PRG)? ❷
        .args(&["--long", filename])
        .assert()
        .success();
    let stdout = String::from_utf8(cmd.get_output().stdout.clone())?; ❸
    let parts: Vec<_> = stdout.split_whitespace().collect(); ❹
    assert_eq!(parts.get(0).unwrap(), &permissions); ❺
    assert_eq!(parts.get(4).unwrap(), &size); ❻
    assert_eq!(parts.last().unwrap(), &filename); ❼
    Ok(())
}
```

❶ 該函式接納檔名、預期權限與大小。

❷ 執行 `lsr`，為特定檔名指定 `--long` 選項。

❸ 將 STDOUT 內容轉程 UTF-8。

❹ 依空格處將輸出內容分開，並集結到一個向量中。

❺ 檢查第一欄是否為預期的權限。

❻ 檢查第五欄是否為預期的大小。

❼ 檢查最後一欄是否為指定的路徑。

上述的函式運用如下：

```
#[test]
fn fox_long() -> TestResult {
    run_long(FOX, "-rw-------", "45")
}
```

檢查目錄列表也不簡單。我覺得需要忽略目錄大小，原因是不同的系統回應的大小不同。以下是我的 `dir_long` 函式，用於處理此一需求：

```
fn dir_long(args: &[&str], expected: &[(&str, &str, &str)]) -> TestResult { ❶
    let cmd = Command::cargo_bin(PRG)?.args(args).assert().success(); ❷
    let stdout = String::from_utf8(cmd.get_output().stdout.clone())?; ❸
    let lines: Vec<&str> =
        stdout.split("\n").filter(|s| !s.is_empty()).collect(); ❹
    assert_eq!(lines.len(), expected.len()); ❺
```

```
    let mut check = vec![]; ❻
    for line in lines {
        let parts: Vec<_> = line.split_whitespace().collect(); ❼
        let path = parts.last().unwrap().clone();
        let permissions = parts.get(0).unwrap().clone();
        let size = match permissions.chars().next() {
            Some('d') => "", ❽
            _ => parts.get(4).unwrap().clone(),
        };
        check.push((path, permissions, size));
    }

    for entry in expected { ❾
        assert!(check.contains(entry));
    }

    Ok(())
}
```

❶ 函式接納相關引數以及帶有預期結果的元祖切片。

❷ 執行 `lsr`，指定引數，判斷是否執行成功。

❸ 將 STDOUT 的內容轉成一個字串。

❹ 將 STROUT 內容逐行分開，忽略空白行。

❺ 檢查行數是否符合預期值。

❻ 初始化可變的向量，用於存放待檢查的項目。

❼ 依空格將該行內容分開，取得路徑、權限、大小。

❽ 忽略目錄的大小。

❾ 確保 `check` 向量中含有每一項資訊（預期的路徑、權限、大小）。

```
#[test]
fn dir1_long_all() -> TestResult {
    dir_long(
        &["-la", "tests/inputs"], ❶
        &[
            ("tests/inputs/empty.txt", "-rw-r--r--", "0"), ❷
            ("tests/inputs/bustle.txt", "-rw-r--r--", "193"),
            ("tests/inputs/fox.txt", "-rw-------", "45"), ❸
            ("tests/inputs/dir", "drwxr-xr-x", ""), ❹
```

```
                ("tests/inputs/.hidden", "-rw-r--r--", "0"),
            ],
        )
    }
```

❶ 這些是 `lsr` 的引數。

❷ *empty.txt* 檔案的權限應為 `644`，檔案大小為 `0`。

❸ *fox.txt* 檔案的權限應由 *set-test-perms.sh* 設為 `600`。若你忘記執行這個 script，則無法通過此一測試。

❹ *dir* 細目應為 `d` 類型，權限為 `755`。其大小被忽視。

就許多方面而言，這個程式的測試與程式本身一樣具有挑戰性。對於編寫與使用測試確保程式的運作，希望我已在本書呈現出此一重要性。

進階挑戰

挑戰程式的運作方式與原版 `ls` 程式相當不同。修改你程式，仿效系統上的 `ls`，接著開始嘗試實作其他選項，確保為每個功能增加測試。若你需要靈感，可查閱其他 Rust 實作版的 `ls` 原始碼，例如 `exa`（*https://oreil.ly/2ZWIe*）、`lsd`（*https://oreil.ly/u38PE*）。

編寫 Rust 版的指令列工具程式 `basename`、`dirname`，兩者分別顯示指定輸入的檔名、目錄名。首先閱讀使用手冊，決定你的程式要實作哪些功能。使用測試驅動做法，為程式要支援的每個功能編寫測試。並全球公開釋出你的程式碼，以隨著開源發展而名利雙收。

第 7 章建議編寫 Rust 版的 `tree`，用於尋找與顯示檔案和目錄的樹狀結構。該程式還可以顯示與 `ls` 一樣的資訊：

```
$ tree -pughD
.
├── [-rw-r--r-- kyclark  staff     193 May 31 16:43]  bustle.txt
├── [drwxr-xr-x kyclark  staff     128 Aug 10 18:08]  dir
│   └── [-rw-r--r-- kyclark  staff      45 May 31 16:43]  spiders.txt
├── [-rw-r--r-- kyclark  staff       0 Mar 19  2021]  empty.txt
└── [-rw------- kyclark  staff      45 Aug 12 10:29]  fox.txt

1 directory, 4 files
```

使用你從本章所學的內容編寫或擴充該程式。

本章總結

在這個挑戰程式中，我最喜歡的其中一個部分是八進位權限位元的格式化。我也喜歡取出組成長格式列表的其他元資料片段。你已完成的本章重點回顧如下：

- 明白如何取用檔案元資料，找出檔案擁有者、大小、最近修改時間的各個內容。
- 得知以點開頭的目錄細目通常會被隱藏不顯示，即用於隱藏程是資料的 *dotfile* 與目錄。
- 深究檔案權限、八進位表示法、位元遮罩的奧秘，獲得關於 Unix 檔案所有權的許多知識。
- 探索如何將 `impl`（實作）加入自定型別 `Owner` 中，以及如何將此模組單獨置於 *src/owner.rs* 中，並在 *src/lib.rs* 以 `mod owner` 宣告之。
- 學習使用三斜線（`///`）建立 doc 註解，這些註解內容會出現在 Cargo 所建的說明文件中，可 **`cargo doc`** 讀取之。
- 知道如何使用 `tabular`crate 建立文字表格。
- 為特定程式探討彈性測試的編寫方式，這些程式可能會在不同系統以及由不同人執行 而產生不同的輸出。

後記

世上沒有人

總是得到自己想要的

那很美

每個人都會死去

沮喪與悲傷

那很美

——明日巨星合唱團〈Don't Let's Start〉(1986)

你讀到最後一頁了，或者無論如何你翻到此處，可以看看本書的結尾。希望我已說明，像 Rust 這樣的嚴格語言跟測試相結合，可以讓你自信地編寫與重構複雜的程式。我著實鼓勵你用熟悉或學過的其他語言重寫這些程式，確定你自認其他語言做同一工作較合適或較不搭的情況。

我聽到不止一個人說，告訴人們要寫測試就像跟他們講要吃蔬菜一樣。也許是這樣，但是若我們都像 Rust 格言所述的那樣「建置高效可靠的軟體」，則我們就得承擔這個重任。有時，測試與程式的編寫工作量不相上下（甚至前者多於後者），不過學習與應用這些技能是自我練就的當務之急。我鼓勵你回首閱讀我寫的所有測試，更仔細地了解這些內容，找出可以整合到自己程式中的相關部分。

你的旅程在此尚未結束；才剛剛開始。還有許多程式需要編寫、重寫。此刻，請編寫美好軟體，讓世界變得更美好。

索引

※ 提醒您：由於翻譯書籍排版的關係，部份索引內容的對應頁碼會與實際頁碼有一頁之差。

符號

A

B

C

D

E

F

G

H

I

J

L

M

N

O

P

Q

R

S

T

U

V

W

Y

Z

關於作者

Ken Youens-Clark 是軟體開發人員、教師、作家。大學就讀北德州大學，最初專攻爵士樂（鼓），而在轉了幾次主修之後，以英國文學學士畢業。Ken 於 1990 年代中期的工作中開始學習編程，曾在業界、研究機構還有非營利組織工作過，並在 2019 年取得亞利桑那大學生物系統工程碩士學位。他著有《*Tiny Python Projects*》（Manning）與《*Mastering Python for Bioinformatics*》（O'Reilly）。Ken 目前與妻子、三個孩子、狗一同住在亞利桑那州的圖森市。

出版記事

本書封面的動物為招潮蟹（fiddler crab），是一種小型的甲殼動物，沙蟹科（Ocypodidae）中有 100 多種招潮蟹，其中皆為半陸生的螃蟹。

招潮蟹最有名的特徵應該是雄蟹的單側大螯，主要供交流、求偶、競爭行為之用。招潮蟹的主食是微生物、藻類、腐植物、真菌，於沙子、泥土中篩選可食用之物。牠們的壽命相對較短——通常二、三年不到，可以在世界數個地區的鹽沼、海灘棲地找到牠們的蹤跡。

O'Reilly 書籍封面的許多動物皆瀕臨絕種；雖然小提琴手螃蟹（招潮蟹）並不罕見，但牠們像其他動物一樣，對世界和所屬的生態系統都很重要。

編寫 Rust 指令列程式｜透過小巧完整的程式學習 Rust CLI

作　　者：Ken Youens-Clark
譯　　者：陳仁和
企劃編輯：蔡彤孟
文字編輯：江雅鈴
設計裝幀：陶相騰
發 行 人：廖文良

發 行 所：碁峰資訊股份有限公司
地　　址：台北市南港區三重路 66 號 7 樓之 6
電　　話：(02)2788-2408
傳　　真：(02)8192-4433
網　　站：www.gotop.com.tw
書　　號：A714
版　　次：2023 年 03 月初版
建議售價：NT$680

國家圖書館出版品預行編目資料

編寫 Rust 指令列程式：透過小巧完整的程式學習 Rust CLI / Ken Youens-Clark 原著；陳仁和譯. -- 初版. -- 臺北市：碁峰資訊, 2023.03
面；　公分
譯自：Command-Line Rust
ISBN 978-626-324-455-9(平裝)
1.CST：Rust(電腦程式語言)
312.32R8　　112002777

讀者服務

- 感謝您購買碁峰圖書，如果您對本書的內容或表達上有不清楚的地方或其他建議，請至碁峰網站：「聯絡我們」\「圖書問題」留下您所購買之書籍及問題。（請註明購買書籍之書號及書名，以及問題頁數，以便能儘快為您處理）
http://www.gotop.com.tw

- 售後服務僅限書籍本身內容，若是軟、硬體問題，請您直接與軟體廠商聯絡。

- 若於購買書籍後發現有破損、缺頁、裝訂錯誤之問題，請直接將書寄回更換，並註明您的姓名、連絡電話及地址，將有專人與您連絡補寄商品。